슈뢰딩거와 양자 혁명

ERWIN SCHRÖDINGER AND THE QUANTUM REVOLUTION
ⓒ 2013 by Mary and John Gribbin
All Rights Reserved

Korean translation copyright ⓒ 2025 by SERO BOOKS
Korean translation rights arranged with DAVID HIGHAM ASSOCIATES LTD
through EYA Co.,Ltd

이 책의 한국어판 저작권은 EYA Co.,Ltd를 통해 DAVID HIGHAM ASSOCIATES LTD와
독점 계약한 '세로북스'에 있습니다.
저작권법에 의하여 한국 내에서 보호를 받는 저작물이므로 무단 전재 및 복제를 금합니다.

슈뢰딩거와 양자 혁명

존 그리빈 지음
배지은 옮김

Erwin Schrödinger
and the Quantum Revolution

〈일러두기〉

1. 인명, 지명, 기관명 등은 국립국어원의 외래어 표기법에 따랐습니다.
   단, 관례로 굳어진 경우 관례를 따랐습니다.
2. 책 제목은 『 』, 논문 제목은 「 」, 잡지명은《 》, 강연 및 예술 작품 제목은
   〈 〉로 표기하였습니다.
3. '옮긴이' 표시가 없는 주석은 모두 저자의 글입니다.
4. 본문에 등장하는 주요 인명의 원어 표기는 '찾아보기'에서 확인할 수 있습니다.

슈뢰딩거와 양자 혁명

1판 1쇄 인쇄 2025년 11월 26일 **1판 1쇄 펴냄** 2025년 12월 10일

지은이 존 그리빈 **옮긴이** 배지은
펴낸이 이희주 **편집** 이희주 **교정** 김란영 **디자인** 전수련
펴낸곳 세로북스 **출판등록** 제2019-000108호(2019. 8. 28.)
주소 서울시 송파구 백제고분로 7길 7-9, 1204호
https://serobooks.tistory.com/ **전자우편** serobooks95@gmail.com
전화 02-6339-5260 **팩스** 0504-133-6503

ISBN 979-11-94423-01-0 03420

※ 이 책은 저작권법에 따라 보호를 받는 저작물이므로 무단 전재와 무단 복제를 금합니다.
   이 책의 전부 또는 일부를 쓰려면 반드시 저작권자와 출판사의 허락을 받아야 합니다.
※ 잘못된 책은 구매처에서 바꿔 드립니다.

테리 루돌프에게.
그는 이 책을 읽지 않겠지만.

추천의 글

슈뢰딩거의 사고와
양자 세계 탐색을 위한 안내서

국제연합(UN)은 2025년을 '세계 양자 과학 및 기술의 해International Year of Quantum Science and Technology'로 선언했습니다. 베르너 하이젠베르크가 행렬역학을 완성한 1925년을 기점으로 꼭 100년이 되는 해를 기념한 것입니다. 양자역학이 이런 대접을 받을 만큼 정말 대단한 것일까요? 그렇다고 단언할 수 있습니다. 양자역학은 물질세계에 대한 인간의 이해를 근본적으로 바꾸어 놓은 20세기 최대의 과학 혁명이었습니다. 원자의 구조, 화학 결합, 반도체와 컴퓨터, 생명 현상의 분자적 기반 등, 현대 문명을 떠받치는 거의 모든 과학과 기술이 양자역학의 토대 위에 서 있습니다. 하지만 1926년 파동역학을 창시한 슈뢰딩거가 알았다면, 2026년이 아닌 2025년을 양자역학 100주년으로 기념한 것에 서운했을지도 모릅니다.

양자역학은 많은 과학자의 합작품입니다. 플랑크, 아인슈타인, 보어, 조머펠트 등의 선구적 통찰 위에, 드브로이, 하이젠베르크, 보른, 요르단, 디랙, 그리고 슈뢰딩거 같은 동시대 동료들의 기여가 더해져 비로소 완성되었습니다. 그 가운데 슈뢰딩거는 특별히 주목할 만한 인물입니다. 하이젠베르크의 행렬역학이 행렬이라는 수학적 방식을 취했다면, 슈뢰딩거는 파동이라는 물리적 실재를 기반으로 양자역학을 정립했습니다. 일명 파동역학으로 불리는 이것은 입자-파동 이중성이라는 양자역학의 핵심을 직관적으로 이해할 수 있는 형태로 되어 있습니다. 양자역학 하면 슈뢰딩거 방정식이 떠오르고, 대부분의 양자역학 교과서가 그의 방식을 따르는 것도 이런 이유입니다. 본질을 쉽게 이해하도록 돕는 통찰력은 과학적 올바름만큼이나 결코 무시할 수 없는 가치입니다.

20세기 초 과학자들은 그때까지 쌓아 올린 과학의 기반을 위협하는 새로운 물리학 앞에서 당황했고, 어떻게든 그것을 이해해 보고자 노력했습니다. 그 과정에서 양자역학의 해석을 둘러싼 논쟁이 촉발되었습니다. 슈뢰딩거가 제시했던 얽힘의 개념과 그보다 더 유명해진 그의 고양이는 이런 논쟁의 역사 속에서 탄생했습니다. 현재는 표준이 된 양자역학의 확률적 해석을 그는 끝내 받아들이지 않았지만, 아이러니하게도 그가 제시했던 개념은 오늘날 양자 전송과 양자 컴퓨팅이라는 최첨단 기술로까지 이어졌습니다. 슈뢰딩거는 양자역학이라는 위대한 성취에 더해서, 열역학·상대성 이론·철학·생물학을 넘나드는 폭넓은 지적 활동을 펼쳤습니다. 그가 대중 강연을 바탕으로 쓴 『생명이란 무엇인가』는 이후 DNA 분자의 구조를 밝히고 분자생물학이 탄생하는 데 결정적인 영감을 주었다고 평가됩니다.

양자역학의 정립과 해석을 둘러싼 논쟁은 많은 교양서에서 반복해서 다뤄져 왔지만, '세계 양자 과학 및 기술의 해'라는 특별한 시기에, 그것의 전 과정을 한 사람의 삶을 통해 서사적으로 서술한 책이 새로 번역되어 나온 것은 참으로 반가운 일입니다. 존 그리빈은 복잡한 과학을 대중의 눈높이에 맞게 풀어 내는 걸출한 저술가로 널리 알려져 있으며, 이 책에서 슈뢰딩거의 지적 성취뿐만 아니라 전쟁의 격동 속에서 드러난 인간적 면모와 그의 가장 어두운 면이라 할 수 있는 여성 편력까지 가감 없이 그려 냅니다. 독자는 이 책을 통해 양자역학의 본질과 탄생 배경을 이해하는 동시에, 그 시대를 살았던 한 인간이자 과학자로서의 슈뢰딩거를 입체적이고 온전하게 바라볼 기회를 얻게 될 것입니다. 본격적인 양자 시대를 목전에 둔 지금, 이 책은 양자 혁명의 핵심과 선구적인 위대한 과학자의 복잡한 내면을 들여다보게 해 주는 훌륭한 안내자입니다.

김항배
한양대학교 물리학과 교수

작가의 말

『다중우주를 찾아서』라는 책을 쓰는 동안, 우연히 양자역학의 선구자인 에르빈 슈뢰딩거가 쓴 책을 접하게 되었다. 잘 알려진 책은 아니었지만 예지력이 돋보이는 내용이었다. 만약 그 당시 누군가 주목했다면 '다세계'라는 현대적인 개념에 대한 영감을 얻을 수도 있었을 것이다. 다세계는 단순히 이 세계와 저 세계가 공간적으로 분리된다는 의미가 아니라, 과학 소설의 언어로 말하자면 '평행 우주' 개념에 가깝다. 이 내용을 내 책에 집어넣을 적절한 방법은 찾지 못했지만, 슈뢰딩거는 재능이 많은 사람이었고, 일반인을 위한 전기의 주인공이 되기에 충분한 인물이라는 생각이 들었다. 이 전기를 통해 그간 잘 알려지지 않았던 슈뢰딩거의 사상이 새롭게 알려지고, 삶의 맥락 안에서 그의 연구가 마땅히 받았어야 할 인정을 받게 되길 바란다. 그의 삶은 들여다보면 볼수록 정말이지 놀라웠다. 슈뢰딩거의 생애는 함께 이야기할 만한 가치가 충분하며, 독자들도 이에 공감할 수 있으면 좋겠다.

감사의 글

이 책의 표지에 이름을 올리지는 못했지만, 메리 그리빈은 슈뢰딩거의 생애를 조사하고 도서관과 연구 기관을 섭외하는 등 훌륭한 조사자의 역할을 담당해 주었다. 언제나처럼 재정적 지원을 해 준 앨프리드 C. 멍거 재단에 깊이 감사드린다. 또한 지난 몇 년간 우리의 슈뢰딩거 연구에 도움을 준 미셸 비트볼, 도미닉 번, 존 크레이머, 더블린 고등연구소, 프린스턴의 아인슈타인 서고, 존스 홉킨스 대학교 서고, 윌리엄 매크리아 경, 옥스퍼드 대학교 서고, 루돌프 파이얼스, 테리 루돌프, 알프바흐의 슈뢰딩거 서고, 빈의 오스트리아 중앙 물리학 도서관 슈뢰딩거 서고, 크리스틴 서턴, 베를린 대학교 서고, 위스콘신 대학교 서고, 빈 대학교 서고에도 감사의 마음을 전한다.

차례

추천의 글······· 7

서문: 이것은 로켓 과학이 아니다__16

1장. 19세기 소년__23
조상들 • 어린 시절 • 제국의 마지막 불꽃 •
과학의 태동 • 소년에서 대학생으로

2장. 슈뢰딩거 이전의 물리학__47
뉴턴과 입자 세상 • 맥스웰과 파동
세상 • 볼츠만과 통계 세상

3장. 20세기 남자__73
대학 생활 • 실험실 밖의 삶 •
이탈리아 전선에서 • 빈으로 돌아가다 •
후폭풍 • 떠돌이 교수

4장. 제1차 양자 혁명__105
흑체가 환히 빛날 때 • 양자 세상으로
들어가다 • 양자, 실재가 되다 •
원자 속으로 • 빛과 함께 춤을 • 다시,
아인슈타인

5장. 스위스에서의 평온한 생활__135
취리히 대학교와 ETH • 개인적 문제와
과학적 진전 • 물리와 철학 • 삶과 사랑 •
'나의 세계관' • 양자 통계

6장. 행렬역학__163
절반의 진실 • 보이는 것이 전부다 • 행렬은
교환 법칙을 따르지 않는다 • 정의는 항상
실현되지는 않는다

7장. 슈뢰딩거와
제2차 양자 혁명__179
과학과 관능 • 파동을 타고 •
양자의 불확정성 • 코펜하겐 합의

8장. 베를린에서의 전성기___211
미국에서 파동을 일으키다 • 베를린과 브뤼셀 • 황금기 • 백 투 더 퓨처 • 사람들과 정치

9장. 양자 고양이의 등장___241
또 한번의 미국 방문 • 옥스퍼드와 그 너머 • 빛보다 빠르게? • 상자 속 고양이 • 옥스퍼드에서, 사랑을 담아

10장. 그곳으로, 그리고 다시 제자리로___261
어둠 속의 휘파람 • 가혹한 현실 • 불행한 귀환 • 벨기에 막간극

11장. 인생에서 가장 행복했던 시절___281
'데브' • 정착 • DIAS에서의 초창기 • 더블린에서 '가족'의 삶 • 전후 시대 • 다세계

12장. 생명이란 무엇인가___311
생명 그 자체 • 양자화학 • 초록색 팸플릿 • 슈뢰딩거 주제에 의한 변주곡 • 이중나선

13장. 빈으로 돌아오다___335
더블린이여, 안녕 • 영웅, 집에 돌아오다 • 쇠퇴기 • 엔트로피의 승리

14장. 슈뢰딩거의 과학적 유산___357
숨은 실재 그리고 수학자의 실수 • 벨의 부등식과 아스페 실험 • 양자 암호와 복제 불가능성 정리 • 양자 순간 이동과 고전 정보 • 양자 컴퓨터와 다중우주 • 양자물리학과 현실 세계

후기: 양자 세대___390

옮긴이의 글 ······· 398
연표 ············· 402
참고자료 ········· 406
사진 출처 ········ 413
찾아보기 ········· 414

> 그림이나 모형은 결국 원리적으로 가능한 모든 관측의 틀일 뿐이며 다른 목적은 없다. 그 사실을 잊어서는 안 된다.
> —에르빈 슈뢰딩거, 프랑크푸르트, 1928년 12월

> 그의 개인사는 우리 같은 평범한 사람들의 눈에는 기이하게 보였다. 그러나 그런 것은 중요하지 않다. 그는 매력이 넘치는 사람이었고, 개성 강하고, 유쾌하며, 괴팍한 동시에 친절하고 너그러운 사람이었다. 또한 가장 완벽하고 효율적인 두뇌의 소유자였다.
> —막스 보른, 『나의 삶』(1978)

슈뢰딩거와 양자 혁명

서문

이것은 로켓 과학이 아니다

로켓 과학은 흔히 '고전 과학'이라고 부르는, 300여 년 전 뉴턴이 설명한 물리 법칙을 가장 잘 표현하는 애칭이다. 뉴턴은 사물에 가해지는 외부 힘(예컨대 중력)이 없으면 사물은 그 자리에 가만히 정지해 있거나 직선을 따라 일정한 속도로 움직인다고 설명했다. 우리가 어떤 물체를 밀면 그 물체도 우리를 민다. 소총을 어깨에 걸치고 방아쇠를 당기면 총알이 날아가는 동시에 총신이 어깨를 떠민다. 이렇게 작용과 반작용은 세기가 같고 방향이 반대다. 뉴턴은 이와 함께 간단한 형태의 중력 법칙을 제시하면서, 중력이 질량과 거리에 따라 달라지는 방식을 설명했다. '작용과 반작용'은 로켓 과학의 핵심이다. 로켓은 한 방향으로 무언가를 내뿜고(대개는 뜨거운 기체지만 원칙적으로는 기관총 총알도 같은 역할을 할 수 있다), 그 반작용으로 반대 방향의 가속을 얻는다. 중력의 영향이 없는 우주 공간에서 우주 탐사선은 엔진이 멈춰 있을 때 직선으로 날아간다. 뉴턴 물리학은 이런 내용이고, 이해하기에 크게 어렵지 않다.

고전 과학이 기술하는 세상에서는 모든 것을 예측할 수 있다. 예를 들어 중력의 영향을 받는 상황에서 특정 질량의 우주 탐사선이 정확히 화성에 착륙하려면 로켓 추진력이 얼마나 필요한지 계산할 수 있다. 엔진이나 기계 결함이 없다고 가정하면, 우주 탐사선이 목표물을 놓치는 경우는 누군가 계산을 잘못했을 때, 즉 인간의 실수가 있을 때뿐이다.

뉴턴 이후 수백 년 동안 고전 과학은 자유의지 신봉자들에게는 심각한 문제를 제기했다. 원칙적으로만 따지면 우리를 구성하는 원자까지 모두 포함해서 어느 특정 순간에 우주 안에 있는 모든 입자의 위치와 속도를 알면, 우주 전체의 미래를 예측할 수 있을 뿐만 아니라 우주 전체의 과거도 아주 상세하게 재구성할 수 있다. 이 정도 규모의 연산을 어떻게 할 수 있는가라는 현실적인 문제를 접어두면, 이 이론은 인간의 행동을 포함해 모든 것이 이미 정해져 있다고 주장하는 것 같다. 그러던 중에 양자물리학이 등장했다.

양자물리학은 고전물리학과는 다르다. 이건 확실히 로켓 과학이 아니다. 무엇보다 이해하기가 훨씬 어렵다. 얼마나 어려웠는지 20세기가 시작되고 첫 30년 동안 최고의 과학자들이 모여 도대체 이 양자물리란 게 무엇인지 알아내기 위해 고심을 거듭해야 했다. 그리고 그렇게 알아낸 양자물리는 썩 마음에 들지 않았다.

양자물리학은 대체로 아주 작은 것들의 세상을 기술한다. 쉽게 말하면 원자나 원자보다 더 작은 것들의 세상이다. 20세기의 첫 30년 동안 물리학자들이 어렵게, 그리고 고통스럽게 발견한 사실은 입자가 파동처럼 행동할 수 있고 파동은 입자처럼 행동할 수 있다는 것이었다. 그리고 양자 개체는 최소 두 곳에 동시에 존재할 수 있으며, 사이 공간을 지나지 않고도 여기에서 저기로 이동할 수 있다. 양자 세상에는 확실한 것은 없고 모든 것은 확률에 의존한다. 이를테면 우주 탐사선을 띄워 보낼 때 화성에 갈 확률이 50퍼센트, 금성에 갈 확률이 50퍼센트라는 것은 알지만, 결국 어디에 도착할지는 알 수 없다는 식이다. 자유의지에 대한 믿음을 되살리기엔 좋겠지만, 그 외의 문제에서는 영 마음 한구석이 불안해지는 이론이다. 그런데도 양자 세상의 당혹스러운 여러 현상들이 무수히 많은 실험으로 검증되고 확인되었다.

에르빈 슈뢰딩거는 고전물리학의 일반 상식을 양자 세상에서 재건하려 노력했고, 이 걸작 연구의 공을 인정받아 노벨상을 받았다. 이 이야기의 결말을 미리 조심스럽게 밝히자면, 그의 노력은 실패했지만 그의 연구는 새로운 물리학 혁명에 필수 요소가 되었다.

그러나 슈뢰딩거를 단순히 양자물리학을 달가워하지 않았던 혁명가라고 하기엔 뭔가 부족하다. 물리학자 슈뢰딩거의 가장 흥미로운 특징 가운데 하나는, 20세기의 새로운 과학에 지대한 공헌을 했던 그가 기본적으로는 19세기의 과학 전통 위에서 성장했다는 것이다. 바로 이 점이 자신이 참여했던 양자 혁명에 반감을 품게 된 근본적인 이유였다. 슈뢰딩거는 1906년에 고등학교를 졸업하고 대학에 입학했다. 그리고 바로 그 전해에 알베르트 아인슈타인은 이제는 고전이 된 특수 상대성 이론과 양자물리학 관련 논문을 발표했다. 그러나 물론 아인슈타인은 예외적인 경우였고, 그가 양자물리에 대해 제시한 아이디어들은 이후 최소 10년간 누구도 진지하게 들여다보지 않았다. 진짜 양자 혁명은 베르너 하이젠베르크(1901년생)와 폴 디랙(1902년생) 같은 신세대들이 주도했다. 이 둘은 닐스 보어, 루이 드브로이, 아인슈타인과 함께 슈뢰딩거의 삶과 연구 이야기에 주요 인물로 등장한다.

슈뢰딩거는 단순한 물리학자가 아니었다. 그는 아르투어 쇼펜하우어의 추종자였고, 동양 종교와 철학에 심취했다. 특히 단일한 우주 의식이 존재하고 우리는 그 의식의 일부라는 힌두 베단타 철학의 사상을 옹호했다. 그는 색각을 연구했으며,『생명이란 무엇인가』라는 책을 썼다. 훗날 프랜시스 크릭과 제임스 왓슨은 DNA 이중나선 구조를 발견하는 데 이 책『생명이란 무엇인가』가 가장 큰 영향을 끼쳤다고 말했다. 슈뢰딩거는 또한 '자연의 법칙이란 무엇인가'를 고민하고, 이 세상이 원칙적으로 완전히 결정론적이고 예측 가능한지를 끊임없이 되물었다. 그는 시를 썼고(형편없었다) 고대 그리스의 과학과 철학에 관한 책을 썼다.

슈뢰딩거의 개인사는 그야말로 흥미로웠다. 오스트리아-헝가리 제국의 말기에 안락한 환경에서 성장해, 1차 세계대전 때 포병장교로 복무했으며, 전후 오스트리아 봉쇄(패전국에 대한 연합군의 잔혹행위로 대량 기아 사태가 일어났다) 그리고 1920년대 통제 불능의 인플레이션을 경험했다. 이런 일을 겪으면서 그는 자신과 아내의 경제적 안정을 지키기 위해 늘 전전긍긍했고, 죽을 때까지 연금을 걱정했다. 나치 치하의 유럽을 벗어나기 위해 그가 첫 번째로 취한 행동은 아내와 정부情婦와 함께 옥스퍼드로 간 것이었다. 그러나 두 여자와 한집에서 살고, 설상가상으로 아내도 따로 만나는 연인이 있는 이 특이한 생활 방식은, 그들끼리는 만족스러웠을지 몰라도 옥스퍼드 사람들은 받아들이기 불쾌한 것이었다. 알베르트 아인슈타인이 있던 프린스턴으로의 이직도 이 특이한 가족 구성 때문에 무산되었다. 슈뢰딩거는 결국 좀 더 너그러운 분위기의 더블린에 정착했다. 당시 아일랜드 총리였던 에이먼 데벌레라는 슈뢰딩거를 위해 더블린 고등연구소를 설립했다.

다른 측면에서 보더라도 슈뢰딩거는 결코 일반적인 사람은 아니었다. 프로이센 왕국의 엄격한 분위기가 지배적이던 시기에 대학에서 강의를 하면서도 넥타이를 매는 법이 없었고, 편안한 옷차림 때문에 종종 학생이나 부랑자로 오해를 받았다. 가끔 중요한 학회에 참석할 때도 기차를 타지 않고 걸어서 학회장까지 갔고, 숙소에 들르지 않고 구겨진 옷차림에 배낭을 멘 채로 곧장 학회장에 나타나 입구에서 출입을 제지당하기도 했다.

1956년 은퇴한 슈뢰딩거는 빈으로 돌아와 1961년 사망할 때까지 국제원자력기구의 오스트리아 대표로 활동했다. 아인슈타인을 비롯한 여러 물리학자들과 마찬가지로 그 역시 물리학의 대통일 이론을 찾으려 노력했고, 실패했다. 오늘날 물리를 공부하는 학생들은 그의 이름을 딴 방정식을 통해, 물리를 잘 모르는 일반인들은 슈뢰딩거의 고양이를 통해 그를 기억한다. 고양이 우화의 목적은 양자물리학의 부조리를 보여 주는 것이었고, 이는 고전의 전통을 추종하던 물리학자만이 꿈꿀 수 있는 것이었다. 그래서 슈뢰딩거에 대한 탐구는 고전물리학에서 시작된다.

1장 *19세기 소년*

오스트리아-헝가리 제국이 저물어 가던 시기, 에르빈 슈뢰딩거는 빈의 부유한 가문의 외동아들이었다. 이러한 가정 환경은 자연스럽게 그의 성장에 영향을 미쳤고, 과학을 대하는 태도와 그에게 노벨상을 안겨 준 위대한 과학적 사고를 발전시키는 데에도 지대한 영향을 끼쳤다.

조상들

에르빈 슈뢰딩거는 루돌프와 게오르긴 슈뢰딩거 부부의 아들로 태어났다. 루돌프와 게오르긴은 1886년에 결혼했다. 루돌프의 부모, 즉 에르빈의 조부모가 살았던 19세기는 부유한 사람들도 일상적으로 죽음을 경험하던 시대였다. 루돌프의 어머니 마리아는 1853년에 결혼할 당시 19세의 고아였고, 그로부터 5년 후 사산아를 출산하는 과정에서 사망했다. 루돌프 위로는 어려서 죽은 형 에르빈과 누나 마리가 있었고, 루돌프는 1857년 1월 27일에 태어났다. 루돌프의 아버지 요제프의 가족은 원래 바이에른 왕국 출신이지만 빈으로 건너와 정착했다. 마리아가 세상을 뜬 후 요제프는 재혼하지 않고(당시에는 재혼이 더 자연스러웠을 텐데도) 남매를 모두 빈에서 키웠다. 아이들은 엄마 없이도 넉넉한 환경에서 잘 자랐다. 요제프는 리놀륨과 방수포를 생산하는 공장을 운영했는데, 규모는 크지 않아도 수익 좋은 사업이었다. 이 가족 사업은 적절한 시기에 에르빈의 아버지인 루돌프에게 상속되었다.

게오르긴의 가족은 슈뢰딩거 가족보다 사회적으로 조금 더 나은 수준이었고, 약간의 귀족적 허세가 있었다. 게오르긴의 가문은 1771년 가톨릭 집안에서 태어난 하급 귀족 안톤 비트만 덴글라스부터 시작되었다. 당시는 종교적 제약이 심하던 시절이라 안톤은 딸 조제파가 개신교 신자와 사랑에 빠지자 둘 사이를 갈라놓고 선량한 가톨릭 신자인 가족 주치의와 강제 결혼시켰다. 하지만 세 자녀를 낳은 후 남편이 세상을 떠나는 바람에, 조제파는 홀가분하게 재혼할 수 있게 되었다. 이번에 그녀가 선택한, 또는 그녀를 위해 간택된 남편은 아버지의 재산 관리인인 알렉산더 바우어였다. 두 번째 결혼에서 얻은 첫아들은 1836년에 태어났고, 아버지의 이름을 물려받아 알렉산더 바우어가 되었다. 그가 에르빈 슈뢰딩거의 외할아버지이다. 알렉산더 바우어는 가족 중에서 최초로 과학에 관심을 보인 사람이었다. 그는 빈과 파리에서 수학과 화학을 공부하고, 이후 화학자가 되었다.

에르빈의 외할머니인 에밀리는 영국 상류층 출신이었다. 에밀리의 집안은 노르만 포레스티에르 가문의 후손이지만 이미 오래전에 포스터라는 이름으로 영국에 정착했고, 영국 북동부의 밤버러성을 하사받았다. 1772년에 태어난 토마스 포스터는 포츠머스 총독의 아들이었고 슬하에 오 남매를 두었다. 그중 1816년 태어난 장녀 앤이 에르빈의 증조모가 된다. 에르빈은 어려서 영국을 방문했을 때 증조할머니 앤을 만난 적이 있다. 앤은 사무변호사인 윌리엄 러셀과 결혼해 윌리엄, 에밀리, 앤(애칭은 패니)을 낳았다.

에밀리의 오빠 윌리엄 러셀은 훗날 분석화학자가 되었다. 러셀은 1859~1860년에 파리에서 화학을 공부하던 시절 동급생 알렉산더 바우어(애칭은 알렉스)를 만났다. 둘은 친구가 되었고, 에밀리(애칭은 미니)와 그녀의 어머니가 윌리엄을 보러 프랑스에 왔을 때, 알렉스는 미니를 만나게 된다. 당시 미니의 나이는 19세였다. 둘은 사랑에 빠졌고, 알렉산더가 학업을 마치고 학계에서 (아주 하급의) 첫 직책을 얻자마자 곧바로 결혼했다. 1862년 12월 21일 리밍턴 스파에서 결혼식을 올린 후 빈에서 신접살림을 차린 그들은 1864년 첫딸 로다를 얻었다. 이후 1867년에 게오르긴이, 곧이어 1874년에는 셋째 딸 에밀리(이 에밀리의 애칭도 미니였다)가 태어났지만, 어머니 에밀리는 이후 폐렴으로 사망했다.

알렉산더 바우어는 과학자로서 활발히 활동했지만 1866년에 실험실 폭발 사고로 한쪽 눈을 잃은 뒤로는 가르치는 일과 화학사 연구에 전념했다. 빈 공과대학Vienna Polytechnic(훗날 빈 공과대학교 Technical University of Vienna가 된다)의 일반화학 교수로 임용되면서 교수로서 해야 했던 행정 업무도 성실히 처리했다. 그는 1904년 은퇴할 때까지 이 자리를 지켰다. 바우어는 또한 빈 응용미술관의 큐레이터이면서 니더외스터라이히의 공연예술 진흥 위원회 위원이었다. 예술을 사랑하던 그는 어린 손자 에르빈에게 공연예술의 아름다움을 알려 주는 것을 즐겼다.

알렉산더는 딸들에게 헌신했으며, 딸들은 모두 아버지를 통해 알게 된 남자들과 결혼했다. 장녀 로다는 빈 의약품 위원회 의장 한스 알츠베르거와 결혼했고, 자녀는 없었다. 막내 미니는 막스 밤베르거와 결혼했다. 밤베르거는 훗날 알렉산더의 자리를 이어받아 일반화학 교수가 되었고, 부부는 딸 헬가를 낳았다. 그리고 게오르긴은 루돌프 슈뢰딩거와 결혼했다.

루돌프는 좌절한 과학자였다. 그는 공과대학교에 다니며 알렉산더 바우어 밑에서 공부했지만, 화학자의 꿈을 접고 가업을 이어받아야 했다. 1886년 8월 16일 게오르긴과 결혼할 때 루돌프는 29세, 게오르긴은 19세였다. 루돌프도 여느 오스트리아인들처럼 명목상으로는 가톨릭 신자였지만 둘의 결혼식은 루터교 교회에서 열렸고(게오르긴과 자매들은 루터교 전통 안에서 성장했다. 오스트리아에서

부모님과 미니 이모(왼쪽)와 함께한 에르빈. 인스브루크, 1892년.

루터교는 그들 어머니의 종교인 성공회와 가장 비슷했다), 아들 에르빈은 공식적으로는 개신교 신도였다. 앞으로 보게 되겠지만 이들에게 종교는 큰 의미가 없었다. 슈뢰딩거 가족은 본질적으로 무교였고, 결혼식과 장례식 때만 교회에 나갔다. 어려서 죽은 아버지의 형과 아버지와 두 할아버지의 이름을 따서 이름 붙여진 에르빈 루돌프 요제프 알렉산더 슈뢰딩거는 1887년 8월 12일 빈에서 태어나 닷새 후 세례를 받았는데, 이때도 세례식은 교회가 아닌 슈뢰딩거의 집에서 열렸다.

어린 시절

에르빈의 영국인 외할머니는 에르빈이 태어나기 13년 전 세상을 떠났지만 슈뢰딩거 집안에 막대한 영향을 남겼다. 에르빈의 큰이모 로다는 집에서 영어만 사용하며 자랐고, 리밍턴 스파에 있는 조부모 집에서 몇 년간 지내기도 했다. 막내 이모 미니도 영어를 더 편하게 사용했다. 미니는 에르빈과 나이 차이가 열네 살밖에 나지 않아서 어릴 때 자주 함께 놀았다. 그 덕에 에르빈은 성장 과정에서 영어와 독일어를 자유롭게 사용했다. 일화에 따르면 '제대로 된' 독일어를 배우기 전부터 이미 훌륭한 영어를 구사했다고 한다.

두 이모와 사촌 누나(고모의 딸 도라)는 외동인 에르빈에게 맹목적인 사랑을 주었다. 그리고 항상 곁에 있던 유모와 하녀들은 아이의 변덕을 거의 다 받아 주었다. 이런 환경이 어른이 된 슈뢰딩거의 여성 편력의 기원은 아니었을지 의심해 보고 싶은 충동이 든다. 슈뢰딩거는 여성들이 자신의 비위를 맞춰 주길 기대했지만, 정작 그 여성들이 원하는 것에는 다소 둔감했다. 정신과 의사 데니스 프리드먼은 어머니와 보모가 동시에 돌본 소년은 성인이 되어 바람둥이로 살게 될 가능성이 높다고 주장한다.

> 이런 경험을 통해 소년의 마음속에 생물학적 모친으로 인지하는 여성과 실제로 애착 관계를 맺은 여성, 자신을 씻겨 주고 공원에 데리고 나가 놀아 주며 완벽한 일체감을 느끼게 하는 여성 사이의 분열이 생긴다. … 성인이 되어 사회적, 성적 형식을 갖춘 혼인제도에 편입되더라도, 그의 마음 한구석에는 그가 필요로 하는 모든 것을 헤아려 줄 뿐 아니라 충족시켜 주기까지 할 다른 여성이 어딘가에 있으리라는 생각을 품게 된다.[1]

이 제안은 반론에 부딪혔지만(특히 아동 심리학자 린다 블레어에 의해), 프리드먼이 가설을 뒷받침하는 사례로 슈뢰딩거의 예를 활용했다면 좋았을지도 모르겠다. 그러나 어쨌든 그런 얘기들은 먼 미래의 일이었다.

---

1 Friedman, *An Unsolicited Gift*.

에르빈이 태어났을 때, 외할아버지인 알렉산더는 빈 도심에 새로 지은 연립주택을 소유하고 있었다. 다섯 가구가 입주할 수 있는 5층짜리 건물이었다. 슈뢰딩거 가족은 1890년에 널찍한 5층으로 이사를 왔다. 창밖으로 성 스테파노 성당이 보이는 전망 좋은 집이었다.

에르빈의 어린 시절에 대해 알려진 내용은 대부분 미니 이모의 기억을 바탕으로 한 것이다. 조숙했던 어린 시절로 유명한 알베르트 아인슈타인의 경우도 그랬지만, 친척들이 기억하는 어린 시절 일화들은(대개는 세월이 한참 흐른 후에 이야기된다) 과장이 많이 섞여 있다는 전제를 두어야 한다. 그러나 아인슈타인도 슈뢰딩거도, 어린 시절의 회상에는 분명히 진실의 씨앗이 숨어 있다. 에르빈은 어릴 때부터 천문학에 관심이 많았다. 소년은 미니를 설득해 지구인 척 서 있으라고 하고 그 자신은 달이 되어 이모의 주위를 돌았다. 그런 다음 태양 대신 전구를 갖다 놓고 이모에게 전구 주위를 원을 그리며 걷게 하면서 자신은 계속해서 이모의 주위를 돌았다. 에르빈은 글씨 쓰는 법을 익히기 전부터 일기를 기록했다. 그날 있었던 일을 미니 이모에게 불러 주고 받아 적게 하는 식이었다. 현존하는 그의 일기 중에서 1891년에 기록한 내용은 이런 것이다. "저녁때 에미 이모[미니]가 맛있는 음식을 만들어 주었고, 밥을 다 먹은 다음 이모랑 이 세상에 대해 내내 이야기했다." 이렇게 생각과 활동을 종이에 기록하는 것은 슈뢰딩거의 평생 습관이 되었다.[2]

에르빈은 학교에 갈 나이가 되어서도 열 살 때까지는 평온하고 아늑한 집을 떠나지 않아도 되었다. 따로 개인 교사를 두어 일주일에 두 번 아침마다 수업을 들었기 때문이다. 미니에 따르면 에르빈은 말문이 트이자마자 글을 읽기 시작했다고 하는데, 이는 하녀가 길거리 표지판을 읽어 주고 설명해 준 덕이라고 했다. 그러나 이런 기본적인 배움 말고, 그 시절 가정교육의 주목적은 김나지움 입학시험에 대비하기 위한 것이었다(김나지움은 영국의 명문 중등학교와 동등한 기관이다). 실제로 슈뢰딩거의 본격적인 교육은 김나지움에서 시작되었다. 한편 슈뢰딩거 가족이 빈에서 전형적인 중상층의 삶을 누리는 동안, 그들의 나라에는 슈뢰딩거와 가족의 삶을 최악으로 치닫게 할 폭풍 전야의 징조가 감돌고 있었다.

제국의 마지막 불꽃

빈은 1276년부터 수백 년간 합스부르크 왕가가 지배하는 거대 제국의 수도였다. 이 제국의 영토는 시대에 따라 변화의 폭이 컸다. 16세기와 17세기에 걸쳐 제국은 흥망성쇠를 거듭했고, 1683년에는 영토 확장에 나선 오스만 제국이 빈까지 진출했다가 격퇴당하

---

2 특별한 표시가 없다면, 슈뢰딩거의 어린 시절에 관한 내용은 알프바흐의 슈뢰딩거 서고에 소장된 미니와 에르빈 슈뢰딩거의 미공개 원고에서 인용한 것이다. Moore, *Schrödinger: Life and Thought*도 참고할 것.

기도 했다. 어쨌든 나폴레옹 전쟁 후에도 오스트리아 황제는(당시 프란츠 1세) 독일어권 지역 대부분과 헝가리, 폴란드, 훗날 체코슬로바키아가 되는 영토와 이탈리아 일부, 그리고 유럽 역사에서 결정적인 역할을 했던 발칸 달마티아 지역의 슬라브 국가들까지 통치했다.

18세기가 끝날 무렵 시작된 프랑스 혁명은 유럽 전역으로 서서히 번져 나가며 대유럽 제국 시대의 종말을 고했다. 1848년은 유럽 대륙 전역에 중대한 정치적 격변이 잇달아 일어나며 '혁명의 해'로 불리게 되었다. 오스트리아 제국은 이탈리아, 보헤미아, 헝가리와 빈 지역에서 민중 봉기를 무력으로 진압했다. 그러나 황실도 그에 대한 대가를 치러야 했고, (프란츠 1세의 뒤를 이은) 황제 페르디난트는 강제로 퇴위해야 했다.

새 황제는 페르디난트의 조카 프란츠 요제프였다. 1830년에 태어난 그는 상대적으로 젊은 나이에 황제 자리에 올랐지만, 즉위 초기에는 미래보다 과거를 돌아보는 경향이 강했다. 프란츠 요제프는 강력한 절대 군주제를 재건하여 영토를 확장해 나가는 강한 오스트리아 제국을 통치하려 했다. 그러나 현실은 혹독했다. 크림 전쟁과 롬바르디아 및 베네치아 지역의 국토 상실을 겪으며 군사적·정치적 실패를 맛본 젊은 황제는 통치 철학을 바꾸었고, 1860년대 중반부터는 독단적 통치 대신 국민에게 더 큰 자유를 허용했다. 그러다 1867년에 헝가리가 (적어도 명목상으로는) 오스트리아와 동등한 지위를 획득하면서 오스트리아 제국의 명칭은 오스트리아-헝가리 이중제국 또는 간단히 오스트리아-헝가리가 되었다. 그래도 한쪽에서 영토를 잃는 동안 다른 쪽에서는 새 영토가 생겨서, 1878년에는 발칸 국가인 보스니아와 헤르체고비나의 행정권을 얻었다. 그러나 이 지역은 명목상 오스만 제국령에 속해 있다가 1908년이 되어서야 오스트리아-헝가리 제국에 정식으로 합병되었다.

어린 에르빈 슈뢰딩거가 살던 빈은 쇠락하는 제국의 수도였다. 이 도시에는 다양한 국적과 다양한 정치적 성향을 지닌 사람들이 모여 살았고, 많은 이들이 독립을 꿈꾸거나 독립을 위해 헌신했다. 당시는 거대한 사회 변혁의 시기인 동시에 산업화의 시기이기도 해서, 통신 기술의 발전과 함께 도시의 비대화가 진행되고 있었다. 프란츠 요제프 황제는 나이가 들면서 구시대의 유물로 전락했고, 관성적으로 움직이는 관료 체제에 힘과 영향력을 빼앗겼다.

그나마 빈은 이런 현실에서 어느 정도는 자유로웠고, 여전히 화려한 예술의 도시로 남아 있었다. 빈 사람들은 음악과 오페라를 사랑했고, 하이든, 모차르트, 베토벤이 이룩한 음악적 전통은 19세기에 접어들면서 슈베르트, 리스트, 브람스와 브루크너로 이어졌다. 물론, 슈트라우스 부자도 빼놓을 수 없다. 그러나 이런 문화 예술을 누리는 사람도 이제는 귀족 계급보다 루돌프 슈뢰딩거가 속한 신흥 부르주아가 더 많았다. 유대인의 신분 상승은 각별히 주목할 만했다. 오스트리아에서 가톨릭 신자가 아닌 사람들은 제대로 된 권리를 누리지 못했는데, 특히 1848년 이전 유대인들에게는 특권은 고사하고 권리라고 할 만한 게 아예 없었다. 그러나 국가의 통제가 느슨해지면서 대도시로 사람들이 몰려들었고, 그중에는 제국 전역에서 온 유대인들도 있었다. 그들은 적은 숫자임에도 불구하고 경제와 예술에 막대한 영향을 미쳤지만, 사회적으로 반유대주의가 만연하면서 '유대인'이라는 이유만으로 숱한 비난을 감수해야 했다. 그러나 에르빈은 유대인에 대한 편견으로부터 자유로운 어른으로 성장했다.

과학의 태동

오스트리아, 그중에서도 특히 빈은 이미 수준 높은 예술로 유명했지만, 19세기 후반에는 과학으로도 명성을 쌓아 나가기 시작했다. 과학과 관련해 1848년 이후 눈에 띄는 변화를 꼽으라면 빈 대학교 물리 연구소 설립을 들 수 있다. 연구소장인 요한 크리스티안 도플러는 빈 대학 최초의 실험물리 교수이기도 했다. 잘츠부르크에서 태어나 빈에서 교육을 받은 도플러는 오스트리아 제국 전역의 여러 교육 기관을 거친 후 새 연구소의 수장으로 지명되었다. 수학과 전기 분야에서 중요한 연구를 수행한 인물이지만, 오늘날 도플러의 이름은 소리의 음높이 또는 빛의 색깔이 관찰자의 상대적 운동에 영향을 받는 현상을 통해 기억된다. 도플러의 계산은 1845년 네덜란드의 기상학자 크리스토프 바위스 발롯에 의해 잘 검증되었다. 바위스 발롯은 지붕 없는 차에 트럼펫 연주자를 태우고 한 음정을 있는 힘껏 불라고 지시했다. 그런 다음 선로 옆에 절대음감을 지닌 음악가들을 세워 놓고, 기차가 트럼펫 주자를 태운 차를 끌며 그 앞을 지나갈 때 소리를 듣고 달라진 음정을 확인하게 했다. 사이렌을 울리며 긴급 차량이 지나갈 때 일어나는 음정 변화는 '도플러 효과'로 설명할 수 있다. 빛에서도 같은 현상이 일어나기 때문에, 별이 우리에게 다가오거나 멀어질 때 일어나는 빛 파장 변화로 별의 속도를 계산한다.

도플러는 1853년 49세라는 이른 나이에 세상을 떠났고, 물리 연구소 소장직은 평범한 과학자였던 안드레아스 폰 에팅스하우젠이 이어받았다. 그러나 그도 1862년에 병에 걸려 자리에서 물러나야 했다. 새 연구소장으로 빈 물리학계의 떠오르는 샛별이던 27세의 요제프 슈테판이 물망에 올랐다. 당시 프리바트도젠트[3]로서 대학의 직급 체계 중 가장 낮은 지위였던 슈테판은 1년 후 정교수가 되었고, 1866년에 공식적으로 연구소장으로 지명되었다. 슈테판은 열역학 연구(이 내용은 2장에서 다루겠다)의 선구자였으며, 뜨거운 물

---

3   프리바트도젠트(Privatdozent)는 박사학위 후 독창적인 논문을 써서 교수 자격을 취득한 사람이다. 정식으로 강의는 할 수 있으나 강사료는 없었고, 강의 듣는 학생들이 내는 수강료를 받았다. -옮긴이

체가 전자기 에너지(열과 빛)를 발산하는 현상을 연구했다. 그가 발견한 내용은 제자인 루트비히 볼츠만(볼츠만도 빈 사람이었다)이 정리해 훗날 흑체 복사의 슈테판·볼츠만 법칙으로 알려지게 되었다. 이 법칙은 초기 양자역학으로 향하는 중대한 첫걸음이었다.

슈테판은 일류 과학자인 동시에 교육자로서도 일류였다. 그의 제자 중 프리드리히 하젠외를은 에르빈 슈뢰딩거에게 깊은 영향을 미친 스승이었다. 그러니 학문적으로 따지면 슈테판은 슈뢰딩거의 '할아버지' 격인 셈이다. 슈뢰딩거의 또 다른 학문적 할아버지로 슈테판의 동료인 요제프 로슈미트가 있다. 로슈미트는 특히 분자들이 용기의 벽에 부딪혀 튀어나오면서 압력을 생성하는 방식을 계산한 사람으로 유명했다. 그의 연구 결과로 당시 사람들은 분자의 존재를 확신하게 되었다. 로슈미트는 이외에도 열역학이라는 신생 학문에서 중요한 연구 결과를 여럿 내놓았다. 그의 제자인 프란츠 엑스너는 그의 뒤를 이어 대학교수가 되었다(엑스너는 빈 당국을 설득해 마리와 피에르 퀴리 부부에게 피치블렌드[역청 우라늄석]를 공급하도록 설득한 인물이기도 하다. 알다시피 이는 라듐 발견으로 이어졌다). 하젠외를이 이론물리 분야의 멘토였다면, 엑스너는 실험물리와 관련해 슈뢰딩거에게 아낌없는 조언을 해 준 사람이다.

19세기 말 빈에서 물리학은 크게 발전하고 있었다. 그러나 오스트리아 물리학자들의 명성은 외국에서는 국내에서만큼 크게 알려지지 않았다. 로슈미트 같은 거물급 과학자들도 연구 성과를 알리

루트비히 볼츠만(위)은 슈뢰딩거가 빈 대학교에 입학하기 직전에 세상을 떠났지만, 과학자 슈뢰딩거에게 큰 영향을 미쳤다. 슈테판과 볼츠만의 제자였던 프리드리히 하젠외를(아래)은 1907년 볼츠만 후임으로 빈 대학교 이론물리학 교수가 되어 슈뢰딩거를 가르쳤다. 훗날 슈뢰딩거는 하젠외를이 아버지 다음으로 자신에게 큰 영향을 주었다고 회상했다.

기 위한 국외 여행을 거의 하지 않았기 때문이다. 볼츠만은 1905년 이런 말을 남겼다.

> 내가 알기로 슈테판이나 로슈미트는 모국 오스트리아의 국경을 넘어 다른 나라를 여행한 적이 없다. 그들은 학회에도 참석하지 않고 외국 과학자들과 사적으로 친밀한 관계도 쌓지 않았다. 나는 이런 행태는 용납할 수 없다. 그들이 조금만 더 개방적이었다면 많은 것을 성취할 수 있었으리라고 믿기 때문이다. 적어도 자신들의 성과를 외부에 더 빨리 알리는 노력이라도 기울였어야 했다.[4]

볼츠만은 이런 실수를 하지 않았다. 그는 오스트리아의—아니면 적어도 자신의—성과를 과학 커뮤니티에 적극적으로 알렸다. 볼츠만은 19세기 말의 과학은 국제적인 공동의 노력이며 여러 국가의 학자들이 긴밀히 연락을 취하는 것이 성공의 핵심이라는 사실을 깨달았다. 에르빈 슈뢰딩거는 국제적 학문으로서의 20세기 물리학을 상징하는 인물이라 해도 과언이 아닌데, 그는 볼츠만이 이런 말을 남긴 이듬해 대학에 입학했다.

---

4   Mehra and Rechenberg, *The Historical Development of Quantum Theory*에서 인용.

소년에서 대학생으로

에르빈은 원래 1905년에 대학에 입학할 수 있었지만, 열 살이던 1898년 봄 어머니 게오르긴과 이모 미니와 함께 영국에서 긴 휴가를 보내고 김나지움 입학시험을 남들보다 늦게 치른 탓에 대학도 1906년에 입학했다. 이 여행에서 에르빈은 증조할머니 앤을 만났다. 앤은 워털루 전투에서 나폴레옹이 최종적으로 패배한 이듬해에 태어났다. 미니의 회상에 따르면, 에르빈은 영국에서 자전거 타는 법도 배우고, 램스게이트 모래사장에서 당나귀도 타고 앙고라고양이 여섯 마리를 키우는 이모할머니 집도 방문하면서 행복한 시간을 보냈다고 한다.

가족은 도버에서 증기선을 타고 영국을 떠나 대륙으로 건너왔지만, 휴가는 계속 이어졌다. 그들은 오스탕드에서 브뤼헤와 쾰른을 돌아보고, 그런 다음 배를 타고 라인강을 따라 프랑크푸르트암마인까지 올라갔다가 기차를 타고 집에 돌아왔다. 에르빈은 시험 준비를 위해(이 시험은 쉽게 통과했다) 세인트 니클라우스 학교에 잠깐 다녔다. 이것이 그의 첫 공교육 경험이었다. 그는 1898년 가을 김나지움에 입학했고, 몇 주 후 열한 번째 생일을 맞이했다. 이 김나지움은 빈에서 종교와 가장 무관한 학교였으며, 볼츠만도 이 학교 졸업생이었다. 그러나 이곳을 선택한 이유는 종교나 볼츠만과는 상관없었을 것이다. 에르빈에게 좀 더 중요한 조건은 이 학교가 베토벤 광장에 있는 집에서 도보로 10분 거리에 있었다는 것이다.

김나지움의 특별 행사를 위해 공식 '교복'을 착용한 에르빈. 1905년.

에르빈은 이 김나지움에 8년간 다녔다.

　김나지움에서는 라틴어와 그리스어, 인문학 중심의 고전을 가르쳤다. 수업은 주 6일 오전 8시부터 오후 1시까지였는데, 일주일에 두 번 오후에 루터교 수업이 있었다. "이 수업 시간에 나는 많은 것들을 배웠다. 딱 종교만 빼고." 슈뢰딩거의 말이다. 그가 즐겨 했던 질문은 이런 것이었다. "선생님, 이런 걸 정말로 믿으시나요?"

　입학하고 첫 3년간은 일주일에 8시간 라틴어 수업이 있었는데, 그리스어가 추가되면서 5시간으로 줄었다. 독일어와 독문학, 지리학, 음악과 역사 수업도 있었다. 이런 과목들 때문에 수학과 과학 수업 시간은 일주일에 고작 3시간밖에 되지 않았다. 수학은 미적분학까지는 근처도 가지 않았고, 고전 수학인 기하와 대수를 주로 가르쳤다. 물리학도 뉴턴 물리학 수준에 머물렀고, 생물학 수업은 있긴 했지만(주로 식물학을 가르쳤다) 다윈의 자연 선택에 의한 진화 이론은 종교 시간에 맹비난의 대상으로서 다루는 것이 전부였다. 자연에 관해서는 오히려 아버지에게 배운 것이 더 많았다. 루돌프 슈뢰딩거는 학술지에 논문을 발표할 정도로 열정적인 아마추어 식물학자였다(그리고 가업을 잇기 위해 학자의 길을 포기한 것을 두고두고 후회했다). 루돌프 슈뢰딩거도 다윈의 아이디어를 전적으로 수용하는 것은 조심스러워했지만, 루돌프의 친구 중 자연 선택을 적극적으로 지지하는 자연사박물관의 동물학자가 있었다. 에르빈은 아버지 친구의 영향을 받아 열렬한 다윈주의자가 되었다.

김나지움은 집 외에 에르빈의 뛰어난 지성이 처음으로 드러난 곳이기도 하다. 그는 수학과 물리를 사랑하는 우수한 학생이었고, 문법과 언어학의 논리를 즐겼으며, 시를 좋아했지만 문학을 "학구적으로 해부"하는 것은 싫어했다. 그는 모든 과목에서 상위권이었다. 한 친구는 온갖 어려운 문제는 척척 풀던 에르빈이 "몬테네그로의 수도는 어디인가?" 같은 쉬운 질문에는 대답하지 못하는 것을 보고 학생들이 모두 어이없어했다고 회상했다.[5] 종교 수업이 없는 오후에는 영어와 프랑스어를 공부했다. 어려서부터 이중 언어 환경에서 성장했기 때문이겠지만, 훗날 슈뢰딩거는 독일어, 프랑스어, 영어와 스페인어를 자유자재로 사용하며 강의하고, 다양한 언어를 쓰는 청중에게 질문을 받으면 언어를 바꿔 가며 대답하는 훌륭한 다중 언어 사용자가 되었다. 또한 호메로스를 영어로, 고대 프로방스 시를 현대 독일어로 번역하기도 했다.

에르빈이 줄곧 1등을 차지하다 보니, 동급생 토니오 렐라는 김나지움에서의 8년 내내 2등 신세를 면할 수 없었다. 그럼에도 불구하고 (어쩌면 그 때문에) 둘은 절친한 친구가 되었다. 렐라 가족은 산이 많은 교외에서 여관을 운영하고 있었다. 에르빈은 종종 그곳에서 휴가를 보내며 토니오와 함께 하이킹과 캠핑을 마음껏 즐겼고, 토니오의 여동생 로테와 풋풋한 첫사랑을 싹틔우기도 했다. 물론

---

5   Moore, *Schrödinger: Life and Thought*에서 인용.

그 당시 상황상 수줍게 손을 잡는 것 이상의 관계로는 발전할 수 없었다. 토니오는 훗날 빈 공과대학의 수학과 교수가 되었고, 에르빈과는 계속 우정을 유지했다. 그는 제2차 세계대전이 끝날 무렵 러시아가 빈을 침공했을 때 폭격으로 사망했다.

청소년 시절 에르빈이 열정을 바쳤던 또 하나의 분야는 연극이었다. 20세기 초 빈에서 연극은 중요한 문화 활동 중 하나였다. 그는 적어도 일주일에 한 번은 극장에 갔고, 학생과 노동자를 위한 일요일 오후의 특별 마티네(낮 시간에 열리는 공연-옮긴이)도 종종 보러 갔다. 링슈트라세에 있는 호프부르크 극장은 빈에서도 가장 크고 웅장한 극장이었으며, 특히 독일어권에서는 손꼽히는 곳이었다. 그러나 그보다 작은 빈 국민극장도 1900석 규모였고, 다양한 소극장에서 오페레타, 익살극, 심지어 헝가리의 보드빌[6]까지 관람할 수 있었다. 언제나 메모에 집착했던 에르빈은 극장을 방문할 때도 방문 기록과 짤막한 비평까지 꼼꼼히 기록해 두었는데, 어느 유명한 배우에 대해서는 이런 기록을 남겼다. "기대했던 것보다 훨씬 좋았다. 그가 한 것보다는 하지 않은 것 때문에."

세기의 전환기에 예술의 도시 빈에서 미술 역시 정점을 맞았지만 항상 환영받았던 것은 아니다. 구스타프 클림트는 당시 전성기였지만 과도하게 성적인, 심지어 포르노까지 연상되는 분위기의

---

6   희극에 노래와 춤이 결합된 엔터테인먼트 성격이 강한 연극.-옮긴이

20세기 초 빈은 예술가들의 고향이었다. 구스타프 클림트는 1901년 〈유디트〉(아래 왼쪽)를 그렸고, 작곡가 말러(아래 오른쪽, 1904년 촬영)도 이때 활동했다. 빈의 국민극장(위)은 학생 에르빈에게 제2의 집 같은 곳이었다.

그림으로 거센 논란에 휩싸여 있었다. 에르빈 슈뢰딩거와 친구 토니오 렐라가 대학에 입학했던 1906년에는 클림트의 친구였던 에곤 실레가 '외설적인' 그림을 그렸다는 이유로 24일간 구류를 살기도 했다. 한편, 빈의 공연예술과 미술은 최첨단이었지만 물리학은 그렇지 못했다. 슈테판과 볼츠만의 연구가 흥미롭게 전개되는 동안에도 물리학 강의 내용은 여전히 구시대에 머물러 있었다. 슈뢰딩거가 대학 학부 과정에서 배웠던 물리는 1906년 기준으로 보더라도 시대에 한참 뒤처진 것이었다.

2장 슈뢰딩거 이전의 물리학

슈뢰딩거가 학부 시절에 배운 물리학은 삼각대처럼 세 개의 다리 위에 올려져 있었다. 아이작 뉴턴이 개발한 역학, 제임스 클러크 맥스웰이 개발한 전자기학, 그리고 루트비히 볼츠만이 크게 기여했던 열역학이 바로 그 다리들이었다. 알베르트 아인슈타인의 특수 상대성 이론에 관한 논문은 1905년에 발표되었는데, 슈뢰딩거는 아인슈타인의 새로운 이론에 대해서는 전혀 배우지 못했다. 그리고 양자 이론의 탄생으로 간주되는, 1900년에 발표된 막스 플랑크의 전자기 복사 연구도 거의 접하지 못했다. 이 이야기에서 슈뢰딩거 이전의 물리학은 1900년 이전의 물리를 의미한다. 그럼 먼저 아이작 뉴턴부터 시작해 보자.

뉴턴과 입자 세상

아이작 뉴턴1642-1727은 모두가 인정하는 근대 과학의 창시자다. 뉴턴은 물체의 운동을 기술하는 수학적 법칙을 설명했고, 지구상에서 물체의 거동을 지배하는 법칙-특히 중력 법칙-이 우주 전체의 거동을 지배하는 법칙과 같음을 발견했다. 이러한 물리 법칙의 보편성에 대한 깨달음이 법칙의 발견보다 훨씬 더 중요하다. 이는 궁극적으로 과학자들이 실험실에서 연구한 내용을 바탕으로 우주 안의 모든 것을 설명할 수 있는 법칙을 찾아낼 수 있다는 의미였다.

그러나 그런 뉴턴조차도 모든 걸 혼자 힘으로 해내지는 않았다. 19세기 초 영국의 외과의사 겸 과학자[1] 윌리엄 길버트1544-1603는 자기磁氣에 대한 소책자 『자석에 관하여 De Magnete』를 발표했다. 이 책에서 그는 지난 200년 동안 누구도 설명하지 못했던 자기 현상을 설명했고, 실험실에서 이해한 내용을 바탕으로 지구 자기장을 설명하려고 시도했다. 당시로서는 우주로 한 걸음 나아가는 중요한 진전이었다. 길버트는 실험과 관측으로 가설을 검증하고 실험 결과와 맞지 않는 아이디어는 모두 배제했는데, 이는 훗날 '과학적 방법'이라고 불리게 되는 과학의 기본 바탕이었다. 지금 보면 다소 기이하지만, 길버트가 살던 시대만 해도 누가 봐도 과학으로 풀어야 할 문제를 철학자들이 논쟁으로 해결하려 시도하는 일이 흔했

---

1 '과학자'라는 말은 아직 세상에 나오기 전이지만, 가장 적절한 호칭이다.

다. 이를테면 무거운 물체와 가벼운 물체 중 어느 쪽이 더 빨리 떨어지는가 하는 문제를 실제로 실험해 보지 않고 논쟁으로 해결하려는 것이다. 길버트는 그런 사람들을 이렇게 혹독하게 비난했다.

매일, 우리의 실험에서는 전례 없는 새로운 특성이 드러나고 있다.
그러나 왜 내가, 학구적인 지성인들을 혼란스럽게 하고 괴롭힐 뿐인 이 드넓은 책의 바다에, 그리고 재능이라고는 눈곱만큼도 없는 평범한 이들이 한껏 도취되고 열광하며, 스스로 쓰레기 같은 책을 생산해 내고는 마치 자기가 무슨 대단한 철학자, 의사, 수학자, 천문학자라도 된 양 우쭐대는 이 책들의 세상에, 내가 왜, 무언가를 더해야 하는가? 내가 왜 이 (이전에 들어 본 적 없는 많은 사례를 담고 있기에) 고귀하고 새로운, 기존의 낡은 틀을 거부하는 철학을, 남의 의견을 추종하기로 선언한 이들, 예술을 무의미하게 타락시키는 자들, 글줄이나 아는 광대들, 문법을 따지는 이들, 궤변가들, 수다꾼들, 그리고 어리석은 폭도 같은 이들의 손에 넘겨주고, 그로 인해 비난받고, 갈기갈기 찢기고 모욕을 받아야 한단 말인가? 나는 진정한 철학자, 순수한 영혼의 소유자, 책에서뿐 아니라 사물 자체에서도 지식을 갈구하는 이들에게만 이 자기磁氣 과학의 기초를 오롯이 헌정한다. 이것은 새로운 형태의 철학이다.

그리고 그는 "새로운 형태의 철학"을 이렇게 요약했다.

> 숨겨진 것을 발견하고 숨겨진 원인을 조사하는 데는, 일반적인 철학 이론가의 그럴싸한 추측이나 견해보다는 확실한 실험과 입증된 논거에서 더 강력한 사유를 얻을 수 있다.

이 "확실한 실험과 입증된 논거"가 바로 과학의 기본 바탕이다.

물론 과학적 방법을 개발한 인물로 인정받는 사람은 갈릴레오 갈릴레이1564-1642다. 특히 그는 물체 낙하 실험을 한 것으로 유명하다. 그러나 갈릴레오가 피사의 사탑에 직접 올라가 공을 떨어뜨렸던 것은 아니다. 실제로 그가 한 실험은 기울어진 평면 위로 공을 굴리는 실험이었고, 갈릴레오의 주장을 부정하려는 경쟁자가 피사의 사탑에 올라가 공을 떨어뜨렸을 때 갈릴레오는 이 내용을 이론적으로 분석했다. 아무튼, 그렇다면 갈릴레오는 과학적 방법을 어디에서 배웠을까? 물론 혼자 힘으로 떠올렸을 수도 있다. 그러나 옳은 방향으로 나아갈 자극이 필요했다면, 그는 분명히 그런 자극을 얻었을 것이다. 갈릴레오의 편지에는 길버트의 책을 칭찬하는 내용이 기록되어 있고, 이를 통해 그가 『자석에 관하여』를 읽었음을 알 수 있다. 그리고 뉴턴도 당연히 갈릴레오나 르네 데카르트1596~1650의 연구를 깊이 알고 있었다. 뉴턴 스스로도 "내가 남들보다 더 먼 곳을 보았다면, 그것은 거인들의 어깨 위에 올라서서 가능했던 것"이라고 말했다. 그러나 그는 확실히 아주 멀리까지 보았다.

뉴턴은 케임브리지 대학교에서 공부하고, 1667년에 트리니티 칼리지의 펠로가 되었다. 그리고 2년 만에 두 번째 루카시안 수학 석좌교수로 지명되었다. 그 덕에 뉴턴은 안정적인 생활을 할 수 있었다. 게다가 당시의 교수에게는 연구 성과를 발표할 의무가 없었기 때문에 누구도 그에게 아쉬운 소리를 하지 않았다. 뉴턴은 새로운 아이디어가 떠오르면 굳이 번거롭게 동료 학자들과 서신 교환을 하며 사람들의 주목을 받기보다 혼자서 조용히 간직하는 편이었다. 그러나 새로운 형태의 망원경을 발명했을 때는 이를 세상에 알렸고, 이를 계기로 1672년 왕립학회Royal Society(1660년 설립. '왕립'이라는 호칭은 이듬해 수여됨) 회원으로 선출되었다. 학회에서 뉴턴은 빛과 색에 대한 아이디어를 발표했는데, 이로 인해 로버트 훅 1635~1703과 격한 논쟁을 벌이게 되었다. 로버트 훅은 실험분과 간사를 거쳐 사무국장 자리에 오르며 누구보다도 학회의 성공에 이바지한 사람이었다. 이때의 경험으로 뉴턴은 아이디어를 남에게 알려 봤자 문제만 생길 뿐이라는 생각을 굳혔고, 케임브리지라는 은신처 안에 깊숙이 몸을 숨겼다. 그는 물리적 세상의 본질을 찾아 더욱 깊이 생각에 잠겼지만, 이제는 자신이 알아낸 것을 누구에게도 알리지 않겠다고 결심했다.

그러던 중, 1684년에 에드먼드 핼리가 케임브리지로 뉴턴을 찾아왔다. 핼리와 훅, 그리고 역시 왕립학회 회원이었던 크리스토퍼

렌을 괴롭히는 문제가 있어 뉴턴에게 도움을 청하기 위해서였다. 이 세 과학자는 태양부터 행성까지 거리의 제곱에 반비례하는 힘으로, 태양 주위를 도는 행성의 궤도를 설명할 수 있다는 것은 알았지만, 요하네스 케플러가 서술한 행성의 운동 법칙 세 가지는 증명할 수 없었다. 겸손과는 거리가 멀었던 뉴턴은 핼리에게, 이 문제는 이미 오래전에 해결했지만 지금 서류 더미에서 문서를 찾을 수가 없으니 나중에 사본을 보내 주겠다고 약속했다. 현존하는 뉴턴의 문서들을 보면 이 주장은 시간을 벌기 위한 거짓말이었고, 스스로의 능력을 확신했던 뉴턴은 곧바로 그 문제를 해결했던 것 같다.

실제로 1684년 기준으로 보면 뉴턴의 아이디어들은 대부분 불완전했고 완벽하게 성립하는 것은 극소수였다. 핼리의 방문은 흩어진 아이디어들을 집대성해 하나의 일관된 이론으로 엮는 자극제가 되었다. 뉴턴은 중력이 행성에 미치는 영향을 설명하기 위해 힘이 물체의 운동에 끼치는 영향을 수학적으로 설명했고, 여기에 질량이라는 성질에 대한 이해, 그리고 사물이 밀리는 힘에 저항하는 방식인 관성도 포함시켰다. 1684년 11월, 핼리는 뉴턴으로부터 『물체의 궤도 운동에 관하여 *De Motu Corporum in Gyrum*』라는 제목의 9장짜리 문서를 받게 된다. 그러나 이 문서는 이를테면 준비 운동에 불과했다. 이 무렵 뉴턴은 물리적 세상의 작동 원리를 완벽하게 설명해 내겠다는 생각에 사로잡혀 있었다. 그는 1684년 8월부터 약 18개월 동안 이 계획에 집착하며 몰두했고, 그 결과로 탄생한 책이 흔히 『프린키피아』라고 불리는, 1687년에 출간된 『자연철학의 수학적 원리*Philosophiae Naturalis Principia Mathematica*』였다.

뉴턴은 물리적 세상을 세 개의 운동 법칙으로 서술했지만, 관성의 개념 그리고 관성과 사물의 질량 사이의 관계도 그에 못지않게 중요하게 다루었다. 뉴턴의 운동 제1법칙은 간단하다. 물체는 외부에서 힘을 가하지 않으면 정지 상태로 있거나 직선을 따라 반듯하게 움직인다. 단순한 얘기 같지만, 이 법칙에는 힘이 존재하지 않는 '이상적인' 공간 안에서 '이상적인' 물체가 움직인다는 중요한 과학적 발상이 담겨 있다. 지구 위에서는 물체를 계속 움직이게 하려면 계속 밀어 주어야 한다. 지구에서 사물은 바닥으로 떨어져 바닥 위에서 움직임을 멈춘다. 갈릴레오처럼 뉴턴도 이런 현상은 사물이 마찰이나 중력 같은 외부 힘을 받기 때문임을 알고 있었다. 이상적인 상황이라면, 외부 힘의 작용 없이 자유롭게 공간을 움직이는 물체는 실제로 영원히 직선을 따라 움직일 것이다. 그런데 그런 물체는 자신이 움직이는지 아닌지를 어떻게 알 수 있을까? 뉴턴은 어떤 근본적인 혹은 '절대적인' 공간이 존재해야 그 공간에 대하여 상대적으로 모든 운동을 측정할 수 있으며, 우주의 역사와 함께 째깍거리며 흘러가는 어떤 근본적인 절대 시간 또한 존재해야 한다고 생각했다. 그러나 앞으로 보게 되겠지만, 이런 생각은 이후 도전을 받게 된다.

뉴턴의 제2법칙은 힘이 물체의 운동을 바꾸는 방식을 설명한다.

힘에 의해 생성되는 가속은 물체의 질량으로 나눈 힘과 같다. 운동의 변화는 힘에 비례하고, 변화에 대한 저항(관성)은 물체의 질량을 기준으로 측정된다. 뉴턴 이전에는 질량의 개념이 분명하게 정립되지 않았었는데, 이 개념을 정의한 것이 뉴턴이었다. 뉴턴의 설명을 직접 들어 보자. "물체에 들어 있는 물질의 양은 그 물질의 부피와 밀도가 결합하여 발생하는 것이다. 두 배인 공간 안에서 밀도가 두 배인 물체는 양이 네 배다. 이 양을 나는 물체의 질량으로 정의한다."

뉴턴의 중력 법칙에서는 물체에 가해지는 힘이 질량에 비례하고, 운동 제2법칙은 물체의 가속이 힘을 질량으로 나눈 값에 비례한다고 하니, 이 둘을 함께 적용하면 모든 물체가 질량에 상관없이 같은 속도로 낙하하는 현상을 설명할 수 있다(두 식을 합치면 질량이 상쇄되기 때문이다). 물체가 두 배 더 무거우면, 같은 가속을 생성하기 위해 두 배의 힘이 필요하다. 그러나 물체가 느끼는 힘도 두 배가 된다!

뉴턴의 제3법칙은 하나의 물체가 다른 물체에 힘을 가하면 힘을 가한 물체도 크기는 같고 방향은 반대인 힘을 똑같이 받는다고 설명한다. 태양이 지구를 끌어당기면 지구도 똑같이 태양을 끌어당긴다. 사과가 지구의 중력에 의해 지구 쪽으로 당겨지면, 지구도 똑같은 크기의 힘을 사과 방향으로 느낀다. 뉴턴은 두 물체 사이에서 작용하는 중력은 둘의 질량을 곱한 다음 둘 사이의 거리 제곱으로 나눈 값에 비례한다고 설명했다.

　뉴턴의 연구에서 또 하나의 핵심적인 특징은 중력을 보편적 힘으로 인식했다는 점이다. 우주의 모든 물체는 동일한 역제곱 법칙에 따라 우주 안의 다른 물체들을 끌어당긴다. 이는 지구에서 도출된 물리 법칙이 우주 어디에서나 적용될 수 있다는 첫 깨달음이었다. 이 정도 규모의 일반화는 이전 세대 철학자들은 꿈조차 꾸지 못했다. 뉴턴은 물리 법칙의 보편성을 공언했을 뿐만 아니라, 실제 물체와 이상적인 물체의 거동에 차이가 있다면 그 차이가 아무리 사소하더라도 모두 설명할 수 있다고 주장했다. 예를 들어 물체는 영원히 등속 직선운동을 하려 하지만 마찰이 방해하고 있다는 식이다. 이것은 진정한 정량적 과학의 시작이었으며, 심오하면서도 한편으론 당혹스러운 함의를 내포하고 있었다.

　뉴턴의 법칙을 이해하면 움직이는 물체끼리 서로 충돌할 때 튕겨 나온 두 물체가 얼마나 멀어질지를 계산할 수 있고, 각 물체가 움직이는 방향과 속력도 정확히 알 수 있다. 이 계산의 핵심은 충돌 시점에서 각 물체의 속력, 방향, 질량을 아는 것이다. 이 세 물리량은 하나의 속성, 즉 물체의 운동량으로 묶인다. 속력은 물체의 빠르기에 대한 지표지만 방향에 대한 정보는 담고 있지 않다. 속도는 특정 방향으로 움직이는 물체의 빠르기다. 비행기가 시속 500킬로미터로 날고 있다고 말한다면 속력을 말하는 것이다. 그러나 비행기가 북쪽을 향해 시속 500킬로미터로 날아간다고 말하면, 이것은 속도다. 물체의 운동량은 질량에 속도를 곱한 것이다.

  여기에서 앞서 지적했던 내용을 다시 강조하는 게 좋겠다. 뉴턴의 운동 법칙과 중력의 역제곱 법칙을 종합하면 이런 의미가 된다. 절대 시간 중 어느 특정 순간에 우주 안의 모든 물체—과학적인 언어로 말하면 모든 입자—의 위치와 운동량을 알면, 원칙적으로 우주의 모든 미래를 예측할 수 있을 뿐만 아니라 우주의 모든 과거도 재구성할 수 있다.[2] 이런 계산을 현실적으로 어떻게 하느냐는 중요하지 않다. 우주 스스로는 모든 것이 어디에 있는지, 그리고 그것이 어디로 가는지를 '알기' 때문이다. 그렇다면 자유 의지란 환상에 불과하며, 모든 것의 운명은 사전에 정해져 있다는 얘기가 된다. 이 아이디어를 발전시키면 우주는 일종의 거대한 태엽 장치 기차와 같다. 태초에 신이 태엽을 감아 이미 깔린 철길 위에 놓은, 그래서 철로를 따라 영원히 똑딱거리며 달리는 기차 말이다. 공개적으로 논의된 경우는 극히 드물지만, 이 혼란스러운 암시는 1920년대 양자 혁명이 도래하기 전까지 물리학에 은연중에 스며 있었다.

  1687년 이후로 뉴턴은 물리학 연구를 거의 하지 않았지만, 연금술 실험과 신학에 몰두하며 바쁘게 지냈다. 그는 국회의원을 거쳐 왕립 조폐국장으로 재직했으며, 과학이 아닌 정치 활동의 공을 인정받아 기사 작위를 받았다. 격렬하게 다투었던 라이벌 로버트 훅

---

[2] 원칙적으로 따지면 전자기도 포함시켜야 하지만, 논증의 핵심은 같다.

이 1703년 사망한 후에는 왕립학회 회장도 역임했다. 바로 그 이듬해인 1704년에, 뉴턴이 마지막으로 남긴 위대한 과학 저서 『광학Opticks』이 출간되었다는 사실은 의미심장하다. 이 책은 이미 몇 년 전에 완성되어 있었지만, 뉴턴은 훅의 반론 없이 자신의 광학 이론을 출판하려고 의도적으로 훅이 죽을 때까지 기다렸다고 한다.

뉴턴이 연구했던 빛의 중요 특징 중 하나는 우리 이야기와 관련이 있다. 그의 광학 이론은 빛이 작은 입자 알갱이들의 흐름으로 전달된다는 생각을 바탕으로 한다. 이 이론은 빛의 반사나 굴절 같은 현상을 설명할 때는 아주 잘 들어맞는다. 그러나 빛의 입자설 못지않은 성공적인 경쟁 이론[3]도 있었다. 네덜란드의 크리스티안 하위헌스Christiaan Huygens, 1629~1695가 발전시킨 이 이론은 빛을 연못의 물결 같은 파동으로 설명한다. 뉴턴의 입자설은 19세기 초까지 100여 년 동안 지배적인 이론으로 자리 잡았다. 뉴턴이 '역사상 가장 위대한 과학자'로 인식되다 보니 감히 이의를 제기하기 어려운 분위기였고, 하위헌스도 훅과 비슷한 시기인 1704년에 세상을 뜨면서 뉴턴에게 반론을 제기할 수 없었기 때문이었다. 그러나 시간이 흐르면서 상황이 바뀌었다.

---

3 이런 식의 경쟁 '이론'을 '모형'이라고 부르기도 한다. 이 책에서는 '모형'과 '이론'을 거의 동의어처럼 사용할 것이다.

맥스웰과 파동 세상

19세기 초까지 빛은 본질적으로 입자의 흐름이라는 견해가 이어져 내려왔다. 이 가설은 두 사람의 연구 결과로 인해 뒤집혔다. 첫 번째 과학자 토머스 영1773-1829은 영국의 부유한 가정 출신으로 박학다식한 사람이었다. 그는 의학 교육을 받은 개업의였지만, 굳이 진료로 돈을 벌지 않아도 될 만큼 재산이 넉넉했다. 그래서 여가시간에 시각과 색각, 무엇보다도 빛의 파동 성질 연구에 몰두했다. 두 번째 학자는 프랑스인인 오귀스탱 프레넬1788-1827이었다. 그는 나폴레옹 시대의 성실한 공학자였지만, 나폴레옹이 패배하고 엘바섬으로 유배를 갔을 때 왕정주의자로 돌아섰다. 이후 나폴레옹이 돌아와 재집권하자(1815년의 '백일천하'), 프레넬은 파면당하고 가택연금을 당한다. 집에 갇힌 그는 빛에 대한 자신만의 이론을 발전시켰고, 그러는 사이 나폴레옹은 워털루에서 패전했다. 프레넬은 공학자로서 세상에 복귀하게 되었다.

역사적으로 볼 때 두 사람의 연구는 거의 동등하게 중요하다. 그러나 나는 이 중에서 핵심적인 실험인 영의 실험에 집중하려 한다. 영의 실험이 훗날 양자물리를 이해하는 데 중대한 역할을 하기 때문이다. 이 실험은 '이중 슬릿 실험' 또는 '겹실틈 실험'이라고 한다. 이런 이름이 붙은 이유는 곧 밝혀질 것이다. 먼 훗날 미국의 위대한 물리학자 리처드 파인먼1918-1988은 겹실틈 실험이 양자물리학의 '핵심 미스터리'를 요약한다고 말했다. 그 이유도 나중에 살

퍼볼 것이다.

 영의 실험은 이런 내용이다. 어두운 방에서, 얇은 카드에 뚫린 가는 실틈을 향해 빛(순수하게 한 가지 색으로 된 빛이 이상적이다)을 비춰서 가느다란 빛줄기를 만든다. 빛줄기는 실틈을 통과해 퍼져 나가다가 두 번째 카드를 만나게 된다. 이 두 번째 카드에는 가는 실틈 두 개가 평행하게 나 있다. 이 두 개의 실틈까지 통과한 빛은 마지막으로 그 너머에 있는 흰 카드 위에 도달한다. 이 흰 카드는 실험에서 스크린의 역할을 한다. 영은 "마지막 스크린 위에서 빛은 어떤 패턴을 만드는지"를 탐구했다.

 빛이 작은 알갱이들의 흐름처럼 이동한다면 두 실틈을 똑바로 통과해 마지막 스크린에 부딪힐 것이라고 예상할 수 있다. 그러면 각 실틈 바로 뒤에 입자가 쌓일 텐데, 이는 결국 멀리 있는 흰 스크린에 두 줄기 빛을 만들 것이다. 그리고 각각의 빛줄기로부터 양쪽으로 멀어질수록 빛의 세기는 점점 약해질 것이다. 반면, 잔잔한 연못에 돌멩이 두 개를 동시에 떨어뜨려 퍼져 나가는 잔물결을 지켜봤다면 알겠지만, 빛이 파동이라면 두 실틈을 통과해 퍼져 나가면서 서로 중첩되고 간섭해서 훨씬 더 복잡한 음영 패턴이 스크린 위에 맺힐 것이다. 영이 발견한 것은, 정확히 파동의 간섭 패턴이었다. 빛이 입자였다면 단순한 두 줄의 패턴이 만들어졌겠지만, 그런 것은 나오지 않았다.

 영이 이 실험을 하고 결과를 발표한 것은 1810년경이었다. 그러나 빛의 파동 이론은 1820년대에 이르러서야, 그것도 프레넬의 보완 연구 덕에 비로소 받아들여지기 시작했다. 빛의 파동 이론이 완전히 규명될 때까지는 훨씬 더 오래 걸렸다. 빛의 본질은 과연 무엇인가라는 물음에 대해, 최종적인 답은 전혀 엉뚱한 곳에서 나왔다. 영과 프레넬이 살던 시대에는 완전히 별개로 여겨지던 전기와 자기 현상, 즉 전자기 연구에서였다.

사실 1820년대에는 전자기라는 단일 분야는 아예 존재하지도 않았고, 전기와 자기는 서로 별개의 분야였다. 이 둘을 하나로 합친 사람은 마이클 패러데이1791~1867였다. 그는 자수성가의 전형적 예로서 빅토리아 시대 성공한 영국인을 상징하던 인물이다.

부유한 집안 출신인 영과는 달리 패러데이는 흙수저 출신이었다. 대장장이의 아들인 그는 제본소 견습생으로 일하다가 당시 런던에 새로 설립된 왕립연구소Royal Institution에서 험프리 데이비의 실험실 조수가 되었다(좋게 말해 조수였지 실은 허드렛일을 하는 일꾼이었다). 그러나 패러데이는 1825년 데이비의 뒤를 이어 왕립연구소 실험실의 소장이 되었고, 이후 화학 교수 자리까지 오르며 과학자로서 큰 성공을 거두었다. 그는 1821년에 전류가 자기장을 만드는 현상을 발견했다. 10년 뒤, 움직이는 자석이 전류를 생성할 수 있다는 사실을 알아낸 것도 패러데이였다. 이 발견을 통해 전기 모터와 발전기가 발명되었고, 이와 함께 전기와 자기가 전자기라는 한 현상의 두 얼굴임이 밝혀졌다. 그러나 패러데이는 수학 실력이 부족해 전자기 현상을 설명할 완전한 이론을 개발할 수 없었다. 이 과제는 1860년대 스코틀랜드의 물리학자 제임스 클러크 맥스웰 1831~1879이 마무리지었다.

맥스웰은 비교적 부유한 스코틀랜드 가문 출신이었다. 아버지가 스코틀랜드 남서쪽 지역인 갤러웨이의 농장주여서, 제임스는 갤러웨이에서 어린 시절을 보냈다. 제임스를 낳을 때 어머니의 나이는 마흔 살이었다. 제임스 위로 누나 엘리자베스가 있었지만, 한 살이 되기 전에 죽었다. 외동이 된 제임스가 여덟 살 되던 해에는 어머니가 세상을 떠났다. 제임스는 열 살부터 에든버러에서 정규 교육을 받았다. 첫 학교는 고모 집에 머물며 다녔고, 열여섯 살에 에든버러 대학에 입학했다가 학위 과정을 끝내기 전인 열아홉 살 때 케임브리지로 학적을 옮겨 1854년 트리니티 칼리지(아이작 뉴턴의 모교)를 졸업했다. 그는 우수한 학부생으로서 '학사 장학생' 신분으로 대학에 계속 남을 수 있는 자격을 얻었다. 그러나 트리니티에 남을 생각은 없었다. 1850년대 중반까지도 트리니티의 펠로는 독신을 유지해야 했고, 종국에는 사제 서품을 받아야 했기 때문이다.

졸업 후 2~3년간 맥스웰은 토머스 영의 색각 연구를 보강하면서 세 가지 기본색(빨강, 초록, 파랑) 빛을 배합해 다양한 색을 조합하는 원리를 정리했고(현대 컬러 TV의 기본 바탕이다), 패러데이의 전자기 연구에 대하여 중요한 비평 글을 썼다. 그러다 1856년에 아버지가 돌아가신 후 얼마 되지 않아 애버딘의 마리샬 칼리지 자연철학 교수직에 임용되었다. 그때 맥스웰의 나이는 스물다섯이었고, 가장 어린 동료 교수보다도 열다섯 살이 더 어렸다. 이곳에서 그가 수행한 가장 중요한 연구는 토성 고리가 한 덩어리의 고체가 아니라 각자의 궤도를 그리는 수많은 작은 "입자 위성"들로 이루어졌음을 증명한 것이었다. 개인사적으로도 학장의 딸인 캐서린 메리 듀어와의 결혼이라는 중요한 변화가 있었다. 그러나 학장의 사위가 되었음에도 불구하고 마리샬 칼리지와 애버딘 킹스 칼리지가 병합되는 과정에서 일자리를 잃고 고향 갤러웨이로 돌아가야 했다. 얼마 후인 1860년, 맥스웰은 런던 킹스 칼리지의 자연철학 및 천문학 교수로 임용되었다.

킹스 칼리지에서 맥스웰이 오랫동안 몰두했던 전자기 문제가 드디어 결실을 맺었다. 맥스웰은 1861년과 1862년에 발표한 네 편의 과학 논문에서 전자기파가 공간을 전파해 나가는 방식을 수학적으로 서술했다. 이 방정식에는 전자기파의 속도에 해당하는 수치가 포함되었는데, 놀랍게도 이 값은 이전 10여 년간 실험을 통해 정밀하게 측정된 빛의 속도와 정확히 일치하는 것으로 밝혀졌다. 그렇다면 빛도 전자기파의 일종이라는 의미가 된다. 맥스웰은 이렇게 표현했다. "**빛은 전기 및 자기 현상을 일으키는 매질과 동일한 매질의 진동**이라는 추론을 거의 피할 수 없다."(이탤릭체는 맥스웰이 직접 강조한 것이다.) 이처럼 1860년대 중반까지 세상에 나온 모든 이론과 실험은 빛이 파동임을 증명했다. 그러나 빛의 입자설은 이후 적어도 50년 동안은 끈질기게 살아남았다.

1864년에 맥스웰은 조금은 다른 의미에서 중요한 말을 남겼다. "과학적 진실은 다양한 형태로 표현된다. 그것이 강렬한 형태와 생생한 색채를 띤 물리적 삽화든, 희미하고 창백한 상징적 표현이든 똑같이 과학적 표현이라고 간주해야 한다." 선견지명이 돋보이는 이 명언은 1920년대 물리학의 발전 방식을 정확히 예견한 것이었다. 앞으로 자세히 설명하겠지만, 양자 세상에 대한 서술은 크게 두 가지 방식으로 나뉜다. 하나는 베르너 하이젠베르크가 주도하여 개발한 것으로, 추상적인 수학적 상징에 의존한다. 다른 하나는 에르빈 슈뢰딩거의 아이디어를 바탕으로 하는데, 견고한 (그리고 기존의 익숙한 개념인) 파동의 형상화 위에 그려진다. 그러나 둘 다 양자 퍼즐에 대해 정확히 같은 답을 내놓고, 두 해답 모두 똑같이 타당하다.

맥스웰이 전자기와 관련하여 중요한 마지막 논문을 발표한 것도 1864년이었다(논문 출판은 1865년이다―옮긴이). 이 논문에는 약간의 양자 현상을 제외하면, 전기와 자기에 대해 우리가 알아야 할 모든 것을 아우르는 네 개의 방정식이 제시되어 있었다. 이 방정식은 뉴턴의 『프린키피아』 이래로 이론물리학에서 가장 위대한 업적으로 꼽히며, 사실상 '고전' 물리학의 시대(다시 말해, 양자와 상대성 이론 이전 시대)에 마침표를 찍었다. 또한 패러데이가 마무리 짓지 못한 과제를 완성했다는 의미도 있다. 그동안 별개로 여겨지던 두 가지 자연의 힘인 전기와 자기를 전자기라는 하나의 묶음으로 통합한 것이다. 이것은 자연의 모든 힘을 수학적으로 하나로 통합하려는 노력의 중대한 첫걸음이었다(슈뢰딩거도 말년에 이 꿈을 이루기 위해 연구에 몰두했다). 그러나 맥스웰 방정식이, 물리학에 남긴 맥스웰의 마지막 업적은 아니었다.

맥스웰은 1866년에 건강상의 이유로 킹스 칼리지 교수직에서 물러났다. 그리고 서른다섯이라는 젊은 나이에 은퇴를 결정하고 갤러웨이로 갔고, 그곳에서 『전기자기론Treatise on Electricity and Magnetism』이라는 책을 썼다(이 책은 총 2권으로 1873년에 출간되었다). 그 후 그는 다행히도 건강이 회복되어 1871년에 은퇴를 번복하고 케임브리지 대학교에 새로 생긴 실험물리학 교수로 가게 되었다. 캐번디시 실험물리학 교수의 주요 임무는 캐번디시 연구소를 설립하고 운영하는 일이었다. 이 캐번디시 연구소는 1874년에 문을 연 이후 수십 년 동안 세계에서 가장 중요한 실험물리 연구소로 자리 잡았다. 그러나 맥스웰은 연구소를 설립하고 얼마 되지 않은 1879년에 세상을 떴다. 그때 그의 나이는 어머니가 돌아가셨을 때와 같은 마흔여덟이었다. 맥스웰이 세상을 뜨고 10년쯤 후에, 독일의 물리학자 하인리히 헤르츠Heinrich Hertz, 1857-1894가 보통의 빛보다 파장이 훨씬 긴 전자기파인 전파radio wave의 존재를 실험을 통해 확인했고, 이로써 맥스웰 이론은 화려하게 완성되었다. 전파의 존재는 맥스웰이 예측했던 것이었다.

캐번디시 연구소를 성공적으로 세운 것 말고도, 맥스웰은 여러 방면에서 물리학에 크게 기여했다. 그는 통계 기법을 응용해 여러 가지 기체 현상을 무수히 많은 원자와 분자가 서로 부딪치며 빠르게 움직이는 거동으로 해석하고 분석했으며, 기체의 압력·온도·부피의 원리도 설명해 냈다. 그 결과로 탄생한 기체 운동론은 열이 분자 운동의 한 형태임을 증명했고, 당시 사람들이 믿었던 '열소'라는 가상의 개념을 종식시켰다. 1859년은 맥스웰이 애버딘에 있을 때였는데, 이때 맥스웰은 16℃에서 공기 분자가 1초에 80억 회 이상의 충돌을 경험한다고 계산했다. 충돌과 충돌 사이에 분자가 이동하는 평균 거리는 (그가 사용한 단위대로 쓰면) 1/447,000인치라는 결과를 얻었다. 그러나 우리의 이야기에서 중요한 것은 구체적인 수치보다 계산 이면의 생각이다. 맥스웰이 발견한 통계 법칙은 '맥스웰 분포'라고 하는데, 개별 분자의 속도 대신 특정 범위의 속도로 움직이는 분자들의 비율을 명시한다. 이를테면 분당 14~15마일로 이동하는 분자의 상대적 개수, 분당 15~16마일 사이의 분자 개수, 이런 식이었다. 맥스웰 분포는 물리에 통계 법칙을 적용한 최초의 사례였고, 이러한 접근 방식은 양자 이론의 탄생으로 이어졌다. 그리고 무엇보다 슈뢰딩거에게 큰 영향을 미쳤다. 한편 맥스웰이 1860년대에 이 아이디어를 발전시킬 때 오스트리아의 물리학자 루트비히 볼츠만과의 서신 교환이 큰 도움이 되었는데, 볼츠만은 이러한 연구를 한층 더 발전시켰다.

볼츠만과 통계 세상

루트비히 볼츠만1844~1906은 빈에서 태어났다. 아버지는 세무원이었다. 볼츠만도 슈뢰딩거처럼 어린 시절 집에서 교육을 받았고, 이후 아버지의 발령지인 린츠에서 고등학교에 진학했다. 아버지는 루트비히가 열다섯 살일 때 세상을 떴지만 이것이 교육에 크게 영향을 미치지는 않았다. 1863년에는 빈 대학교에 입학했다. 그곳에서 그는 요제프 로슈미트1821~1895, 요제프 슈테판1835~1893 같은 저명한 학자들에게서 물리를 배우며 자연스럽게 기체 운동론을 옹호하게 되었다(맥스웰의 연구를 볼츠만에게 알려 준 사람이 슈테판이었다). 그리고 당시에는 여전히 논란의 대상이던 원자의 실재를 굳게 믿었다. 볼츠만은 슈테판의 지도를 받으며 기체 운동론을 주제로 학위 논문을 쓰고 1866년에 박사학위를 받았다. 이때 볼츠만의 나이는 스물두 살에 불과했지만, 오늘날의 기준과는 달리 어린 나이에 이룬 성과라고 할 수는 없다. 어느 정도 독창적인 연구가 이루어졌다고 해도, 당시 독일어권 국가에서 박사학위는 고등교육 과정에서 받는 첫 번째 학위였기 때문이다. 1년 후 볼츠만은 프리바트도젠트가 되어 슈테판의 조교로 2년간 일하고, 1869년에 그라츠에서 수리물리학 교수가 되었다.

볼츠만은 그라츠에 있으면서도 한동안 하이델베르크와 베를린의 대학들을 방문해 장기간 머물며 물리학의 최신 아이디어를 계속 접했다. 1870년 베를린을 처음 방문했을 때는 현대 독일의 탄생으로 이어질 보불전쟁이 벌어지고 있었다. 오스트리아는 이 전쟁에 참전하지 않았지만, 볼츠만은 예정된 일정을 조기에 중단했고, 이후 전쟁이 끝난 뒤 다시 와서 더 오랜 기간 머물렀다. 그는 1873년에 빈으로 가서 수학 교수가 되었지만, 3년 만에 다시 그라츠로 돌아가 실험물리학 교수직을 맡았다. 이때의 나이도 서른둘에 불과했다. 같은 해인 1876년, 그는 22세의 헨리에트 폰 아이겐틀러와 결혼했다. 그녀는 학위는 주어지지 않았지만 오스트리아의 대학에 입학해 과학 강의를 수강한 최초의 여성들 중 하나였다. 두 사람은 결혼해 세 딸과 두 아들을 얻었는데, 장남인 루트비히는 열살 때 맹장염으로 사망했다. 이후 14년간의 결혼 생활은 아들을 잃은 것 말고는 볼츠만의 생애에서 가장 행복하고도 가장 생산적인 시기였던 것 같다. 그러나 행복은 오래가지 않았다. 불행히도 그는 양극성장애를 얻었다. 아버지가 일찍 돌아가신 후로 가깝게 지내던 어머니가 1885년에 74세를 일기로 세상을 뜨면서 우울증이 시작된 것으로 추정된다.

볼츠만은 원자와 기체 운동론에 관심을 갖게 되면서 경험적으로 도출된 열역학 법칙을 설명하기 위해 노력했다. 열역학 법칙은 무수히 많은 입자들의 거동을 통계적으로 해석하는 데 기반하고 있다. 이 내용은 이후 통계역학으로 발전했다. 미국인 윌라드 기브스1839~1903도 열역학 법칙을 연구하면서 독립적으로 통계역학을 도출했지만, 당시 그의 아이디어는 대서양을 건너지 못했다.[4] 통계적 접근법은 입자의 거동뿐 아니라 복사 현상을 이해하는 데도 통찰을 제공했으며, 양자 이론에도 중요한 영향을 끼쳤다. 이 내용은 나중에 자세히 설명하겠다. 지금은 이러한 입자들의 거동이 볼츠만 연구에 좋은 영감을 주었다는 정도로 넘어가자.

통계역학은 그 유명한 열역학 제2법칙을 통해 이해하는 것이 가장 간단하다. 열역학 제2법칙은 그 자체로 제한된 계(닫힌계)의 무질서 정도는 언제나 증가한다고 말한다. 쉽게 말하자면 이런 것이다. 모든 사물은 낡는다. 와인잔을 바닥에 떨어뜨리면 잔은 깨지지만, 그 조각들이 저절로 결합해 다시 와인잔이 만들어지는 일은 절대 없다. 와인잔을 만드는 행위 자체는 제2법칙을 어기지 않는다. 와인잔은 닫힌계에서 만들지 않기 때문이다. 와인잔을 제작할 때는 외부에서 에너지를 입력할 수 있다.

그러나 와인잔 조각이 '절대로' 저 혼자 다시 결합하지 못한다는 것은 과연 사실일까? 이것이 볼츠만이 고심했던 문제다. 이 문제는 봉인된 상자 안에 가득 찬 기체를 상상하면 훨씬 더 단순하게 표현할 수 있다. 우리의 경험에 따르면 기체는 언제나 상자 안을 균일하게 채우며, 상자 한쪽 끝에 기체가 전부 모여 있는 일은 없다. 실제로 상자 가운데에 미닫이문을 달고, 미닫이문을 닫은 상태에서 상

---

[4] 볼츠만은 19세기 말에 직접 대서양을 건너가 강연 활동을 했지만, 기브스를 만난 적은 없다. 따라서 기브스가 수행한 연구의 온전한 의미는 여전히 모르는 상태였다.

자의 한쪽 칸에만 기체를 채운 뒤 미닫이문을 열면 기체가 확산해 상자 전체를 균일하게 채울 것이다. 기체는 절대로 원래 있던 상자의 한쪽 절반으로 돌아오지 않으며, 미닫이문을 다시 닫아 기체를 가두어 놓을 기회는 영영 없을 것이다.

과연 그럴까? 뉴턴의 역학 법칙에 따르면, 원자들 간의 충돌은 모두 가역적이다. 기체가 확산해 상자 전체를 채우는 과정을 동영상으로 찍고 이 영상을 거꾸로 돌리면, 기이해 보이긴 하지만 시간을 거꾸로 거슬러 가는 사건도 뉴턴 법칙에 위배되는 점은 전혀 없다. 게다가 1890년에 프랑스의 물리학자 앙리 푸앵카레Henri Poincare, 1854~1912는 이런 식의 기체 상자에서 상자 속 원자들의 모든 가능한 배열은 언제든 반드시 일어난다는 것을 증명했다.

볼츠만은, 뉴턴의 법칙에서 기체가 전부 상자 한쪽 절반에 모이는 것을 막는 내용은 전혀 없지만 이런 일이 일어날 통계적 확률은 극히 낮다는 점을 지적하면서 이 문제를 해결했다. 아주 충분히, 오래 기다리면 기체는 상자의 한쪽 끝에 모두 모일 것이다. 그보다 더 오래 기다릴 수만 있다면 깨진 와인잔이 저절로 붙어 멀쩡해지는 것도 보게 될 것이다. 그러나 이런 사건이 발생하는 것을 보려면 상상을 초월하도록 오래 기다려야 한다. 얼마나 오래냐 하면 현재 우주의 나이로 추정되는 시간보다도 더 오래 걸린다. 열역학의 관점에서 볼 때 우리가 세상에서 경험하는 일들이 지금과 같은 식으로 일어나는 이유는, 다른 식으로 일어나는 게 불가능해서가 아니라 통계적으로 이게 가장 일어날 법한 일이라서다. 볼츠만이 1894년 과학 저널《네이처》에 발표한 논문에서 강조한 것처럼, 열역학 제2'법칙'은 사실상 확률에 대한 진술에 불과하다. 통계 법칙이 지배하는 세상에서는 '절대로' 일어나지 않는 일은 '절대로' 없다.

그러나 이 논문이 발표될 즈음 볼츠만은 새로운 곳으로 이직했고, 그의 인생은 불행한 결말을 향해 치닫고 있었다. 1890년부터 뮌헨 대학교 이론물리학 교수로 재직 중이었던 볼츠만은 1893년에 빈으로부터 슈테판의 후임자가 되어 달라는 거부할 수 없는 제안을 받았다. 이직 결정은 불행히도 에른스트 마흐1838-1916와의 갈등으로 이어졌다. 마흐는 1867년부터 프라하에서 실험물리학 교수로 있다가 1895년 빈으로 건너와 '귀납적 과학의 역사와 이론 담당 석좌 교수'가 되었다. 마흐는 움직이는 물체 주위의 공기 흐름을 연구한 훌륭한 실험물리학자였고, 그의 이름은 비행체의 속도를 음속 기준으로 표시할 때 사용하는 '마하수Mach數'로 남아 영원히 기억될 것이다. 그러나 그의 철학은 좀 더 논쟁적이었고, 이러한 바탕 위에서 마흐와 볼츠만은 충돌하게 된다. 마흐는 우리가 감각으로 직접 경험할 수 있는 것만이 실재라는 실증주의적 견해를 주장했다(마흐는 '논리 실증주의'의 아버지로 알려져 있다). 그러다 보니 원자 개념을 적극적으로 반대했고, 원자를 단순히 추론에 필요한 도구 정도로 여겼다. 마치 17세기 가톨릭교회가 갈릴레이에게 행성이 태양 주위를 돈다는 아이디어는 쉬운 계산을 위한 추론적 장치로서만 사용하게 하고, 실제로 행성이 태양 주위를 돈다고 가르치는 것은 허용하지 않았던 것과 비슷한 맥락이었다.

이미 대다수의 화학자와 물리학자가 원자 개념을 수용하던 시기에, 자신의 동료가 사실상 원자 개념에 반대하는 마지막 세력이었다는 점은 볼츠만에게 불행이었다. 게다가 볼츠만과 마흐가 개인적으로 원만하게 지내지 못한 것도 안타까운 일이었다. 볼츠만의 정신 건강은 이런 긴장감을 받아들일 만큼 좋은 상태가 아니었고, 그는 결국 라이프치히 대학교로 적을 옮겨야 했다. 그러나 그곳에서도 빌헬름 오스트발트와 학문적인 불화를 겪었다. 오스트발트는 원자의 실재를 강하게 부정하는 실증론자였고, 1908년까지도 이 견해를 고수했다. 그나마 마흐와는 달리 오스트발트와는 사적으로 친밀한 관계를 유지했지만, 볼츠만은 라이프치히에서 늘 불행했다. 시력은 점점 떨어지고 강의도 버거워졌다. 혹시라도 예리한 인지력을 잃고 사람들 앞에서 헛소리를 늘어놓을까 봐 두려웠고, 천식도 심해졌다. 그러던 중 다행히도 1902년, 마흐가 건강상의 이유로 은퇴한 뒤 볼츠만은 의무가 거의 없는 평교수가 되어 빈으로 돌아올 수 있었다. 그는 1904년 아들 아르투어와 함께 미국을 방문했고(이때가 두 번째 방문이었다), 1905년에는 캘리포니아 대학교 버클리 캠퍼스 강연을 위해 혼자서 대서양을 건넜다.

마흐는 이미 현역에서 물러났지만, 볼츠만은 우울증이 도질 때면 여전히 자신의 아이디어가 바닥에 던져져 사람들의 발에 짓밟

힐 거라는 잘못된 생각에 사로잡히곤 했다. 빈에서 마흐와 한창 어려운 시간을 겪던 1898년에 볼츠만은 자신의 논문에 "기체 이론이 다시 부활한다면, 그때 재발견해야 할 내용이 많지 않기를 바라는 마음으로" 계산 결과를 발표한다는 글을 남기기도 했다. 그는 자신의 아이디어가 영어권 세상에서 얼마나 호평을 받았는지 전혀 모르고 있는 것 같았다. 이런 오해는 결국 일어나고야 만 불행한 사건에 지대한 영향을 미쳤다. 양극성장애가 정의되지 않았던 시대였음에도 동료들은 볼츠만의 감정이 널뛰는 것을 잘 알았고, 일부는 볼츠만의 우울증이 극에 달했을 때 자살 시도를 했던 것도 알고 있었다. 60대에 접어든 볼츠만은 우울증 때문에 가르치는 일도 포기해야 했다. 그래서 볼츠만이 1906년에 이탈리아에서 휴가를 보내던 중 스스로 목을 매 세상을 떠났을 때도 동료들은 크게 놀라지 않았다. 그러나 자신의 영웅에게 과학을 직접 배울 수 있으리라는 희망을 품고 이제 막 빈 대학교에 입학한 청년 에르빈 슈뢰딩거에게는 충격적인 소식이었다.

3장 *20세기 남자*

에르빈 슈뢰딩거는 1906년 가을, 빈 대학교에 입학했다. 볼츠만이 세상을 뜬 지 얼마 되지 않았고 후임인 프리드리히 하젠외를 1874-1915은 그 이듬해에야 지명이 되어서, 물리학 교수 자리는 18개월 동안 공석이었다. 다행히 하젠외를은 이 자리에 이상적인 사람이었다. 그는 슈테판과 볼츠만 밑에서 공부했고, 빈 공업 고등학교에서 학생들을 가르쳤다. 알베르트 아인슈타인이 그 유명한 특수 상대성 이론을 발표한 것이 1905년이었는데, 하젠외를은 1904년에 질량과 에너지 사이의 이론적 관계를 연구하다가 이와 굉장히 근접한 이론을 내놓을 뻔했다. 그러다 마침내 볼츠만의 후임으로 지명되자, 하젠외를은 볼츠만의 통계역학 연구를 요약 정리하는 인상적인 첫 취임 강연으로 본격적인 활동을 시작했다. 1년 넘게 제대로 된 물리학에 굶주려 있던 슈뢰딩거는 하젠외를의 강의에 푹 빠져들었고, 볼츠만이 갔던 길을 따르는 것을 평생의 업으로 삼겠다고 결심했다. 젊고 활기찬 데다, 일부분이긴 해도 물리학의 최신 소식을 전해 주는 영민한 교수 하젠외를은 어쩌면 슈뢰딩거에게 염세적이고 노쇠한 볼츠만보다 훨씬 더 좋은 스승이었을 것이다.

대학 생활

하젠외를의 수업을 들을 무렵 슈뢰딩거는 이미 특출한 학생이라는 평판을 얻고 있었다. 실제로 그는 김나지움 시절부터 우수한 학생으로 유명했고 졸업 때는 수석을 차지했다. 동료 학생들은 가끔 '그' 슈뢰딩거라고 부르기도 했다. 함께 학교에 다녔던 동급생 중 가까운 친구는 많지 않았지만 모두들 그를 좋아했고, 특히 수학과 물리학을 어려워하는 학생들은 항상 그에게 도움을 청했다. 슈뢰딩거와 가장 친하게 지낸 친구는 식물학자인 프란츠 프리멜이었다. 프리멜은 신앙심이 깊은 학생이었지만 슈뢰딩거와 친밀한 관계를 유지했다. 그보다 조금 나이가 많은 프리츠 콜라우슈와도 굳은 우정을 나누었는데, 그는 슈뢰딩거가 학위 과정을 절반 정도 마쳤을 때 이미 첫 번째 학위를 받고 실험 물리학자로서 학교에 남았다. 둘의 우정은 평생 지속되었고, 가족들도 서로 교류했다.

그러나 1907년에서 1910년 사이 슈뢰딩거의 생에 가장 큰 영향을 미친 사람은 누가 뭐래도 하젠외를이었다. 그는 일주일에 5일 강의를 했다. 슈뢰딩거는 훗날 하젠외를이 아버지 다음으로 그에게 큰 영향을 준 사람이었다고 회상했다. 그 영향은 강의실 밖까지 이어졌다. 겨울 스포츠를 좋아했던 하젠외를은 겨울이 오면 학생들과 여행을 떠나기도 하고, 젊은 아내와 함께 학생들을 집으로 초대하기도 했다.

하젠외를이 그토록 열정적이고 다정다감하며 유능한 교수였던 것은 다행스러운 일이었지만, 학교의 교육 시설은 형편없었다. 외관이 인상적인 대학 본부 건물은 1884년에 완공되었지만, 물리학자들은 여전히 1875년에 세운 '임시' 건물에 머물고 있었다. 학생들은 강의실에서 일반 의자에 앉아 무릎에 공책을 올려놓고 수업을 들어야 했다. 금이 간 실험실 바닥은 실수로 흘린 수은으로 얼룩져 있었다. 물리학과 건물은 부실 공사로 지어져, 학생들 말에 따르면 강풍에 벽이 흔들릴 정도였다고 한다. 이런 열악한 환경에서 슈뢰딩거는 하젠외를의 인상적인 강의뿐 아니라 화학과 미적분 등 좀 더 평범한 과목도 모두 수강했다. 수강 과목 중에는 당시엔 특별할 것 없어 보였지만 훗날 문자 그대로 그의 생명을 구하게 되는 기상학도 있었다.

더 넓은 세상에서는 변화의 바람이 일고 있었다. 시위와 거리 행진으로 쟁취한 투표권 덕에, 1907년 5월에 열린 오스트리아 선거에서는 모든 성인 남성에게 투표권이 주어졌다. 그러나 이는 그럴싸한 겉치레에 불과했다. 시민들이 투표로 선출한 기관은 '국민의

회'였지만 실질적인 권력은 여전히 황제와 고문들의 손에 있었고, 부패해서 금방이라도 무너질 것 같은 관료 정치가 계속해서 제국을 이끌었다. 그 이듬해에 슈뢰딩거의 사생활에도 새로운 변화의 바람이 불었다. 엘라 콜베라는 소녀에게 가볍지만 열정적인 애정을 느끼게 된 것이다. 에르빈은 빈 도심에 있는 아파트에서 가족과 함께 살고 있었지만, 동료인 야코프 잘페터가 사는 대학 근처의 아파트에서 엘라를 만날 수 있었다. 슈뢰딩거는 이후 몇 년간 학위에 필요한 실험을 하면서 같은 실험실에서 연구했던 잘페터를 자주 만났다.

슈뢰딩거의 학위 논문은 「습한 공기 중에 있는 절연체 표면의 전기 전도도에 관하여」였는데, 제목이 암시하는 만큼 내용도 따분했다. 슈뢰딩거는 학위를 따는 데 필요한 최소한의 연구 이상은 거의 하지 않았다. 이 작업의 유일한 미덕을 꼽는다면 일반 실험실에서의 경험이 나중에 슈뢰딩거에게 유용했다는 정도다. 그러나 그 외의 연구는 늘 그래 왔듯 수준 높은 내용이었다. 그해 졸업생 중 수석을 차지한 슈뢰딩거는 1910년 6월 정식으로 철학박사 학위(현대의 이학석사와 동급)를 받았다. 이후 그는 여름휴가를 보낸 뒤 군사 훈련을 받게 된다.

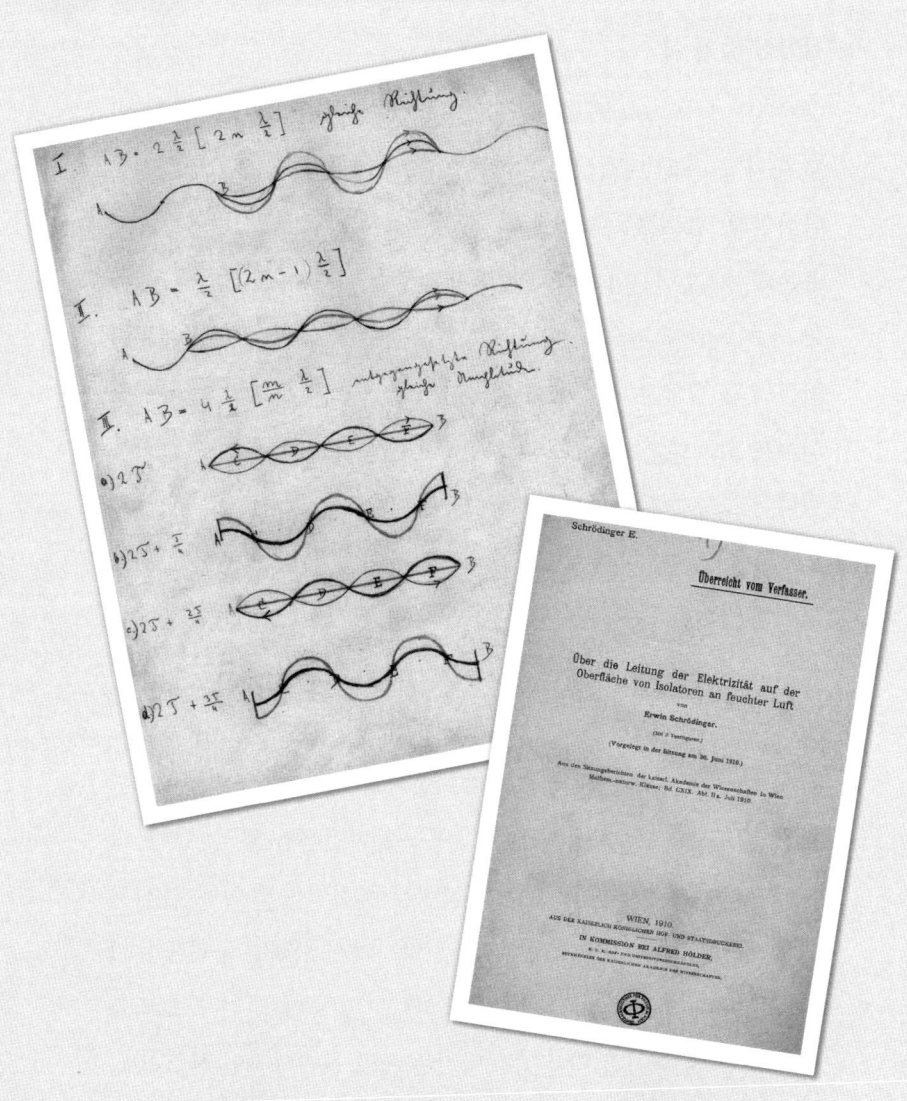

(위) 슈뢰딩거가 김나지움 8학년일 때 사용한 물리학 수업 노트에는
파동의 상호작용에 관한 내용이 적혀 있다. 파동에 관한
'고전적' 아이디어는 훗날 슈뢰딩거가 깨달은 양자역학의 핵심이 된다.
(아래) 1910년에 슈뢰딩거는 전기에 관한 논문을 발표했고, 이 논문으로 학위를 받았다.

실험실 밖의 삶

당시 오스트리아-헝가리 제국의 신체 건강한 젊은 남성은 모두 의무 군사 훈련을 3년간 받아야 했다. 적어도 귀족이 아닌 평민은 3년이었다. 고등교육을 받은 상류층은 장교 훈련에 '자원'할 수 있었는데, 이 훈련은 1년밖에 걸리지 않았다. 장교 훈련생들은 예비역 장교 임관에 필요한 최종 시험을 통과할 필요도 없었기 때문에 이들의 군 생활은 꽤 편했을 것이다. 오스트리아 사회의 계급은 군대에도 고스란히 반영되어서, 기병대는 엘리트 대접을 받았고 포병대는 그보다 상대적으로 지위가 낮았다(포병 중에서도 요새 포병대는 야전 포병대보다 우월했다). 그리고 가난하고 헐벗은 보병대는 모두에게 멸시를 받았다. 1908년 10월 슈뢰딩거는 요새 포병대에 지원했다. 이는 빈 사회에서 슈뢰딩거 가문의 지위가 정확히 반영된 것이었다.

그의 복무 기록 덕에 우리는 슈뢰딩거의 키가 167.5센티미터였고, 푸른색과 회색이 섞인 눈동자에 금발이었음을 알 수 있다. 많은 동료들과는 달리 슈뢰딩거는 군복무에 진지하게 임했지만, 사실 그리 힘들지는 않았다. 첫 두 달을 막사에서 보내면 군인들은 자비로 근처에 숙소를 마련해 출퇴근하는 것이 허용되었다. 크리스마스 무렵 첫 휴가를 맞은 슈뢰딩거는 동료 물리학자인 한스 티링 1888~1976과 스키를 타러 갔다. 티링은 당시 대학 졸업반이었다. 이 평범한 휴가는 슈뢰딩거에게 즉각적인 영향을 미쳤다. 티링은 스키를 타다 발에 골절상을 입었고, 그 결과 군복무가 면제되었다. 그래서 하젠외를의 조교 자리가 공석이 되었을 때 티링이 그 자리를 차지할 수 있었다. 모든 조건이 동등했다면 당연히 같은 학년에서 가장 우수했던 슈뢰딩거가 조교가 되었을 것이다.

티링은 저명한 물리학자가 되었고 오스트리아 사회당에서 평화주의자로 활동했다. 그는 일반 상대성 원리를 연구한 학자로 가장 잘 알려져 있으며, 현재 우리가 알고 있는 슈뢰딩거의 학창 시절 에피소드 중 일부는 티링의 회상을 통해 전해진 것이다. 슈뢰딩거는 이후 큰 문제 없이 무사히 군사 훈련을 마쳤고, 중위 바로 아래인 펜리히Fähnrich 계급의 예비역으로 임관했다. 제대 후 빈 대학교로 돌아가서는 하젠외를과 함께 이론 연구를 하는 대신, 1912년에 프란츠 엑스너1849-1926의 조교가 되어 실험가로서 1학년 물리학과 학생들의 실험 실습을 담당했다.

교수가 되기 위한 첫 번째 단계인 프리바트도젠트가 되려면 독창적인 연구를 해야 했다. 슈뢰딩거는 엑스너와 관련 있는 주제를 연구하면서도 실험이 아닌 이론물리 문제를 연구 주제로 선택했다. 프리바트도젠트를 향한 경쟁은 치열했지만, 슈뢰딩거는 자신의 능력을 과소평가하지 않았고 늘 그렇듯 그의 확신은 옳았다. 그는 자기磁氣의 본질에 관한 연구로 도전장을 던졌다. 이 연구는 정확하게 수행되었지만 (오늘날 알려진 내용을 바탕으로 보면) 잘못된 가정에서 출발했다. 이와 함께 고체와 액체에서 원자와 분자의 상호

(왼쪽) 군복무 중이던 1911년의 슈뢰딩거. 학위 과정을 마친 후, 슈뢰딩거는 1년간의 군복무를 끝내고 프란츠 엑스너(아래)의 조교로 대학에 최초로 자리를 잡았다. 이때의 연구를 통해 그는 색각에 흥미를 갖게 되었다.

작용을 이해하기 위해 고체가 녹는 방식을 연구했으나 이 또한 시대적으로 한계가 있었다. 이 연구는 1912년에 진행되었는데, 정확히 그해에야 영국의 윌리엄 브래그1862~1942와 그의 아들 로런스 브래그1890~1971, 그리고 독일의 막스 폰 라우에1879~1960가 엑스선x-ray을 활용한 고체의 결정 구조 연구를 시작했기 때문이다.

하젠외를은 심사위원회 명의로 발행한 보고서에서 슈뢰딩거를 극찬했다. "위원회의 의견으로, 슈뢰딩거가 제시한 모든 연구 성과는 탄탄한 기반 위에 훌륭히 수립되었으며, 폭넓은 학문적 기반과 독창성, 뛰어난 재능을 보여 줍니다." 심사위원 중 하나는 슈뢰딩거의 나이가 어려 이 자리에 맞지 않는다고 주장했지만, 이후 몇 개월간 구두시험과 문화교육부의 임명 확인 등 공식적인 절차를 거친 후 1914년 1월에 슈뢰딩거는 스물여섯의 나이로 빈 대학교의 프리바트도젠트가 되었다.

그러나 절차가 진행되는 동안, 슈뢰딩거는 사랑에 빠져 주의가 산만했다. 그는 1913년 중반까지도 아버지 사업을 이어받아 돈을 많이 벌고 가족을 부양하기 위해 수입이 신통찮은 학계를 떠나는 문제를 진지하게 고민했다. 아버지 루돌프는 이 같은 아들의 생각에 결사반대였다. 루돌프는 젊어서 가업을 위해 학문적 야망을 포기해야 했고, 에르빈이 과학 분야에서 이룬 성취를 기뻐했었다. 지금까지 아들이 이룬 것을 무위로 돌아가게 할 수는 없었다.

이 시기에 에르빈이 애정을 품었던 여성은 이후 그가 사랑에 빠지게 되는 여자들의 전형이라 할 만했다. 그리고 그의 미래에 펼쳐질 애정 행각은 과학 연구에도 깊은 영향을 미치게 된다. 그녀의 이름은 펠리시에 크라우스로, 가족의 친구인 카를과 요하나 크라우스 부부의 딸이었다. 크라우스 집안은 부유하고 엄격한 가톨릭 신자 집안이었고, 사회적으로는 슈뢰딩거 집안보다 조금 격이 높았다. 크라우스 가족은 (하위) 귀족 계층에 속해 있다는 허세에 젖어 있었다(그들은 성에 '폰von'이라는 접두사를 붙여 썼다). 펠리시에는 에르빈보다 아홉 살 어렸는데, 어린 시절 두 가족이 함께 어울릴 때면 에르빈은 어린 펠리시에를 돌봐야 해서 질색하곤 했다. 카를 크라우스가 1911년 사망했을 때 펠리시에는 채 열다섯 살도 되지 않았지만, 이 무렵 그녀를 향한 에르빈의 감정은 어릴 때와는 정반대가 되어 있었다. 에르빈은 그녀와 함께하는 모든 순간이 좋았다. 그러나 엄격한 사회적 통념 때문에 하고 싶은 일을 마음대로 할 수는 없었다. 요하나 크라우스는 펠리시에와 에르빈 사이의 감정이 급속히 발전하는 것을 보고 깜짝 놀랐다. 요하나가 볼 때 사상이 자유로운 (어쩌면 무신론자일 수도 있는) 가난한 학자는 딸의 남편감으로 적절치 않았기 때문이다. 요하나는 에르빈과 펠리시에에게 한 달에 한 번 이상의 만남을 금지했다. 물론 이런 제약은 둘의 열정을 부추길 뿐이었고, 두 연인은 남몰래 미래를 약속했다.

이 무렵 에르빈은 아버지에게 물리학을 그만두고 리놀륨 사업을 이어받아도 되느냐고 물었다. 루돌프는 아들이 자신과 똑같은 희생을 치르게 할 수 없다며 단호히 반대했고, 요하나 크라우스는 에르빈과 펠리시에의 결혼을 단호히 반대했다. 펠리시에는 어머니의 뜻에 따라 1913년 여름 에르빈에게 작별을 고했다. 이때는 프리바트도젠트 선발 과정이 절반쯤 진행 중이었다. 펠리시에는 사회적 배경이 비슷한 오스트리아 중위와 결혼했지만 이후에도 에르빈과 계속 친분을 유지했고, 나중에는 그의 아내인 아니 슈뢰딩거와도 친구가 되었다. 슈뢰딩거는 연구에 몰두했고, 1914년 3월에 최초로 중요성을 인정받게 되는 과학 논문을 발표했다. 볼츠만의 아이디어 일부를 더욱 발전시키고 분자 속 원자들 간의 상호작용에 관한 수학적 서술을 개선하는 내용이었다. 펠리시에와의 관계는 오래가지 않았지만, 어떤 의미로는 그에게 지대한 영향을 끼쳤다. 에르빈은 이후로도 사춘기에 막 접어든 어린 소녀들에게 언제나 거부할 수 없는 매력을 느꼈다.

개인적인 딜레마에도 불구하고, 슈뢰딩거는 1912년과 1913년에 엑스너의 조교로서 실험실 관리자의 의무를 성실히 수행했다. 그 무렵 그는 펠리시에를 대신할 소녀를 만났고 사랑에 빠졌다. 소녀는 결국 그의 아내가 되었다.

엑스너 그룹의 연구 주제 중 하나는 대기 전기였다. 다양한 시간대에 여러 위치에서 공기의 전기 전도도를 측정하고, 대전된 기구(검전기)가 전하를 잃는 과정을 관찰하며 배경 복사를 측정하는 연구였다. 배경 복사의 근원으로 지목되는 것은 두 가지였다. 하나는 이를테면 바위에 포함된 라듐처럼 자연적으로 발생한 방사성 물질이고, 다른 하나는 우주 공간에서 날아와 지구 대기를 관통하는 복사였다. 후자는 훗날 우주선cosmic rays으로 알려지게 되는데, 빈 과학 아카데미 라듐 연구소의 빅토르 헤스Victor Hess, 1883~1964가 최초로 발견했다. 헤스는 1912년 열기구를 타고 하늘 높이 올라(대단히 위험한 행동이다) 우주선을 측정했다. 그리고 25년이나 지난 1936년에야 이 공로를 인정받아 노벨 물리학상을 수상한다.

슈뢰딩거의 연구는 좀 더 땅에 가까운 곳에서 진행되었다. 1910년, 프리츠 콜라우슈는 마트제 호숫가의 제함 리조트에서 공기의 전기 전도도를 측정했다. 엑스너는 1913년에 이 값에 변화가 있는지 확인하기 위해 다시 측정해 보기로 하고, 슈뢰딩거에게 7월 말부터 9월 초까지 제함에서 측정을 하며 여름을 보내라는 만만한 임무를 맡겼다. 이때는 펠리시에와 헤어진 직후였다.

연구는 어렵다기보다는 지루했고, 위대한 발견 같은 것도 나오지 않았다. 슈뢰딩거는 이 기회를 활용해 하이킹과 수영을 즐겼다. 무더운 여름이었지만, 콜라우슈 가족이 아이들을 데리고 호숫가로 휴가를 왔을 때 함께 즐거운 시간을 보내기도 했다. 콜라우슈 가족은 잘츠부르크에서 아이들을 돌봐 줄 보모 아네마리(애칭은 아니) 베르텔을 데리고 왔다. 1896년의 마지막 날 태어난 아네마리는 1913년 여름에는 양 갈래로 머리를 땋은 열여섯 살 소녀였다. 50년 후, '양자물리학 역사 자료집' 제작을 위한 인터뷰에서, 그녀는

"굉장히 잘생긴" 젊은 과학자에게 깊은 인상을 받았다고 회상했다. 슈뢰딩거도 그녀를 눈여겨보았지만, 당시에는 둘 사이에 특별한 교감은 없었다.

그러던 9월, 제함에 있던 슈뢰딩거는 예정보다 일찍 빈으로 귀환해야 했다. 1913년 봄에 웅장한 새 물리학과 건물이 개관했고, 그해 가을에는 대형 학회가 열릴 예정이었다. '빈 학회Congress of Vienna'로 불리는 이 학회에는 당시 떠오르는 스타 알베르트 아인슈타인도 포함해 7000명 이상의 과학자가 참석하기로 되어 있었다. 여기에 성대한 제국 환영회를 열어 저물어 가는 제국의 마지막 화려함과 당당함을 뽐낼 계획이었다. 아인슈타인은 뉴턴의 중력 이론을 수정해야 할 필요성을 역설했지만, 슈뢰딩거에게 가장 강한 인상을 남긴 연사는 엑스선 결정학 연구를 요약 설명한 막스 폰 라우에였다. 1914년에 슈뢰딩거가 프리바트도젠트가 되고 처음으로 개설한 강의 제목이 '엑스선의 간섭 현상'이었을 정도다. 슈뢰딩거가 중력 문제에 관심을 갖게 된 것은 그 후의 일이었다. 그러나 그가 간신히 대학에 자리를 잡자마자 제1차 세계대전이 발발했다. 이 전쟁은 빈과 슈뢰딩거의 인생을 크게 바꾸어 놓았다.

이탈리아 전선에서

1914년 6월 28일, 오스트리아-헝가리 제국의 황실 후계자 프란츠 페르디난트 대공이 사라예보에서 암살당했다. 늙은 황제 프란츠 요제프는 악어의 눈물을 흘렸다. 빈의 귀족 사회도 암살 사건을 조용히 넘겼다. 상류층 사람들은(그의 삼촌인 황제도 포함해서) 프란츠 페르디난트가 제국의 황제가 되기에는 부적합하다고 여겼다. 이런 평판의 근거가 되었던 것은 무엇보다도 사랑하는 사람과의 결혼을 강행한 것이었다. 그의 아내 소피는 전직 시녀였고, 페르디난트와 비교할 때 사회적 지위가 너무 낮았다. 둘의 결혼은 귀천상혼貴賤相婚의 단서를 전제로 허용되었다. 다시 말해, 둘 사이에 출생한 자녀가 프란츠 페르디난트의 작위와 승계 권한을 물려받지 못한다는 조건이었다. 이렇게 위험한 자유사상가가 암살당하고 나니, 프란츠 요제프의 종손從孫(프란츠 페르디난트의 동생의 아들이었다-옮긴이) 카를이 명실상부한 후계자가 되었다. 그는 훨씬 더 보수적인 전통주의자였고, 19세기였다면 아마 훌륭한 황제가 되었을 것이다.

문제는, 이제 더 이상 19세기가 아니라는 것이었다. 결국 카를은 자신의 패기와 능력을 입증할 만한 기회를 얻지 못했다. 페르디난트 대공의 암살은 오스트리아가 세르비아를 침공하는 도화선이 되었고(아무리 인기 없는 후계자라도 암살 사건을 그냥 넘길 수는 없었던 것이다), 이로 인해 국제 조약에 따른 복잡한 의무가 발생하면서-B가 C를 공격하면 A는 B를 공격하기로 약속했지만, D는 A의 공격으로부터 B를 지켜주겠다고 약속했고 등등-결과적으로 제1차 세계대전이 발발했다. 조약의 모든 의무가 유효해지자, 독일과 오스트리아-헝가리 제국으로 이루어진 동맹국은 영국, 프랑스, 러시아로 구성된 삼국협상과 맞서게 되었다(그리고 일부 포위되기도 했다). 곧이어 삼국협상에 이탈리아 그리고 세르비아를 포함한 몇몇 약소국이 가세했다. 예비 포병장교 에르빈 슈뢰딩거는 7월 마지막 날 입대 통지서를 받고 아버지와 함께 권총 두 정을 사러 나갔다(다행히 쓸 일은 없었다). 빈을 떠나기 전 바쁜 와중에 아니 베르텔에게 줄 선물도 챙겼다. 선물은 오스트리아 작가 겸 비평가 (그리고 『아기사슴 밤비』의 작가이기도 한) 펠릭스 잘텐의 에세이였다.

슈뢰딩거는 이탈리아 국경 근처 방어 포병 진지에 배치되었는데, 높은 산중이라 베네치아 평원이 내려다보였다. 러시아 전선의 격렬한 포화로부터 멀리 떨어져 있기도 했고, 여름에 머물기에도 좋은 곳이었다. 전쟁이 시작되고 첫 3주 동안 오스트리아는 러시아 전선에서 25만여 명이 죽거나 다치고 10만여 명이 포로로 잡히는 피해를 입었다. 반면 이탈리아는 아직 참전 전이었다. 그 덕에 슈뢰딩거는 고요한 산속에서 지내며 입대 전 빈에서 수행했던 실험을 바탕으로, 하던 계산을 마무리할 수 있었다. 컴퓨터가 없으면 연구가 어려운 현대의 수리물리학자들과 달리 그에게 필요한 것은 종이와 연필, 몇 권의 책이 전부였다. 1914년 10월 27일, 슈뢰딩거는 기체 거품이 받는 압력을 연구한 짧은 논문을 완성해 과학 저널 《물리학 연보 Annalen der Physik》에 보냈다.

겨울이 오기 전, 슈뢰딩거는 브렌네르 고개 입구를 지키는 남티롤 요새로 배치받았다. 그는 이곳에서 아름다운 산의 풍광을 즐기며 1914년부터 1915년의 겨울을 보냈는데, 이 시기에 서부 전선에서는 갈등이 최고조에 달하면서 잔혹한 참호전이 이어졌다. 영국과 서방 참전국들은 이 전투를 제1차 세계대전을 대표하는 격전으로 기억한다. 슈뢰딩거의 다음 발령지는 여전히 평화롭고 경치는 좀 덜 아름다운, 빈과 부다페스트 사이에 있는 코마롬이었다. 이곳에서는 유체(기체 또는 액체) 안에서 유체 분자의 영향을 받아 떠밀리는 작은 입자들의 거동에 관한 논문을 썼다. 이런 입자들의 운동을 브라운 운동이라고 하는데, 1820년대 이 현상을 연구했던 스코틀랜드의 물리학자 로버트 브라운Robert Brown, 1773~1858의 이름을 딴 것이다. 1905년에 알베르트 아인슈타인은 이 불규칙한 움직임이 꽃가루 같은 입자가 원자와 분자로부터 끊임없이 받는 불규칙한 충격 때문이라고 설명하고, 이를 통계적으로 설명할 수 있음을 증명했다. 이는 원자가 실제로 존재한다는 설득력 있는 증거가 되었다. 볼츠만의 마음에 위안을 안겨 주기엔 너무 늦게 나온 발표였지만 말이다.[1]

이와는 별개로, 미국인 과학자 로버트 밀리컨1868~1953은 1912년에 전기적으로 대전된 물방울 또는 기름방울을 전기장 안에서 띄

---

[1] 많이 늦긴 했지만, 1905년에도 이를 증명해야 했던 필요성은 아인슈타인의 『자전적 노트』에 명백히 드러나 있다. 이 책에서 아인슈타인은 당시 자신이 "원자의 존재를 가능한 한 확실히 보장할 수 있는" 증거를 찾기 위해 신중하게 연구에 착수했다고 말한다.

운 뒤 움직이는 모양을 관찰하여 전자 전하를 측정했다(밀리컨은 '우주선cosmic rays'의 이름을 지어 준 사람이기도 하다). 이 방울들은 브라운 운동의 영향을 받기에 충분할 만큼 작다. 슈뢰딩거는 밀리컨 실험에서 브라운 운동 효과의 중요성을 통계적으로 해석했다. 이 연구에서 눈에 띄는 화려한 결과는 나오지 않았지만, 슈뢰딩거의 연구 이력에서는 중요하다. 훗날 슈뢰딩거의 연구에서 중요한 위치를 차지하게 되는 통계적 해석을 최초로 시도하고 발표한 연구이기 때문이다.

이 논문을 발표할 무렵, 전쟁도 슈뢰딩거도 다음 단계로 넘어가고 있었다. 이탈리아는 오스트리아 영토를 크게 떼어 줄 테니 삼국 협상에 참여하라는 제안을 받고 1915년 5월 23일 참전을 선언했다. 오스트리아는 이에 대한 응답으로 슈뢰딩거가 속한 부대를 트리에스테 북서쪽 고르츠(이후 고리치아가 된다) 근처 오레이아 드레가로 이동시켰다. 이 지역은 전쟁 내내 치열한 전투가 벌어졌던 곳이다(어니스트 헤밍웨이의 『무기여 잘 있거라』에 영원히 박제된 곳이기도 하다). 그러나 포병대는 전선에서 멀찍이 물러나 적과 장거리 교전을 벌였다. 간혹 맹렬한 포격을 받기도 했지만 사상자는 상대적으로 적은 편이었다. 심지어 슈뢰딩거는 비번일 때 고르츠의 커피숍에 들러 휴식을 취하기도 했다. 그의 일기를 보면, 1915년 여름 그를 가장 괴롭혔던 문제는 지루함이었다. 그러나 9월이 되어 책과 과학 저널을 몇 부 받은 후 일기는 잠시 중단되는데, 아마도 그가

슈뢰딩거는 제1차 세계대전 때 포병장교로 복무했고, 무시무시한 서부 전선과 비교하면 상대적으로 안전하고 편안한 곳에서 군 생활을 마쳤다. 그래도 1915년 전투에서 "영웅심과 용기를 빛내는 모범"을 세운 공으로 표창을 받을 정도로 훌륭히 복무에 임했다. 그러나 전쟁을 치른 오스트리아-헝가리 제국은 종말을 맞이하고, 1918년 오스트리아 공화국이 선포되었다.

연구와 공부를 시작했기 때문일 것이다. 곧이어 그는 군인으로서도 가장 활동적인 시기를 보내는데, 1915년 10월과 11월에 포대 사령관 대행으로 몇 차례의 격렬한 교전을 지휘하며 훌륭히 임무를 수행해 표창을 받았다.

전투는 겨울 무렵엔 다소 약해졌지만, 슈뢰딩거가 오버루트넌트(중위에 해당하는 계급-옮긴이)로 승진한 직후인 1916년 5월에 고르츠 지역은 다시 포화에 휩싸였고, 오스트리아 측은 10만, 이탈리아 측은 25만 명가량의 사상자가 발생했다. 그러나 그 무렵 슈뢰딩거가 속한 포병대는 트리에스테 북쪽 산맥에 배치되어 있었다. 그는 훗날 이곳을 "어마어마하게 지루하지만 아름다운 곳"이라고 불렀다. 전쟁 때 군복무를 해야만 한다면 보병으로 참호에 있는 것보다는 포병이 낫다. 같은 시기에 프리드리히 하젠외를은 티롤 전선에서 보병 돌격대를 이끌다 전사했으니 말이다.

1916년 말이 되자 상황은 다시 급변하기 시작했다. 11월 21일 황제 프란츠 요제프가 죽었고, 후계자 카를은 삼국협상과 평화적인 결론을 내기 위해 불굴의 노력을 기울였지만 이탈리아의 강경한 저항에 부딪혔다. 이탈리아는 동맹들로부터 약속받은 영토를 모두 얻겠다며 고집을 부렸다. 게다가 더욱 결정적인 것은, 이 무렵 동맹국을 실질적으로 주도하고 있던 독일의 군부 지도자들이 오스트리아의 독자적 평화 협상을 거부했다는 점이다. 그러는 동안에도 슈뢰딩거는 조용히 전쟁을 치르고 있었고, 1916년 말 갓 스무

살이 된 아니 베르텔이 면회를 오기도 했다. 슈뢰딩거가 다소 무례한 표현으로(그래도 최소한 암호로 적긴 했다) 기록한 연애사를 보면, 이 무렵 두 사람은 아주 친밀한 관계는 아니었으나 분위기는 무르익어 가고 있었다. 아니는 슈뢰딩거가 이탈리아 전선에서 복무하는 동안 면회를 온 유일한 여성 친구였다. 그러나 곧 슈뢰딩거의 친구들은 그를 만나기 위해 먼 거리를 여행할 필요가 없어졌다.

빈으로 돌아가다

1917년 봄, 날씨가, 좀 더 정확히 말하자면 기상학이, 슈뢰딩거를 구원했다. 그는 다시 빈으로 전출되어 대공포 장교들을 대상으로 기상학을 가르치는 동시에 대학 일반물리학 강의도 맡았다. 하젠외를이 전사하고 카를이 새 황제로 즉위한 후, 빈 당국은 전쟁이 끝나고 나서 대학을 지킬 훌륭한 물리학자가 적어도 한 명은 있어야 한다고 생각했을지도 모른다. 아니면 단순히 슈뢰딩거가 운이 좋았을 수도 있다.

빈으로 복귀한 이유가 무엇이든, 슈뢰딩거는 다시 연구를 하고 논문을 쓰고 발표할 기회를 얻었다. 이후 과학 발전에 비추어 볼 때, 1917년에 그가 쓴 논문들에서 가장 중요한 점은 과학 문제에 양자 이론을 최초로 적용했다는 사실이다(양자 이론에 대한 자세한 내용은 다음 장에서 설명하겠다). 논문에서 다룬 과학 문제는 고체의 열용량과 관련이 있었다. 열용량은 일정한 양의 물질의 온도를 일정 정도 높일 때 필요한 에너지에 대한 척도다. 열용량은 분자의 진동 방식과 관련이 있으며, 따라서 분자의 양자적 성질에 좌우된다. 슈뢰딩거는 열역학을 바탕으로 문제를 탐구했는데, 막스 플랑크와 알베르트 아인슈타인도 같은 접근법을 시도했었다. 한 연구에서 그는 방사성 물질 샘플이 붕괴하는 속도에서 보이는 무작위적인 요동을 조사하기도 했다(이 내용은 반감기 개념과 관련이 있는데, 반감기란 방사성 물질 샘플의 원자핵 중 정확히 절반이 붕괴하는 데 걸리는 시간을 말한다).

슈뢰딩거는 아인슈타인이 1916년에 논문으로 출판한 일반 상대성 이론에도 관심을 가졌다. 그는 이탈리아 전선에서 복무 중일 때 이 소식을 접했다. 아인슈타인은 중력과 물질 간의 관계를 휘어진 시공간의 관점에서 새롭게 서술했고, 이 이론은 우주의 기본 성질에 대한 물리학자들의 생각을 송두리째 바꿔 놓았다. 슈뢰딩거도 그들 중 하나였다. 슈뢰딩거는 1917년에 일반 상대성 이론의 의미를 다룬 논문을 두 편 썼다. 첫 번째는 아인슈타인 방정식에서 서술하는 에너지를 해석한 것이고, 두 번째는 우주의 본질 자체를 다룬 것이다. 특히 슈뢰딩거가 찾은 아인슈타인 방정식의 풀이는 물질은 전혀 없지만 빈 공간 자체가 잡아 늘인 스프링처럼 장력을 갖는 우주를 서술한다. 이 같은 서술은 분명 우리가 살고 있는 우주와는 많이 다르지만, 아인슈타인의 이론이 지닌 힘과 슈뢰딩거의 관심이 얼마나 광범위했는지를 잘 보여 준다.

 연구 자체도 흥미진진하지만, 점점 열악해지는 전쟁 막바지 상황에서 연구가 이루어졌다는 점도 주목할 만하다. 미국이 오스트리아-헝가리 제국에 선전포고를 한 것은 1917년 말이었지만, 같은 해 4월 미국이 독일을 상대로 참전하면서 전쟁의 결말은 정해진 것이나 다름없었다. 그보다 한참 전에, 연합군이 동맹국을 봉쇄하면서 오스트리아 군대와 경제는 이미 무릎을 꿇었다. 1918년 1월의 빵 배급은 원래 하루 200그램이던 것이 160그램으로 줄었고, 군수품 제조 노동자들은 파업에 들어갔으며, 굶주린 군사들로 이루어진 일곱 개 사단이 질서 유지를 위해 전선에서 도심으로 배치되었다(전선의 군인들은 일주일에 200그램의 고기를 배급받았고, 다른 지역은 그 절반이었다). 빈에서 암시장을 이용할 여력이 되는 사람들은 굶주리지는 않았지만, 식량을 구하기 위해 재산을 희생해야 했다. 고향에 가까이 갈수록 상황은 점점 최악으로 흘러갔다. 슈뢰딩거의 어머니는 1917년 유방암 수술을 받았고, 에르빈도 1918년에 결핵으로 추정되는 병으로 심하게 앓았다. 가족 사업은 원자재 부족으로 위태로워졌다. 그나마 슈뢰딩거가 1918년 말까지 군인으로서 봉급을 받았지만 이제 그 수입도 끊겼고, 전쟁이 끝났음에도 불구하고, 아니 어쩌면 끝났기 때문에, 빈의 상황은 더욱 최악으로 치달았다.

후폭풍

1918년 11월 11일 휴전이 성립된 뒤에도 승전국들은 오스트리아-헝가리 제국을 계속 봉쇄했고, 1918~1919년 겨울 동안 제국의 몰락을 지켜보았다. 이 봉쇄는 20세기에서 (또는 역사상) 최악의 전쟁 범죄 중 하나로 꼽히지만 현재까지도 그 내막은 제대로 알려지지 않았다. 당연한 이유겠지만 역사는 승자의 관점에서 쓰이기 때문이다. 헝가리에서 들여오던 식량은 더 이상 공급되지 않았고, 체코슬로바키아에서 오던 석탄도 끊겼다. 빈은 이탈리아 군사들에게 점령당했다(이탈리아 군사들의 배급량도 넉넉하지는 않았다). 상황이 어찌나 처절했던지 독일도 같이 봉쇄당한 처지에서 식량 일부를 나누어 줄 정도였다. 이탈리아와 스위스도 구호물자를 공급했다. 이 사태의 원흉은 완고한 영국과 프랑스였다. 황제는 퇴위했고, 오스트리아는 소리 소문 없이 공화국이 되었다. 제국이 무너지자 공화 정부는 마지막 수단으로 오스트리아를 독일의 일부로 편입시키려 했지만, 그마저도 프랑스가 거부권을 행사했다. 가뭄에 콩 나듯 식량이 들어오는 날엔 여자들이 벌떼처럼 몰려들었고 기마경찰이 그들을 진압했다. 경찰이 타던 말이 인파에 밀려 쓰러지자 불과 몇 분 만에 조각나 고기가 되어 사라진 유명한 사건도 있었다.

슈뢰딩거는 이런 진흙탕 속에 갇혔다. 슈뢰딩거는 체르니우치(우크라이나의 도시-옮긴이)의 물리학 강사 자리를 제안받았지만, 이제 체르니우치는 루마니아의 도시가 되었고, 루마니아 정부는 외국인에게 강사 자리를 허용하지 않았다. 이 혼란의 와중에서 슈뢰딩거는 철학으로부터 위안을 얻었다. 비트겐슈타인과 쇼펜하우어를 공부하고, 쇼펜하우어를 통해 알게 된 동양철학, 특히 인도 철학에 몰두했다. 그는 특별히 베단타Vedanta에 심취했다. 베단타는 힌두의 철학 학파로, 오직 하나의 실재만이 존재한다고 가르친다. 이 철학적 관점은 훗날 슈뢰딩거의 양자역학에 강한 영향을 미치게 된다.

상황은 당시 미국 구호청장이자 훗날 미국 대통령이 되는 허버트 후버가 1919년 1월 빈을 방문하면서 점차 나아졌다. 이런 끔찍한 환경에서라면 공산주의 혁명이 일어날 수도 있겠다는 생각에 놀란 후버는 미국 구호물자를 빈으로 보냈다. 그리고 그해 3월 22일에 마침내 오스트리아 봉쇄가 풀렸다(독일의 봉쇄는 풀리지 않았고, 후버가 두려워하던 일종의 혁명이 실제로 일어났다). 굶주림의 위협이 물러나자 다른 문제가 고개를 들기 시작했다. 대학교수 월급은 수수한 편이었고 가족을 부양하기엔 한참 모자랐다. 하지만 슈뢰딩거는 가족의 산적한 문제로부터 벗어나고 싶은 마음에 대학에서 최대한 많은 시간을 보냈다. 아버지는 고혈압과 동맥경화증으로 건강이 점점 악화되었고, 제한적인 가스 공급으로 인해 집은 춥고 어두웠다. 가족은 루돌프 슈뢰딩거의 투자에서 발생하는 수입에 의존해 생활했지만, 물가가 오르면서 수입은 점점 부족해졌다.

이 어두운 상황에 빛을 드리운 사람은 아니었다. 슈뢰딩거는 잘

츠부르크에서 그녀를 만났고, 1919년 가을 둘은 약혼했다. 슈뢰딩거의 기록을 보면 이 시기에 두 사람은 육체적으로도 연인 사이가 되었다. 아니는 수입이 좋은 비서 자리를 얻어 빈으로 이사를 왔다. 그녀의 월수입이 자신의 연봉보다 많았으니 에르빈으로서는 좀 곤혹스러웠을 것이다. 아니의 고용주는 프리드리히(프리츠) 바우어였는데, 성은 같지만 슈뢰딩거의 외가와는 관계가 없었다. 프리츠 바우어는 피닉스 보험회사의 중역이었고, 빈 교외에 있는 대저택에서 살았다. 1920년의 어느 날 아니는 약혼자 에르빈과 함께 바우어의 집을 방문해 가족과 차를 마셨다. 당시 프리츠의 딸 요하나(애칭 한지)는 열세 살이었는데, 훗날 슈뢰딩거의 뻣뻣한 태도가 불편했다고 회상했다. 아마 그런 유복한 가정의 모습을 보고 슈뢰딩거는 힘겨운 자신의 처지가 더욱 절망적으로 다가왔을 것이다.[2] 1919년 크리스마스이브에 이 빛과 어둠은 좀 더 드라마틱하게 충돌했다. 아니는 잘츠부르크에서 가족과 함께 크리스마스를 보내고 있었다. 그날 밤, 에르빈에게 아니가 보낸 선물 바구니가 도착했다. 그리고 그보다 한 시간 전에 루돌프 슈뢰딩거는 아끼던 의자에 앉아 평화롭게 세상을 떴다.

훗날 슈뢰딩거는 아버지가 1920년을 겪지 않고 돌아가신 것이 다행이라고 생각하게 되었다. 1920년에는 극심한 인플레이션 때

---

[2] 한지 바우어와 슈뢰딩거의 관계에 대한 정보는 한지가 월터 무어와 했던 인터뷰에서 인용했다. 인터뷰 내용은 월터 무어의 책 *Schrödinger: Life and Thought*에 나온다.

문에 가족의 저축이 모두 사라졌다. 한편 과학자로서 슈뢰딩거의 발전은 도시 기능을 마비시킨 인플레이션만큼이나 속도가 빨랐다. 1920년 1월 슈뢰딩거는 빈 대학으로부터 조교수 승진 제안을 받았다. 그러나 교수 월급이 가족을 부양하기에는 충분하지 않았고, 결혼을 간절히 원하긴 했지만 아내의 수입에 기대어 살고 싶지는 않았다. 그와 동시에 독일의 예나 대학에서도 비슷한 제안을 받았는데, 이쪽의 조건은 빈보다 훨씬 괜찮았다. 슈뢰딩거는 적절한 때에 예나로 가기로 결정했고, 두 사람은 드디어 결혼식을 올릴 수 있었다. 결혼식은 1920년 3월 24일 가톨릭의 혼배 예식으로 한 번 치르고, 같은 해 4월 6일에 루터교 형식으로도 올렸다. 아니는 스물셋, 에르빈은 서른둘이었다. 슈뢰딩거의 전기 작가인 월터 무어는 둘의 결혼을 탁월한 언어로 정확하게 묘사했다. "그녀는 영민하고 아름다운 자신의 연인에게 무한히 복종함으로써 영과 육의 진정한 결합을 이루고, 이를 통해 행복을 얻으리라는 희망과 기대를 품고 이 결혼에 뛰어들었다. 그녀의 환상은 그래도 1년간은 지속되었다." 그러나 뜻밖에도 이 결혼은 평생 깨지지 않았다. 아니는 훗날 한스 티링에게 이렇게 말했다. "물론 경주마보다는 카나리아랑 같이 사는 게 훨씬 편하겠죠. 하지만 난 경주마가 더 좋아요."

우리의 경주마는 결혼에 이르기까지 3년이라는 어려운 시간을 보냈지만, 과학에 관한 한 결코 게으르지 않았다. 특히 이 시기 연구 중 한 건은 이후 슈뢰딩거의 발전에 대단히 중요하게 작용했고,

에르빈과 아니(위)의 결혼식이 1920년 3월 24일에 열렸다.
에르빈은 32세, 아니는 23세였다.
(아래) 결혼식 날 아침에 가족, 친구와 함께 찍은 사진.

실험 연구로는 마지막으로 의미 있는 연구이기도 했다. 1910년대 물리학자들은 빛의 성질에 관해 거대한 의문을 품었다. 19세기가 끝날 무렵 토머스 영과 제임스 클러크 맥스웰 같은 물리학자들의 연구는 빛이 파동이라는 결론을 확정지은 것 같았다. 그러나 20세기가 시작되고 첫 5년 만에, 막스 플랑크와 알베르트 아인슈타인은 빛이 입자의 흐름이라는 주장을 부활시켰다(이 내용은 다음 장에서 자세히 설명하겠다). 슈뢰딩거는 이렇게 서로 경쟁하는 빛의 파동설과 입자설을 두고 둘 중 하나를 확정할 실험을 계획했다. 기본적으로는 이중 슬릿 실험을 개량한 것으로, 가느다란 도선을 전기로 가열하여 광원으로 사용하고, 현미경으로 작은 간섭무늬를 관측하는 방식이었다. 실험 결과는 정확히 파동 모형의 예측을 따랐고, 슈뢰딩거는 고전물리학의 세계관에 대한 믿음을 더욱 굳혔다.

그러나 슈뢰딩거가 1910년대 말 수행했던 연구 중 가장 중요한 것은 완전히 다른 주제였는데, 바로 색각 이론을 다룬 것이었다. 연구 결과를 정리해 1920년에 발표한 논문들에서 그는 색의 색조·밝기·채도를 정의해 서술했으며, 세 속성 중 하나가 변할 때 다른 두 속성에 어떤 영향을 미치는지를 설명했다. 논문이 공개되자 대형 백과사전인 『물리학 교본 *Lehrbuch der Physik*』에 들어갈 '시각적 감각' 항목을 써 달라는 요청이 왔다. 1926년에 출판된 이 104쪽짜리 설명 글은 이후 물리학의 표준 참고자료로 자리매김했다. 슈뢰딩거는 1920년대 중반에 다시 색 이론을 잠깐 연구했고, 이때 연구한 내용을 별의 색 비교라는 실질적인 문제에 적용했다. 별의 색 비교는 별의 온도를 결정하는 데 대단히 중요한 정보였다. 그러나 그런 연구를 수행했음에도 그의 관심은 우주가 아닌 작은 원자들의 세상으로 향했다. 이 무렵 그는 예나를 떠나 슈투트가르트와 브로츠와프를 거쳐 취리히로 넘어와 있었다.

떠돌이 교수

슈뢰딩거는 아니와 함께 1920년 4월 예나에 도착해 정착했으나 이 자리는 임시직이었다. 그는 슈투트가르트의 종신 부교수직 제안을 받자마자 그해 10월에 주저 없이 예나를 떠났다. 슈투트가르트에 있는 동안 슈뢰딩거는 전자 궤도 이론을 연구했지만, 이 무렵 그에게 가장 중요한 문제는 다른 무엇보다 재정적 안정이었다. 독일의 치솟는 물가 때문에 슈뢰딩거 부부는 간신히 생활을 이어 가고 있었다. 외할아버지의 수입도 줄어서 게오르긴이 살던 빈의 대형 아파트를 남에게 세주어야 할 정도로 상황이 절박해졌지만, 슈뢰딩거는 병든 어머니를 도울 여력이 전혀 없었다. 게오르긴의 가족은 작은 집으로 이사 간 게오르긴의 정착을 도왔고, 아니도 마지막 투병 중이던 게오르긴을 살뜰히 보살폈다. 게오르긴은 1921년 9월 암으로 세상을 떠났다. 홀로 된 어머니가 열악한 환경에서 생을 마감하는 것을 지켜본 슈뢰딩거는, 아니도 그렇게 될 수 있다는 두려움에 평생 사로잡혀 지냈다. 이 두려움은 새로운 일자리를 결정할 때 가장 중요한 영향을 미쳤다. 슈뢰딩거에게 경제적 안정은 언제나 최우선 과제였다.

이런 상황에서 슈뢰딩거가 1921년 봄 브레슬라우 대학(현 브로츠와프 대학교)의 이론물리학 교수직을 수락한 것은 크게 놀랄 일이 아니었다. 그러나 브레슬라우(현 브로츠와프)는 폴란드 국경 근처 도시여서 공산주의자들의 온상과 불편할 만큼 가까웠다. 당시 러시아에서 내전이 한창이었음을 감안하면 슈뢰딩거의 우려는 당연했다. 그런데 거의 18개월 동안 방랑자처럼 떠돌아다니다가 브로츠와프에 짐을 푼 지 채 6개월도 되기 전에, 슈뢰딩거는 안전한 나라 스위스로부터 거절할 수 없는 제안을 받게 된다.

전쟁 동안 이론물리학 교수 없이 학사 운영을 해 온 취리히 대학교는 슬슬 새 교수를 찾고 있었다. 적합한 인물을 찾기 위해 결성된 위원회는 1919년 말부터 시작된 회의를 1년 이상 계속 질질 끌었다. 채용이 급하지 않았던 이유 중 하나는 젊은 강사들 덕에 어느 정도는 버틸 수 있었고, 그래서 대학은(또는 주 정부는) 교수 자리를 공석으로 두면서 비용을 절감할 수 있었기 때문이었다. 그러던 1921년 3월, 취리히의 젊은 강사 중 하나였던 파울 엡스타인이 레이던(네덜란드의 도시)으로 가게 되었다. 위원회는 다시 교수 채용에 집중했다. 제일 먼저 물망에 오른 막스 폰 라우에(전쟁 전에 잠시 취리히 대학교 교수로 재직했었다)는 몸값이 너무 올라 초빙할 수가 없었다. 대신에 위원회는 다양한 주제에 관해 수준 높은 논문을 발표하던 슈뢰딩거에게 눈을 돌려 교수직을 제안하게 되었다. 슈뢰딩거는 1921년 10월 부임해서 6년간 취리히 대학교에서 지냈다. 연봉은 1만 4000스위스프랑이었는데, 교수 연봉으로는 상당한 액수였다. 스위스도 유럽의 이웃 국가들처럼 전후 불황을 겪고 있었지만, 통제 불능의 인플레이션도 겪지 않았고 전체적인 임금 수준도 꽤 좋은 편이었다(게다가 공산주의 혁명이 일어날 위험도 없었다). 9월 16일 제안을 수락하는 편지를 보낸 슈뢰딩거는 어머니의 장례식을 마친 직후 브로츠와프에 잠시 들러 주변을 정리한 뒤 곧바로 취리히로 갔다.

제2차 양자 혁명으로 불리는 시기에, 슈뢰딩거는 취리히에서 물리학에 크게 기여하는 굵직한 성과를 냈다. 그러나 전체적인 관점에서 슈뢰딩거의 연구를 살펴보려면 먼저 1890년대 말 막스 플랑크의 연구로 촉발된 제1차 양자 혁명부터 들여다봐야 한다.

4장 제1차 양자 혁명

양자 혁명은 19세기에서 20세기로 넘어갈 무렵 시작되었다. 1900년 12월, 독일의 물리학자 막스 플랑크 1858~1947는 빛을 비롯한 전자기 복사의 성질에 관한 근본적인 문제를 해결했다고 선언했다. 그가 사용한 통계적 기법을 맥스웰이 보았다면 크게 감탄했을 것이다. 그러나 그의 해법은 값비싼 대가를 치르고 얻은 것이었다. 이 해법이 성립하려면 빛을 낱낱이 떨어진 묶음처럼 다루어야 했다. 이 묶음은 훗날 양자量子라고 불리게 되었다. 플랑크는 이 낱낱의 묶음 개념을 극도로 싫어했다. 그는 빛이 파동이어야 한다고 믿었지만, 어찌 된 일인지 빛은 정해진 양만큼씩만 원자에 흡수되거나 원자로부터 방출되었다. 하지만 방정식은 진실을 말하고 있었다. 빛 양자(즉 광자)의 실재를 증명하는 과제는 알베르트 아인슈타인의 손으로 넘어갔고, 이 연구로 아인슈타인은 노벨상을 받게 된다.

플랑크가 해결한 문제는 오늘날 '흑체 복사 black body radiation'로 알려진 현상과 관련이 있다. 1890년대 독일어권 나라에서는 좀 더 정확하고 덜 드라마틱한 '공동 복사cavity radiation'라는 용어를 썼다.

흑체가 환히 빛날 때

물리학자들이 말하는 흑체黑體란 빛을 포함해서 그것에 쪼이는 모든 전자기 복사를 흡수하는 물체이고, 흑체 복사는 흑체가 뜨거워졌을 때 방출하는 복사를 의미한다. 그리고 공동空洞은 속이 빈 용기를 말한다. 이 이야기에 공동이 끼어들게 된 것은, 커다란 단열 상자의 속을 비우고 한쪽 벽에 작은 구멍을 뚫으면 훌륭한 흑체의 대용품이 되는데, 실험을 할 때 이것을 사용하기 때문이다. 구멍 안으로 복사를 쬐면, 상자 안으로 들어간 복사는 안에서 이리저리 튕겨 다닐 뿐 밖으로는 거의 빠져나오지 않는다. 하지만 복사가 상자 안을 가득 채우면 상자는 점점 뜨거워지고, 그러면 더 이상 외부에서 복사를 쬐어 주지 않더라도 상자의 구멍을 통해 복사가 공동에서 빠져나온다. 이것이 공동 복사다. 이때 방출되는 복사의 정확한 성질(복사 스펙트럼)은 상자의 재질과는 무관하며 오로지 공동 내부의 온도에 의해서만 결정된다는 사실이 밝혀졌다. 이 내용은 실용적 관점에서도 아주 중요하다. 예를 들어, 우리는 태양의 구성 성분을 알기 전부터 태양의 표면 온도를 알 수 있었는데, 그것은 태양으로부터 받는 복사가 섭씨 6000도가량의 공동(흑체)이 방출하는 복사와 같기 때문이다. 태양의 예에서 보듯이 흑체는 매우 밝을 수 있고, 노랑, 빨강, 주황 등 다양한 색을 띨 수 있다. 그러나 19세기 말 플랑크와 동료 학자들을 괴롭혔던 문제는, 그들이 당시 알던 물리법칙을 적용할 경우 흑체가 훨씬 더 밝아야 한다는 것이었다. 아니, 사실상 무한히 밝아야 했다.

공동 복사는 1850년대에 독일의 물리학자 로베르트 키르히호프1824~1887가 최초로 연구했다. 공동 복사의 핵심은, 특정 온도일 때의 스펙트럼은 특정 파장에서 최대 에너지에 해당하는 정점peak을 보이고, 특정 파장보다 짧은 파장과 긴 파장에서 방출되는 에너지는 적다는 것이다. 흑체에서 방출되는 에너지를 파장에 대하여 그래프로 그려 보면, 짧은 파장 대역의 낮은 에너지에서 출발해 특정 파장에서 정점을 찍고, 다시 긴 파장 대역으로 넘어가면 낮은 에너지로 완만하게 내려간다. 이때 에너지가 정점인 파장 값은 물체의 온도에 의해서만 결정된다. 가시광선 스펙트럼에서는 각 파장에 해당하는 색이 있고, 물체의 온도가 올라갈수록 정점 파장이 짧은 쪽으로 이동한다. 그래서 쇳덩어리를 달구면(달궈진 쇳덩어리는 흑체와 유사한 복사를 방출한다) 처음에는 붉게 빛나다가 점점 뜨거워지면 노란색을 띠고, 그보다 더 뜨거워지면 푸른빛이 도는 흰색을 띤다. 그러나 19세기 후반에 맥스웰의 파동 방정식으로 서술하는 고전 전자기 이론이 예측한 내용은 이와 달랐다.

전자기파도 다른 파동들처럼 똑같이 수학적으로 다루면, 예를 들어 소리를 내는 바이올린 현의 파동처럼 계산해 보면, 짧은 파장에서 에너지를 방출하는 것이 더 쉽다는 결과를 얻는다. 따라서 실제로 방출되는 에너지의 양은 파장에 반비례해야 한다. 결국 흑체는 그 재질과 상관없이 짧은 파장 대역에서 어마어마한 에너지를 방출해야 한다는 계산 결과가 나온다. 가시광선 중 가장 파장이 짧은 빛은 보라색이고 그보다 더 짧은 파장의 복사는 자외선이므로, 이 모순은 '자외선 파탄ultraviolet catastrophe'이라는 이름을 얻었다. 이 계산의 이면에는 뭔가 잘못된 것이 있다. 도대체 뭐가 잘못된 걸까? 그 답은 전혀 예상치 못한 곳에서 나왔다.

양자 세상으로 들어가다

막스 플랑크는 맥스웰과 볼츠만이 개발한 통계 열역학을 배우며 자란 첫 세대다. 플랑크도 처음에는 이 아이디어를 좋아하지 않았다. 그러나 적어도 예상치 못한 새로운 상황에 부딪쳤을 때 적용해 볼 수 있을 만큼 볼츠만의 연구를 잘 알고 있었다.

플랑크는 1874년 뮌헨 대학교에 입학해 1879년 열역학 제2법칙에 관한 논문으로 박사학위를 받았다. 그 후 프리바트도젠트로 한동안 일하다 1885년에 킬 대학교를 거쳐 1888년에 베를린 대학교로 갔다. 그는 1892년에 정교수가 되어 1926년 은퇴할 때까지 베를린에서 지냈는데, 훗날 이 자리는 에르빈 슈뢰딩거가 물려받게 된다. 플랑크의 연구는 화려하지는 않지만 기반이 탄탄했고, 주제는 대부분 열역학과 관련된 것이었다. 그의 강의는 아름답고 명료하면서도 정확하기로 정평이 나서, 강의실은 만석이었고 자리가 없어 서서 듣는 학생들까지 가득 차 언제나 북적였다. 플랑크는 1894년에 흑체 복사 문제에 관심을 갖게 되었다. 처음에는 추상적인 주제를 탐구하려던 게 아니라, 전기 회사 컨소시엄이 최소한의 에너지로 최대의 빛을 내는 전구를 제작할 방법을 찾아 달라고 의뢰해서 연구를 시작했다. 그러나 일단 흑체 복사 문제에 발을 들이게 되자 완전히 몰두했고, 수년간 고민하여 답을 찾았다. 그리고 그 과정에서 열역학과 전기역학 사이의 관계를 다룬 중요한 논문을 몇 편 발표했다.

자외선 파탄 문제 자체에 흥미를 느껴 시작한 것은 아니지만, 통계적 열역학에 관한 이해는 플랑크가 자외선 파탄 문제를 해결하는 기반이 되었다. 플랑크는 공동 복사 스펙트럼이, 즉 흑체 복사 곡선이 왜 그런 모양으로 그려지는지, 그러한 결과를 만드는 물리적 과정을 이해하고자 했다. 그에게는 도움이 될 만한 단서가 두 가지 있었다. 1896년, 베를린의 빌헬름 빈 1864~1928 은 시행착오를 통해 유도된 실험법칙, 즉 실험 결과로서 도출한 방정식 하나를 제시했다. 이 방정식은 흑체 복사 곡선의 짧은 파장 쪽은 정확했고 특정 온도에서 에너지가 최대인 정점 파장도 구체적으로 지정했다. 훗날 '빈의 법칙'으로 알려지는 이 방정식의 내용은 단순히 2900

이라는 수를 정점 파장(단위는 마이크로미터)으로 나누면 흑체의 온도(단위는 절대온도 켈빈)가 나온다는 내용이었다. 따라서 5마이크로미터(0.005mm) 파장에서 에너지가 정점이면 물체의 온도는 580K(307℃)이다. 그러나 이 법칙이 왜 성립하는지 설명할 수 없었고, 정점을 중심으로 파장이 짧은 영역에서만 성립할 뿐 긴 파장 쪽은 터무니없이 부정확했다. 그런데 흥미로운 건 정점을 중심으로 긴 파장 쪽에 맞는 방정식이 따로 있었다는 점이다. 대신 이 방정식도 짧은 파장 쪽에서는 아예 부정확했으며 존재하지도 않는 자외선 파탄을 '예측'했다. 이 두 번째 방정식은 영국의 물리학자 레일리 경Lord Rayleigh, 1842~1919과 제임스 진스James Jeans, 1877~1946의 작품이었고, 레일리·진스 법칙으로 알려져 있다. 처음에 레일리가 방정식의 기본 형태를 고안하고 나중에 진스가 개선해 19세기 말에 발표한 레일리·진스 법칙은, 빛이 고전적인 파동이라는 가설을 바탕으로 세워졌다.

플랑크의 업적은 열역학에서 익숙한 통계 기법이 결합된 견고한 물리학 원리를 기반으로 하나의 단일한 법칙을 찾아낸 것이었다. 이 새로운 법칙은 단지 빈의 법칙과 레일리·진스 법칙 사이의 틈새를 메우는 데 그치지 않고 흑체 복사 곡선 전체를 설명해 냈다. 그러나 앞서도 말했듯이, 이러한 성취에는 비용이 있었다.

플랑크는 흑체에서 방출된 복사가 '전자기 진동자'의 배열로 생성된다는 가정에서 출발했다. 그는 이 진동자의 성질을 구체적으로 규정하지 않으려고 조심했다. 1890년대에는 움직이는 전하가 전자기 복사를 생성한다는 사실이 잘 알려져 있었고, 빛은 전자기 복사의 한 형태였다. 그러므로 진동하는 전기 전하가 흑체 복사를 생성한다는 가정은 자연스러웠다. 1900년 여름에, 플랑크는 약간의 수학적 기술을 발휘해 빈의 법칙이 설명하는 부분과 레일리·진스 법칙이 설명하는 부분의 곡선을 매끄럽게 연결하는 방정식을 만들었고, 이를 통해 흑체 복사 곡선 전체를 설명하는 하나의 방정식을 내놓을 수 있었다. 그러고 나서 그 이론적 배경을 찾기 위해 할 수 있는 모든 시도를 다 해 본 그는, 결국 그해 10월에 볼츠만의 통계적 해석이 단순히 전자기 진동자뿐 아니라 에너지—전자기 복사 자체—에도 적용되어야 함을 깨달았다.

볼츠만의 통계 열역학적 접근법은 에너지를 작은 조각으로 자르고(미분), 이 조각들을 통계 법칙에 따라 조작한 후 다시 모두 더해서 잇는 것이다(적분). 플랑크는 이 접근법을 싫어했지만 지푸라기라도 잡는 심정으로 시도해 보기로 하고, 전자기 복사를 매끄러운 파동이 아닌 작게 쪼개진 에너지 조각들처럼 다루었다. 그러자 놀라운 결과가 나왔다. 그가 이미 경험적으로 발견한 방정식, 흑체 복사 곡선을 완벽하게 서술했던 그 방정식이 조각들을 적분하기 전 단계에서, 계산이 모두 완성되기도 전에 자연스럽게 도출된 것이다. 플랑크는 찾고자 하던 답을 알고 있었으므로 그 단계에서 멈추고, 발견한 내용을 1900년 12월 14일 베를린 과학 아카데미에서 발표했다. 이때 열세 살이었던 에르빈 슈뢰딩거는 아직 고등학생이었다. 플랑크는 이 작은 에너지 덩어리를 '에너지 성분'이라고 불렀고, 이것이 복사의 진동수와 관련이 있음을 발견했다(진동수는 기본적으로 파장의 역수다. 따라서 높은 진동수는 짧은 파장에 해당한다). 이 내용은 아래와 같은 아주 간단한 방정식으로 표현된다.

$E = h\nu$

여기에서 E는 '성분'의 에너지고, 그리스 문자 ν(누)는 파동의 진동수, 그리고 h는 단순한 상수인데, 현재는 플랑크 상수로 알려져 있다. 플랑크는 학회장에서 이렇게 설명했다. "따라서 우리는 에너지가 유한하고 동일한 양으로 뭉친, 정확한 개수의 묶음으로 구성되어 있다고 간주합니다. 이것이 전체 계산의 핵심입니다."

그런데 이 묶음이 어떻게 자외선 파탄을 해결하고 흑체 복사 곡선의 모양을 설명했던 것일까? 이 내용을 이해하기 위해 굳이 수학을 파고들 필요는 없다. 낮은 진동수(긴 파장)에서는 에너지 양자를 만들기가 상대적으로 쉽다. 그 이유는 에너지 양자들은 적은 양의 에너지를 나르고, 수많은 진동자(이제부터는 원자라고 부르겠다)는 이런 일을 하기에 충분한 에너지를 가지고 있기 때문이다. 양자의 개수는 많지만, 각각의 양자는 소량의 에너지를 나르므로 전체 복사가 운반하는 에너지 양도 적다. 반면에 높은 진동수(짧은 파장)에서는, 양자 각각이 나르는 에너지가 많다(상대적으로 말해서). 그러나 이런 양자는 만들기가 어렵고, 고에너지 양자를 만들 만큼 충분한 에너지를 가진 원자는 드물다. 그래서 각각의 양자가 가진 에너지는 많지만 양자 수 자체가 적어서, 전체적으로 복사가 운반하는 에너지 양은 적다. 적절한 에너지 양을 가진 다량의 양자를 만들 수 있는 파장 대역은 흑체 복사 곡선의 중간, 바로 정점에 해당하는 부분이며, 이 영역에서 전체적으로 복사되는 에너지 양도 많다. 그리고 당연히 물체가 뜨거울수록 에너지가 많으므로 원자들이 고에너지 양자를 만들기가 더 수월하다. 따라서 정점은 높은 진동수 쪽으로 이동하게 된다. 색으로 따지자면, 빨강에서 주황을 거쳐 파란색 쪽으로 이동하는 것이다.

이렇게 성공적으로 흑체 복사 곡선을 설명했지만, 플랑크의 발표는 물리학을 하루아침에 바꾸지 못했다. 그래서 뭐가 어떻다는 것인지 아무도 이해하지 못했고, 사람들이 보기에는 그저 빈과 레일리의 연구를 깔끔하게 정리해 놓은 수준에 불과했다(진스의 개선은 그보다 조금 뒤에 이루어진다). 문제는 플랑크 자신도 이게 무슨 의미인지 잘 알지 못했다는 것이다. 세월이 흐르고 그는 이렇게 썼다. "이 모든 과정은 절망의 몸부림이라 할 수 있었다. … 그 어떤 비용을 치르더라도 이론적 해석을 찾아내야만 했다."[1] 그러나 말은 그

---

1   Mehra and Rechenberg, *The Historical Development of Quantum Theory*, vol. 1. 참고.

렇게 했어도, 플랑크는 에너지 양자가 물리적 실체라고 도저히 받아들일 수 없었다. 방정식은 전자기 복사 묶음이 $h\nu$만큼만 방출되거나 흡수될 수 있다고 말하지만, 그래도 복사 자체는 고전적 개념의 파동이라고 믿었다. 간단한 비유를 들자면 돈과 현금지급기의 관계를 생각해 보면 된다. 현금지급기로는 10,000원의 배수인 액수만큼 돈을 뽑을 수 있다. 이 10,000원을 '돈 성분'이라고 부를 수도 있다. 그러나 현금지급기 바깥세상에는 다양한 액수의 돈, 이를테면 12,500원 같은 돈도 존재한다.

플랑크는 마흔두 살에 뜻밖의 발견을 했고, 고정관념에 사로잡혀 다음 단계로 도약하지 못했다. 에너지 성분—오늘날 '양자'라고 부르는 것—이 실재이며 물리적 개체임을 받아들이기 위해, 즉 현금지급기 안이든 밖이든 돈은 10,000원 단위로만 존재하는 세상에 살고 있다는 걸 인정하기 위해서는 물리학에 대한 신선한 접근 방식을 가진 젊은 사람이 필요했다. 그 젊은이가 바로 알베르트 아인슈타인이었고, 그가 새로운 돌파구를 찾은 것은 스물여섯 살이던 1905년의 일이었다.

양자, 실재가 되다

아인슈타인은 플랑크가 획기적인 발견을 했던 1900년에 스위스 취리히 공과대학ETH을 졸업했다. 그러나 우수한 학생이라고 할 수는 없었다. 수업도 자주 빠지고 자기가 좋아하는 과목만 공부하는 경향이 있기 때문이었다. 그 결과 성적은 하위권이었고, ETH에서 박사학위를 받고 프리바트도젠트가 되겠다는 꿈도 이루지 못했다. 그래도 졸업 후 베른의 특허국에서 3급 기술심사관 자리를 얻었다. 이 직책은 훗날 아인슈타인의 직급으로 유명세를 탔다. 그곳에서 근무하던 아인슈타인은 슈뢰딩거가 빈 대학교에 입학하기 1년 전인 1905년에, 놀라운 과학 논문들을 발표했다. 거기에는 박사학위 논문, 특수 상대성 이론 논문, 그리고 아인슈타인 자신이 친구인 콘라트 하비히트에게 보낸 편지에서 "대단히 혁명적인" 논문이라고 소개한 논문이 있었다. '혁명적'이라는 수식어는 특수 상대성 이론에도 붙이지 않았던 말이었다. 이 혁명적인 논문은 복사와 원자 사이의 관계를 설명하며, 빛의 양자, 즉 광자가 실재임을 입증하는 내용이었다.

아인슈타인은 필리프 레나르트1862~1947의 연구에서 출발했다. 독일의 물리학자 레나르트는 1899년부터 수행한 여러 실험을 통해, 진공 중에 있는 금속 표면에 자외선을 쬐었을 때 금속에서 음극선이 방출되는 현상을 연구했다. 이 음극선은 전자라는 것이 밝혀졌는데, 당시에는 아직 음극선이라고 불렸다.

레나르트는 이른바 광전 효과photoelectric effect로 발생하는 전자의 에너지가 금속 표면에 쪼이는 빛의 밝기와 무관함을 발견했다. 전자의 에너지는 빛의 파장, 즉 진동수에 따라 결정되었다. 좀 이상한 일이었다. 희미한 빛은 밝은 빛보다 에너지가 적으니, 당연히 희미한 빛줄기가 만드는 전자는 에너지가 적어야 했다. 게다가 빛의 진동수가 도대체 전자의 에너지와 무슨 상관이 있단 말인가? 그 답은 아인슈타인이 알고 있었다. 아인슈타인은 플랑크가 이미 답을 주었음을 깨달았다. 플랑크의 계산 결과처럼 특정 진동수 v의 전자기 복사가 정말로 hv의 에너지를 갖는 입자들의 흐름이라면, 이 입자들(양자, 현재는 광자로 알려짐) 중 하나가 금속에 부딪쳐 전자를 떼어 낼 때도 같은 양의 에너지가 쓰일 것이다. 복사의 밝기를 낮추면 빛줄기의 전체 에너지는 줄겠지만, 이것은 광자의 개수가 줄었을 뿐이다. 특정 진동수의 광자 하나하나는 여전히 동일한 에너지를 갖고 있다. 따라서 금속에서 떨어져 나오는 전자의 개수는 적겠지만, 각각의 전자는 같은 양의 에너지 hv를 받는다. 아인슈타인의 말대로 "가장 간단한 설명은 빛 양자가 자신의 에너지 전체를 전자 하나에게 전달한다는 것이다." 각각의 광자가 나르는 에너지 양을 바꿀 유일한 방법은, 빛의 세기가 아니라 진동수를 바꾸는 것이다. 다시 아인슈타인의 말을 들어 보자. "이러한 가정에 따르면, 점광원에서 출발한 광선이 전파될 때 에너지는 끝없이 증가하는 공간에 연속적으로 분포하는 것이 아니라, 공간의 한 점에 국한된 유한한 개수의 에너지 양자로 구성된다. 이 에너지 양자는 쪼개짐 없이 움직이며 온전한 단위로만 흡수 또는 생성될 수 있다." 다시 말해, 인간의 눈이 어마어마하게 민감하다면, 저 멀리 놓인 광원을 바라

볼 때 연속적으로 희미하게 빛나는 빛이 아니라 펄스pulse처럼 번쩍거리는 빛과 완전한 어둠이 교차되는 형식의 빛을 보게 된다. 낱낱의 광자가 하나씩 눈에 도착하기 때문이다.

아인슈타인의 주장이 세상에 나오고 한 세기가 흘렀다. 그리고 오늘날의 천문학자들은 민감한 전자 검출기를 사용해 먼 천체에서 오는 빛을 '바로 이런 형태로' 보고 있다. 그들은 문자 그대로 하나씩 도착하는 낱낱의 광자들을 관측한다. 그러나 1905년에는 아인슈타인의 주장을 검증할 만큼 고도로 민감한 검출기가 없었다. 레나르트의 실험조차도 시사하는 바는 있었지만, 아인슈타인의 중요한 데이터 해석을 정당화할 만큼 정확하지는 않았다. 그러다 보니 불완전한 증거에서 그런 결론을 도출한 게 너무 멀리 간 것이라는 견해가 널리 퍼졌다. 영의 실험을 비롯한 여러 실험을 통해 빛이 파동처럼 행동한다는 증거가 여전히 설득력을 얻고 있었기 때문이다. 도대체 빛이 어떻게 파동이면서 동시에 입자일 수 있단 말인가?

아인슈타인의 터무니없는 설명을 보고 화가 치밀어서 그가 틀렸다는 것을 증명하기로 마음먹은 사람도 있었다. 시카고 대학교에서 연구하고 있던 미국의 실험 물리학자 로버트 밀리컨이었다. 그는 실험 기술이 탁월했고, 특히 전자의 전하량을 정확히 측정한 최초의 인물로 유명했다. 밀리컨은 다른 훌륭한 과학자들처럼 자신이 틀렸을 때는 기꺼이 인정하는 사람이었다. 몇 년간 이어진 연구 끝에 밀리컨은 방출된 전자의 에너지와 복사 진동수 사이의 관계가 정확히 아인슈타인의 예측과 일치한다고 결론 내렸다. 그러나 그도 이유는 알지 못했다. 1916년에 밀리컨은 이런 글을 남겼다. "아인슈타인 방정식은 빛을 쪼여 방출되는 전자의 에너지를 정확히 서술하지만, 방정식의 바탕이 되는 물리 이론은 전적으로 불합리하다." 그리고 다시 1949년에 《현대 물리학 리뷰 Reviews of Modern Physics》에 게재한 글에서 이렇게 썼다. "나는 아인슈타인의 1905년 방정식을 실험하느라 내 인생의 10년을 보냈다. 그리고 기대했던 바와는 달리, 불합리한 이론적 근거에도 불구하고 명백하게 검증되었다고 주장할 수밖에 없다."

그렇다 해도, 밀리컨은 아인슈타인의 '불합리한' 이론 때문에 진행한 실험을 통해 플랑크 상수를 정확히 측정했고 이로써 아인슈타인의 이론이 실제로 의미가 있다는 것을 입증했다. 결국, 측정할 수 있는 것은 당연히 실제로 존재하는 것이다. 밀리컨이 이 결과를 보고한 후 노벨 위원회가 1918년 플랑크에게, 1921년에는 아인슈타인에게 노벨 물리학상을 수여한 것은 우연이 아니다(1921년은 슈뢰딩거가 취리히 대학교 교수직을 수락한 해이기도 하다). 물론 밀리컨도 1923년에 노벨상을 받았다. 이제 양자와 양자물리학의 중요성은 더 이상 의심의 대상이 아니었고, 전자와 빛 그리고 원자 사이의 관계를 이해하는 문제는 양자역학의 영역으로 넘어갔다. 이 문제의 돌파구를 찾은 사람은 1922년, 아인슈타인과 밀리컨 사이에 노벨상을 받은 덴마크의 닐스 보어1885~1962였다.

원자 속으로

아직도 원자의 실재를 의심하는 물리학자들이 있었지만, 한편에는 물질 세상에서 가장 작은 성분을 발견하기 위해 원자 쪼개기에 착수한 학자들도 있었다. 실질적인 출발점은 1896년 파리에서 앙리 베크렐Henri Becquerel, 1852~1908이 방사능을 발견했을 때였다. 그는 우라늄에서 뭔가 알 수 없는 것이 방출되고, 이 물질이 사진 건판을 뿌옇게 만든다는 사실을 발견했다. 사진 건판은 검은 종이를 두 겹으로 싸서 빛 투과가 불가능한 상태였다. 이 미지의 물질은 방사성 물질이었고, 다른 방사성 물질도 뒤따라 곧 발견되었다. 베크렐의 발견이 알려지고 1년 후에 J. J. 톰슨은 런던의 왕립학회 강연에서, 진공관 안에 도선을 넣고 전류를 흘리면 도선에서 복사가 방출되는데, 이 복사는 전기적으로 대전된 입자의 흐름이라고 발표했다. 이 입자가 바로 전자다. 방사능 실험 연구는 소르본 대학교 소속 마리 퀴리1867~1934와 피에르 퀴리Pierre Curies, 1859~1906 부부에 의해 빠르게 진행되었다. 그러나 방사능을 처음으로 인지하고 활용해 원자의 내부 구조를 탐색한 사람은 뉴질랜드에서 태어나 캐나다와 영국에서 활동한 물리학자 어니스트 러더퍼드1871~1937였다.

러더퍼드는 1895년 영국에 도착해 한동안 케임브리지 캐번디시 연구소의 톰슨 밑에서 연구했다. 톰슨의 영향을 받아 원자물리학에 흥미를 느꼈고, 얼마 지나지 않아 방사능에는 두 종류가 있음을 알아냈다. 하나는 양으로 대전된 입자의 흐름이었는데, 러더퍼드는 이를 알파 복사라고 불렀다. 또 하나는 음으로 대전된 입자의 흐름으로, 이것은 베타 복사라고 불렀다. 음전하를 띤 입자 흐름은 실은 빠르게 이동하는 전자임이 곧 밝혀졌지만 베타 복사라는 이름은 그대로 굳어졌다. 1900년에 확인된 세 번째 유형의 복사는 자연스럽게 감마 복사라는 이름을 얻었다. 감마선은 전하가 없는 전자기 복사의 한 형태로서, 기본적으로는 에너지가 매우 높은 엑스선이다.

감마 복사를 발견했을 즈음, 러더퍼드는 몬트리올의 맥길 대학교로 이직해 영국의 화학자 프레더릭 소디Frederick Soddy, 1877~1956와 함께 연구했다. 두 사람은 하나의 원소가 방사성 과정을 겪고 나면 다른 원소로 변환된다는 사실을 발견했다. 이 과정을 '붕괴decay'라고 하는데, 과정이 진행되는 시간은 물질마다 다르다. 물질의 고유한 특징인 이 시간 척도는 '반감기'로 측정한다. 방사성 원소는 1반감기 동안 시료의 절반(원자 절반)이 알파 또는 베타 복사를 방출하면서 다른 원소로 붕괴한다. 퀴리 부부가 발견한 방사성 원소 라듐을 예로 들면, 라듐의 반감기는 1600년이고, 각각의 라듐 원자는 알파 입자를 방출하고 붕괴해서 라돈을 생성한다. 한편 알파 입자는 헬륨 원자였던 것으로 판명되었다. 헬륨은 두 번째로 가벼운 원소이며, 헬륨 원자에서 전자 두 개가 제거되면 2단위의 양전하를 띤다. 알파 입자의 질량은 전자보다 7000배 이상 무겁고, 대체로 수소 원자 네 개의 질량과 비슷하다. 아직 알파 입자의 정체도, 우라늄이나 라듐 같은 방사성 원소에서 알파 입자가 고속으로 분사되는 원리도 밝혀지지 않았지만, 러더퍼드는 알파 입자를 이용해 원자 구조 탐색에 나섰다.

러더퍼드는 다시 영국으로 돌아와서 1907년에 맨체스터 대학교 물리학 교수가 되었고, 1908년에는 원소 변환 과정 연구로 노벨상을 받게 된다. 노벨 위원회는 이 연구 내용을 화학의 한 분야로 보았으므로 그가 받은 상은 노벨 화학상이었다. 그러나 러더퍼드는 스스로를 물리학자로 여겼고, 이런 유명한 말을 남겼다. "과학은 결국 물리학이거나 아니면 우표 수집일 뿐이다." 노벨상을 받은 이듬해 러더퍼드는 원자 구조를 알아내기 위한 새로운 실험 하나를 고안했다. 실제 실험은 후배 교수인 한스 가이거Hans Geiger, 1882~1945와 어니스트 마스든Ernest Marsden, 1889~1970이 수행했는데, 이 실험을 통해 그동안 베일에 가려졌던 원자 구조를 최초로 엿볼 수 있었다.

가이거와 마스든은 방사성 물질에서 방출되는 알파 입자를 얇은 금속 포일에 퍼부었다. 그리고 가이거와 러더퍼드가 고안한 검출기(그 유명한 가이거 계수기의 전신)를 써서 금속에 맞은 후 알파 입자가 어디로 가는지 추적했다. 그 결과는 놀라웠다. 대부분의 알파 입자는 포일이 아예 없는 것처럼 곧바로 포일을 뚫고 지나갔지만, 일부는 마치 벽에 부딪힌 공처럼 큰 각도로 꺾여 되돌아왔다. 러더퍼드는 이 현상을 다음과 같이 설명했다. 원자의 가운데에는 작은 알맹이가 있고(이후 원자핵으로 명명됨), 이 알맹이는 양전하를 띠고 있다(그래서 양전하를 띤 알파 입자를 밀어낸 것이다). 원자핵은 원자 질량의 대부분을 차지하며, 그 주위는 전자구름이 에워싸고 있다. 전자구름은 원자 내 공간 대부분을 차지하지만 질량은 아주 적다. 그래서 알파 입자는 거의 아무런 방해도 받지 않고 전자들을 지나갈 수 있다. 그러나 어쩌다가 핵에 부딪히거나 핵 근처로 지나가면 전기적 반발력으로 인해 경로가 심하게 꺾이는 것이다. 러더퍼드는 알파 입자가 꺾이는 각도를 측정해 통계적으로 해석한 후 핵의 상대적인 크기까지 계산해 냈다. 원자의 지름은 대체로 약 10^{-8}센티미터였고(1센티미터의 1억분의 1), 핵의 지름은 약 10^{-13}센티미터였다(원자 지름의 10만분의 1).

    러더퍼드는 1911년에 이러한 원자핵 모형을 발표했지만, '핵'이라는 용어는 1년 후에야 도입했다. 러더퍼드의 모형은 알파 입자(실제로는 헬륨 원자핵)가 원자를 만나 경로가 꺾이는 방식을 깔끔하게 설명했다. 그러나 이 모형에는 큰 문제가 하나 도사리고 있었다. 전자는 음전하를 띠고 원자핵은 양전하를 띤다. 그리고 반대 전하끼리는 서로를 끌어당긴다. 그런데 왜 전자는 모두 원자핵으로 끌려 들어가지 않는가? 이 문제를 파고들던 러더퍼드 연구팀에게 뜻밖의 큰 행운이 찾아왔다. 때마침 덴마크의 물리학자 닐스 보어가 몇 개월 일정으로 맨체스터를 방문 중이었던 것이다. 닐스 보어는 이 문제를 해결하며 가장 영향력 있는 양자 이론 창시자 중 하나가 되었다.

빛과 함께 춤을

빛과 물질의 관계에는 또 다른 퍼즐이 있었다. 이 문제는 19세기 초 토머스 영이 빛의 파동 모형을 주장하던 때로 거슬러 올라간다. 영의 친구였던 윌리엄 울러스턴은 순도 높은 플래티넘 생산 기술을 고안해 큰돈을 벌었고, 독립 연구자로서 과학에 대한 열정을 불태웠다. 그는 빛의 파동 모형을 열렬히 지지했으며, 태양 빛을 프리즘으로 분산시켜 얻은 스펙트럼을 현미경으로 관찰하면 검은 선이 보인다는 것을 최초로 발견하기도 했다. 이 검은 선은 독일의 물리학자 요제프 폰 프라운호퍼 Josef von Fraunhofer, 1787~1826가 좀 더 자세히 연구했다. 그는 '프리즘 분광계'를 개선해 보다 정교하게 만들었는데, 이것이 분광기의 전신이다. 프라운호퍼는 1810년대에 이 도구를 사용해 태양광 스펙트럼을 연구했다. 오늘날, 스펙트럼 안의 검은 선들을 프라운호퍼선이라고 한다. 그런데 이 프라운호퍼선이 생기는 이유는 무엇일까?

    1830년대에 프라운호퍼, 로베르트 분젠 Robert Bunsen, 1811~1999, 로

베르트 키르히호프를 비롯한 여러 연구자들은 각자 실험을 통해 각각의 원소가 저마다의 검은 선 패턴을 만들어 낸다는 사실을 확인했다. 각각의 검은 선은 빛의 특정 진동수(또는 빛의 색)에 해당하며, 원소는 뜨거워지면 특정 진동수의 빛을 방출하고 차가워지면 그 진동수에 해당하는 빛을 흡수한다. 따라서 원소가 만드는 검은 선 패턴은 지문이나 바코드처럼 원소 고유의 특징으로 뚜렷이 구분된다. 예를 들어 나트륨이 뜨거워지면 스펙트럼 중 노랑과 주황에 해당하는 특정 진동수의 빛을 방출한다. 나트륨 가로등에는 나트륨 성분이 포함된 기체가 들어 있어 주황빛으로 보이는 것이다. 그러나 나트륨 성분이 포함된 차가운 기체에 빛을 통과시키면, 나트륨이 노랑과 주황색 빛을 흡수한다.

이런 스펙트럼 패턴을 분석하는 학문을 분광학이라고 한다. 화학자들은 이 검은 선이 어떻게 만들어지는지는 알 수 없었지만, 여러 가지 물질의 구성을 분석할 때 분광학이 대단히 유용하다는 사실을 깨달았다. 태양 스펙트럼에서 보이는 검은 선은 결국 상대적으로 차가운 태양 대기에 다양한 원소가 들어 있다는 의미였다. 태양 대기보다 훨씬 뜨거운 아래 표면에서 발생한 빛이 대기를 통과할 때 이 원소들이 특정 진동수의 빛을 흡수해 스펙트럼에 검은 선이 생기기 때문이다. 즉, 각각의 검은 선은 원소 하나하나에 해당한다. 분광학 분야에서 이룬 최고의 업적은 영국의 천문학자 조지프 로키어 Joseph Lockyer, 1836~1920가 세웠다. 그는 태양 스펙트럼을 관측하다가 발견한 검은 선이 지금까지 알려진 어떤 원소와도 일치하지 않는다는 사실을 바탕으로, 이 선은 결국 '새로운' 원소의 존재를 뜻한다고 추론했다. 그는 이 원소를 헬륨(그리스 태양신 헬리오스에서 따온 이름-옮긴이)이라고 불렀다. 로키어가 이런 결론에 도달하고 거의 30년이 흐른 1895년에야 지구에서 헬륨이 발견되었다.

보어는 천재성을 발휘해 분광학의 미스터리를 풀고, 플랑크가 (또는 아인슈타인이) 발견한 양자의 기원을 밝히고, 원자가 붕괴하지 않는 이유를 설명했는데, 이 모든 걸 깔끔하게 하나의 이론으로 해결했다. 이후 물리학은 예전과 같을 수 없었다.

보어는 맨체스터를 처음 방문했을 때(그는 1914년과 1916년 사이에 장기 체류 목적으로 다시 맨체스터를 찾았다) 새로운 원자 모형을 구상하기 시작해, 1912년 코펜하겐으로 돌아와서 완성했다. 훗날 '보어의 원자 모형'으로 알려지게 되는 이 새 원자 모형은 1년 후에 발표되었다(이때는 슈뢰딩거가 펠리시에 크라우스와 결혼하기 위해 물리학을 포기할지 말지를 진지하게 고민하던 시기였다). 이 모형은 보어가 문제에 접근하는 방식의 정수를 보여 준다. 그것은 물리학의 여러 분야에서 나온 다양한 아이디어들을 패치워크처럼 이어서 하나의 완성된 모형을 만드는 방식이다. 어쩌면 이 다양한 아이디어 조각들은 처음엔 서로 잘 들어맞지 않는 것처럼 보일 수도 있다. 하지만 그것들을 모두 조합하면 모형의 대략적인 모습을 그릴 수 있고, 그러고 나면 자신이(혹은 다른 사람이) 더 잘 들어맞도록 조각들을 조정해 (바라건대) 더 나은 무언가를 만들 수도 있을 것이었다.

보어의 패치워크에서 첫 번째 조각은 고전물리학에서 나왔다. 보어는 행성들이 태양 주위를 공전하는 방식과 비슷하게 전자들이 중심 원자핵 주위를 '궤도'를 그리며 공전한다는 가정을 세워 러더퍼드의 원자 구조를 설명했다. 고전물리학(맥스웰 방정식)에 따르면, 전기적으로 대전된 입자가 그런 식으로 궤도를 따라 움직이면 전자기 에너지를 꾸준히 방출해야 하며, 그 결과 에너지를 잃은 전자는 나선을 그리며 핵으로 낙하해야 한다. 하지만 보어는 일단 이 법칙을 무시하고, 패치워크를 이을 다음 조각으로 양자물리학을 선택했다. 그는 전자가 일정한 덩어리로만(즉 플랑크의 양자로만) 에너지를 방출하거나 흡수할 수 있다고 제안했다. 그러니까 전자는 매끄러운 나선을 그리며 핵으로 낙하하는 것이 아니라, 핵을 중심으로 바깥쪽 또는 안쪽으로 정해진 거리 $h\nu$만큼씩만 점프할 수 있다. 전자의 궤도도 특정한 양의 에너지에 해당하는 특정 궤도만 허용된다. 전자는 이러한 궤도 사이를 오갈 수 있으며, 에너지 양자를 방출하면 안쪽으로, 에너지 양자를 흡수하면 바깥쪽으로 도약한다 (허용되는 에너지 준위에 관한 규칙은 처음에는 경험적으로 찾았으며, 각 준위는 숫자로 표시했는데 이 수가 '양자수'다). 이것은 마치 지구가 갑자기 금성 궤도로 도약하거나 바깥쪽 화성 궤도로 도약하면서 그 사이 공간을 전혀 거치지 않는다는 것과 같은 얘기다. 훗날 슈뢰딩거가 양자역학에서 가장 못마땅해했던 부분이기도 하다. 그러나 이런 얘기들을 다 받아들인다 해도, 왜 원자 안의 전자들은 모두 다 가장 아래쪽 궤도로 도약해 내려가지 않는 것일까? 보어는 그 이유를 이렇게 설명했다. 마술사가 모자에서 토끼를 한없이 꺼낼 수 없는 것과 같은 원리로, 안쪽 궤도가 이미 꽉 찼기 때문이다! 각각의 궤도에는 점유할 수 있는 전자의 개수 제한이 반드시 있을 것이고, 한 궤도가 그 제한에 도달하면 전자는 핵에서 더 멀리 있는 다른 궤도로 넘어가야 한다는 것이다.

이 아이디어는 너무나 엉뚱해서 그냥 웃음거리가 될 수도 있었다. 그러나 보어는 소매에 에이스를 감추고 있었다. 아니, 한 쌍의 에이스 카드라고 해야겠다. 첫 번째 카드는 스스로 원치 않았던 양자역학의 선구자 자리에 오른 슈뢰딩거와는 크게 관련이 없으므로, 이 책에서는 자세히 다루지 않겠다(이 내용은 나의 책 『슈뢰딩거의 고양이를 찾아서』에 자세히 설명해 놓았다). 간단히만 말하면, 보어의 원자 모형은 원자가 왜 특정한 방식의 '결합'을 통해서만 분자가 될 수 있는지를 합리적으로 설명한 최초의 이론이다. 예를 들어, 물 분자는 왜 산소 원자 한 개와 수소 원자 두 개가 결합해야만 이루어지는지, 왜 우리는 하나의 수소 원자에 두 개의 산소 원자가 결합한 분자를 절대로 발견할 수 없는지를 설명한 것이다. 이로써 화학은 물리학의 한 분야가 되었다. 보어의 모형은 이후 개선된 화학 모형으로 대체되었지만, 그렇다고 해서 보어의 모형이 덜 중요해졌다는 얘기는 아니다. 이는 마치 뉴턴의 중력 이론이 아인슈타인의 상대성 이론으로 대체되었지만 여전히 강력한 이론인 것과 마찬가지다.

두 번째 에이스는 우리의 이야기와 직접적인 관련이 있다. 보어 모형에 플랑크의 복사 방정식에서 얻은 적절한 수를 대입하면, 에너지 준위 사이를 도약하는 전자가 생성하는 스펙트럼의 선들을 예측할 수 있다. 이 예측은 가장 간단한 원소인 수소에서는 잘 맞았다. (더 무거운 원소를 대상으로 이론적 스펙트럼을 알아내려면 계산이 어마어마하게 복잡했다.) 실제로 관측되지 않은 엉뚱한 선들도 예측했지만, 이것은 상대적으로 미미한 문제였고 나중에 깔끔히 정리될 수 있었다. 패치워크 작업의 특성상 다소 모호한 부분이 있긴 했지만, 보어의 원자 모형은 스펙트럼 선의 원리와 함께 함께 러더퍼드 연구팀의 관측 내용을 최초로 설명하는 성과를 거두었다. 제1차 세계대전 때문에 이론물리학의 발전이 더뎌지긴 했지만, 보어의 아이디어는 여러 사람의 손을 거치며 꾸준히 수정되었고, 특히 1916년 일반 상대성 이론이라는 걸작을 완성한 후 이 문제에 뛰어든 아인슈타인에 의해 크게 개선되었다.

다시, 아인슈타인

보어의 원자 모형도 원래는 플랑크의 흑체 복사 방정식처럼 전자기 복사가 불연속적인 덩어리(양자) 형태로만 존재할 수 있다는 것인지, 아니면 그저 현금인출기의 돈처럼 불연속적인 덩어리로 방출하고 흡수한다는 것인지는 설명하지 않았다. 그렇다면 보어 모형과 플랑크 방정식은 정확히 어떤 관계가 있는 걸까? 이 답을 찾고 그 이상을 알아낸 사람은 아인슈타인이었다.

수소 원자를 대상으로 하는 계산은 아주 간단하다. 수소 원자는 양전하를 띤 핵이 하나, 그 주위 '궤도'에 올라가 있는, 음전하를 띤 전자도 딱 한 개다. 수소의 전자는 허용된 에너지 준위들 사이를 도약한다. 비유하자면 공이 계단 아래위로 통통 튀며 이동하는 것과 얼추 비슷하다. 그런데 만약, 공이 담긴 상자를 계단 위에서 쏟아 공들이 한꺼번에 이리저리 튀는 상황처럼, 원자 주위의 에너지 준위가 훨씬 더 많고 그 사이를 도약하는 전자의 개수도 더 많아진다면 어떨까? 아인슈타인은 이 복잡한 상황을 수학적으로 서술할 방법을 찾아냈다. 광자의 실재를 선도적으로 지지하는 사람으로서, 그는 전자가 높은 에너지 준위에서 낮은 에너지 준위로 떨어질 때 두 준위의 에너지 차와 정확히 같은 에너지를 갖는 광자가 방출된다고 주장했다. 이때 광자의 진동수는 플랑크 공식으로 구한 빛의 진동수와 일치하며, 원자가 광자를 흡수하면 원자의 전자 중 하나가 높은 에너지 준위로 도약한다고 말이다. 하지만 원자가 해당 진동수의 복사를(또는 광자를) 흡수하려면 에너지 준위의 차이가 정확히 그 진동수와 일치하는 두 에너지 준위가 있어야만 가능하다. 아인슈타인은 통계를 바탕으로 이 과정을 설명했다. 그는 특정 양자

수 집합을 갖는 원자가 더 낮은 에너지 상태로 '붕괴'해 그에 해당하는 다른 양자수 집합을 갖게 되고, 그 과정에서 광자를 방출할 확률을 표준 통계 기법을 써서 계산했다. 그리고 이러한 광자 방출의 기여도를 모두 합산해 뜨거운 물체 안에 있는 수많은 원자에서 나오는 전체적인 복사를 계산할 수 있었다. 그 결과는 바로 흑체 복사 곡선에 대한 플랑크의 방정식이었다.

이 발견으로 보어의 원자 모형은 공식적으로 인정받았고, 마침내 첫 번째 양자 혁명이 완성되었다. 그러나 여기에는 시한폭탄이 숨어 있었다. 전체 구조는 확률 위에 놓여 있었다. 아인슈타인은 특정한 원자가(또는 다른 양자 물체가) 다음에 무엇을 할지 절대로 확실하게 계산할 수 없다는 발상을 양자물리학에 도입했다. 예를 들어, 특정 양자수 집합을 가진 특정 유형의 원자가 앞으로 10분 안에 특정 진동수의 광자를 방출할 확률이 3분의 1이라고 말할 수 있다. 그러나 이 붕괴는 앞으로 며칠, 또는 몇 년이 지나도록 일어나지 않을 수도 있다. 그래도 계산이 성립하는 이유는 무수히 많은 원자가 관련되어 있기 때문이다. 이런 원자가 100만 개 있다면 앞으로 10분 내로 거의 정확히 33만 3333개의 원자가 붕괴할 것이라고 확신할 수 있다. 그러나 어떤 원자가 붕괴하고 어떤 원자는 붕괴하지 않는지 예측할 방법은 없다. 이런 확률과 불확실성은 1920년대에 일어난 2차 양자 혁명의 핵심이 되었고, 슈뢰딩거와 (아이러니하게도) 아인슈타인은 이 이야기 전반에 대해 진지하게 의구심을 품었다.

아인슈타인은 심지어 복사의 양자 이론을 획기적으로 설명해 낸 자신의 논문에서 이 같은 통계적 아이디어를 "이론의 약점"이라고 소개하며, "기본 과정의 시간과 방향을 우연에" 맡겨야 한다는 점에서 우려를 표했다. 그러나 현대의 양자물리와 구분해 '옛 양자물리학'으로 불리는 이 이론은 역사 속으로 사라지기 전에 한두 가지는 더 기여할 내용이 있었다. 그리고 아인슈타인도 아직은 보탤 힘이 남아 있었다.

아인슈타인이 1917년에 발표한 논문에는 복사의 양자 이론과 함께, 원자를 자극해 복사를 방출하도록 하는 과정도 설명되어 있다. 많은 수의 원자가 결정 구조 안에서 높은 에너지 상태로 있다고 하자. 다시 말해 각각의 원자에서 전자 하나가 특정한 높은 계단에(높은 에너지 준위에) 앉아 있다. 그렇다면 전자를 '콕 찔러' 낮은 에너지 상태로의 붕괴를 유도하는 것도 가능하다. 전자를 콕 찌를 수 있는 가장 효율적인 방법은 전자가 도약해야 하는 에너지 준위와의 차와 정확히 같은 에너지를 가진 광자로 원자를 자극해서 일종의 공명을 일으키는 것이다. 이런 자극을 받을 원자들이 충분히 많다면, 광자 자체에는 아무 변화도 없이 단 하나의 광자로 원자 한 개를 붕괴시키고, 그 원자가 다음 원자 쌍을 자극하고, 이런 식으로 네 개, 여덟 개, 열여섯 개… 이렇게 지수함수적으로 개수가 늘게 된다. 그 결과 최초의 자극제였던 광자와 정확히 같은 진동수(색)를 갖는 순수한 복사의 강력한 빛줄기가 만들어진다. 수십 년 후, 이 '유도 방출에 의한 빛 증폭light amplification by stimulated emission of radiation' 아이디어는 현실이 되었고, 오늘날에는 줄여서 레이저laser로 부르고 있다. 레이저는 순수 양자물리학이 실용화된 기술이다.

아인슈타인의 논문에는 생각해 볼 여지가 더 있었다. 일상생활에서 움직이는 입자는 에너지와 운동량을 모두 지닌다. 운동량은 움직이는 물체가 다른 물체와 접촉할 때 전달하는 충격의 척도이며, 물체의 질량과 속도 모두와 관련이 있다. 따라서 가벼운 물체가 매우 빠르게 날아가 부딪치면 무거운 물체가 느리게 움직일 때와 같은 양의 충격을 줄 수 있다. 만일 광자가 에너지를 나르는 실제 입자라면 광자도 운동량을 가져야 한다. 아인슈타인은, 광자는 언제나 빛의 속도 c로 이동하는 특수한 경우이긴 하지만, 에너지가 E인 광자가 E를 c로 나눈 값의 운동량을 갖는다고 하면, 원자와 복사 사이의 상호작용을 서술한 자신의 수학과 흑체 복사 곡선을 서술하는 플랑크의 수학이 서로 일치함을 보였다.

이것은 굉장히 드라마틱한 주장이었고, 실험 물리학자들은 아인슈타인의 예측을 검증하겠다며 너도나도 달려들었다. 검증에 성공한 사람은 미국의 물리학자 아서 콤프턴1892~1962이었다. 그는 1922년 말 수행한(결과는 1923년에 발표) 이른바 '산란' 실험에서 엑스선 광자로부터 전자로 전달되는 운동량을 측정했다. 그리고 1927년에 '콤프턴 효과'로 불리게 된 이 연구로 노벨상을 받았다. 이 상을 받을 만한 자격은 충분했다. 콤프턴 효과는 광자의 실재에 대한 결정적인 증거였고, 아원자 세상을 정확히 서술함으로써 양자물리학이 옳다는 것을 분명하게 입증했기 때문이다.

그러나 이 모든 내용 안에 2차 양자 혁명을 일으키게 되는 미스터리 하나가 묻혀 있었다. 그리고 이 미스터리는 슈뢰딩거가 남긴 걸작에 영감으로 작용했다. 플랑크는 방정식 $E=h\nu$에서 광자의 에너지가 진동수와 관련이 있음을 보였다. 아인슈타인은 광자의 운동량 p와 에너지 사이의 관계를 방정식 $p=E/c$로 표현했다. 따라서 $p=h\nu/c$이다. 이전까지 순수하게 입자의 성질로 알려져 있던 운동량과, 이전까지 순수하게 파동의 성질로만 여겨졌던 진동수 사이에 비례 관계가 성립하는 것이다. 이게 도대체 어떻게 된 일일까? 이것이 슈뢰딩거가 취리히에 도착했을 무렵 과학계의 뜨거운 이슈였다. 슈뢰딩거는 취리히에서 특별할 것은 없지만 성실한 과학자로 서서히 입지를 다져 나갔다.

5장 스위스에서의 평온한 생활

슈뢰딩거는 1921년 가을 취리히에 도착해, 존경받는 나라의 존경받는 대학에서 존경받는 교수가 되기 위한 첫발을 내디뎠다. 슈뢰딩거가 2차 양자 혁명을 성공적으로 완성할 돌파구를 찾아낸 것은 그로부터 5년 후였다. 그 사이에 그의 모습을 보면 5년 후의 성공은 전혀 예상조차 할 수 없었다.

   1920년대의 취리히는 과학계의 변두리라 할 정도는 아니었지만, 두 곳의 고등교육 기관이 있었음에도 훌륭한 연구 중심지가 되지는 못했다. 취리히는 호수와 강을 끼고 있는 데다 무역로가 남북과 동서로 교차하고 있어 로마 시대 이전부터 사람들이 정착해 살았고, 기원후 1000년 무렵에는 무역, 정치, 종교의 중심이 되었다. 1218년에는 자유 도시의 지위를 얻었고, 1351년에는 스위스 연방에 합류해 각종 전쟁과 고난에 시달렸다. 마침내 1648년 스위스는 합스부르크 제국으로부터 독립했다. 취리히는 그보다 한 세기 전에 종교 개혁의 중심지가 되면서 박해를 피해 다른 나라에서 넘어온 개신교도들에게 안전한 피난처가 되어 주었다. 그러면서 자연스럽게 18세기 독일어권 세계에서 문화와 지성이 부흥하는 대도시로 거듭났다. 현대 국가로서 스위스는 1798년 프랑스의 침략 시기부터 시작되었으며, 스위스 헌법은 19세기에 여러 차례 개정을 거치며 발전했다.

취리히 대학교와 ETH

취리히 대학교는 1833년에 설립되었다. 물리학 교육은 좋은 토대에서 출발했지만 제대로 된 연구는 거의 이루어지지 않았다. 그러다 1857년 루돌프 클라우지우스 1822-1888가 교수로 부임하면서 분위기가 바뀌었다. 그는 1855년부터 당시 신생이던 취리히 연방 공과대학교(폴리테크니쿰)의 교수로 있었기 때문에 새 부임지를 위해 먼 길을 이동할 필요도 없었다. 사실상 그는 취리히 대학교의 교수직과 폴리테크니쿰의 교수직을 겸임하고 있었는데, 이는 이 두 기관 사이의 밀접한 연관성을 보여 주는 전형적인 사례였다.

폴리테크니쿰의 배경은 흥미롭다. 1790년대에 수립된 원래 계획은 프랑스 파리의 에콜 폴리테크니크와 같은 기술 연구소 설립이었다. 그러나 기관이 세워질 무렵이던 1855년에 보니 독일의 기술 공과대학 technische Hochschule과 더 유사했다. 이 유사성은 공식 명칭인 스위스 연방 공과대학Eidgenössiche Technische Hochschule, ETH에 잘 드러나 있다. 한 도시 안에 ETH와 취리히 대학교가 모두 존재하는 이유는 스위스 연방이라는 구조 때문이다. ETH는 연방 기관이니 스위스에서 가장 큰 도시에 세워져야 했고, 그 도시가 취리히였다. 그리고 취리히 대학교는 주 의회가 운영하는 주립 기관이라 취리히주의 주도인 취리히에 세워진 것이다. 그래서 현대인들에게는 '대학교'라는 이름이 더 고급스럽게 여겨질 수 있겠으나, 둘 중에서 ETH가 더 명문 대접을 받았다. 설립 이후 50년 동안 물리학을 선도하는 연구 기관으로 자리를 잡은 것도 취리히 대학교보다는 ETH 쪽이었다. 취리히 대학교가 유일하게 물리학 분야에서 우수한 성과를 거두었던 시기는 클라우지우스가 두 기관의 교수직을 겸임했던 1857년에서 1867년 사이였다.

클라우지우스는 ETH에 오기 전 베를린에서 공부했다. 그는 가만히 두었을 때 열이 저절로 차가운 물체에서 뜨거운 물체로 흐를 수 없다는 자연의 기본 법칙을 알아내면서 유명해졌다. 1850년에 발표한 논문에서 설명한 대로 좀 더 전문적으로 표현하자면, "다른 물체에 순 변화를 일으키지 않으면서 순환 과정을 통해 차가운 물체에서 보다 따뜻한 물체로 열을 전달하는 것은 불가능하다." 이 내용은 결국 열역학 제2법칙을 가장 단순하게 표현한 것이다. 무질서의 정확한 척도로서 수학적 개념인 '엔트로피'를 물리학에 최초로 도입한 사람도 클라우지우스였다. 하지만 클라우지우스는

1867년에 취리히를 떠나 뷔르츠부르크로, 그다음은 본으로 옮겨 갔고, 취리히의 물리학은 시들해졌다.

그러나 수학은, 적어도 ETH에서만큼은 활발했다. 1896년에는 ETH의 가장 유명한 학생인 알베르트 아인슈타인이 입학해 과학 고등 교사 양성 과정을 수강했다. 그를 가르친 스승 중에는 헤르만 민코프스키Hermann Minkowski, 1864~1909가 있었다. 민코프스키는 처음에는 젊은 알베르트를 보고 "수학에는 전혀 관심 없는 게으른 개"라고 평가했지만 곧 제자의 진가를 알아보았고, 1908년에는 3년 전 발표된 아인슈타인의 특수 상대성 이론을 사차원 '시공간'의 기하로 설명하는 영민한 아이디어를 고안해 냈다. 민코프스키의 기하화幾何化 연구는 특수 상대성 이론을 널리 알리는 주요한 계기가 되었고, 이후에는 일반 상대성 이론의 이해를 돕는 강력한 도구가 되었다. 민코프스키가 이 아이디어를 발표하고 1년 후, 아인슈타인은 취리히 대학교 부교수로서 학계에 첫발을 들였다. 이로써 취리히 대학교 물리학과는 다시 발전할 기회를 맞이했지만, 두 번째로 찾아온 이 기회는 첫 번째보다도 더 짧게 끝나게 된다.

아인슈타인의 명성이 점점 더 높아지면서 그와 물리학을 토론하기 위해 저명한 방문객들이 취리히로 몰려들었다. 당시 비열에 양자 이론을 적용하는 문제에 관심이 있었던 아인슈타인은 1911년 가을 브뤼셀 학회의 초청을 받아 관련 논문을 발표했다. 그러나 논문을 발표할 즈음 아인슈타인은 취리히에서 프라하로 옮겨 가고, 아인슈타인의 뒤를 이어 피터 디바이1884-1966가 갓 부임한 상태였다. 디바이는 훌륭한 물리학자였고 원자 이론과 양자 이론에서 중요한 연구를 수행했지만, 취리히에서 딱 1년을 지낸 후 위트레흐트로 갔다. 취리히 대학교의 교수직은 막스 폰 라우에[1]에게 넘어갔다. 당시 폰 라우에는 명성이 높은 성공한 과학자였다. 1912년 봄에는 엑스선을 이용해 결정 구조를 조사한다는 아이디어를 제안했고, 같은 해에 실험에 성공했다. 그러나 폰 라우에는 취리히가 붙잡기에는 지나치게 거물이었다. 그는 1914년 여름 프랑크푸르트 암마인으로 자리를 옮겼으며, 몇 달 후 노벨상을 받았다.

한편 아인슈타인은 1912년에 ETH의 특임교수직을 수락하고 취리히로 돌아왔다. 특임교수는 일반 강의 의무는 면제되고 우수한 학생들을 대상으로 강의와 세미나를 제공할 의무가 있었다. ETH에서 교수로 재직하는 동안 아인슈타인은 통계역학 연구와 함께 중력 이론 개발에 깊이 몰두했다. 중력 이론은 훗날 일반 상대성 이론이 될 터였다. 그러나 1914년에 다시 새로운 유혹이 찾아왔다. 일류 대학인 베를린 대학교가 교수직을 제안한 것이다. 이곳은 보수도 좋고 강의 의무도 전혀 없었다. 아인슈타인은 베를린에 머무는 2년 동안 연구를 완성할 수 있었다.

이러저러한 일을 겪다 보니 취리히에는 번듯한 이론물리학 전

---

[1] 엄밀히 따지면 그는 1913년이 되어서야 아버지가 귀족 작위를 받으면서 '폰' 라우에가 되었다.

문가가 남아 있지 않았다. 제1차 세계대전이 시작되면서 국가 간 이동이 다소 어려워지긴 했지만, 스위스는 중립국이었는데도 이후 10년간 상황은 개선되지 않았다. 그나마 교육은 두 명의 젊은 프리바트도젠트 덕분에 어찌어찌 돌아갔다. 대학의 시몬 라트노프스키 그리고 ETH의 미에치스와프 볼프케는 대학 교육의 조종간을 잡고 이끌면서, 최신 양자 이론을 물리학 커리큘럼에 포함시키며 강의 내용을 계속 개선해 나갔다. 그러나 그들의 연구는 확실히 일류는 아니었고, 노벨상 위원회의 관심을 끌기에도 역부족이었다. 그렇게 10년이 흐르면서 라트노프스키와 볼프케의 연구는 동료들의 성과에 가려지기 시작했다. 특히 1919년 뮌헨에서 취리히로 넘어온 양자 이론학자 파울 엡스타인[1883~1966]과 1913년부터 ETH에 재직하면서 1918년 상대성 이론을 해설한 걸작 『공간·시간·물질』을 출간하며 명성을 쌓은 헤르만 바일[1885~1955]의 약진이 두드러졌다. 1920년에는 피터 디바이가 ETH 물리 연구소 소장으로 취리히에 돌아왔고, 볼프케는 그 이듬해 고향인 폴란드 바르샤바로 돌아가 자리를 잡았다. 그러다 보니, 폰 라우에가 떠난 후 10년 가까이 공석이던 취리히 대학교 이론물리학 교수 자리는 라트노프스키나 엡스타인이 차지할 게 거의 확실시되었다. 그러나 놀랍게도, 이 자리를 차지한 사람은 상대적으로 덜 알려졌던 외부인 에르빈 슈뢰딩거였다.

사실 타당한 결정이었다. 앞서도 잠깐 언급했듯이, 교수 임용 위원회에서는 폰 라우에를 다시 데려오고 싶었지만 보수를 맞춰 줄 수 없었고, 엡스타인은 1921년 3월 레이던으로 가게 되어 지원을 포기했다. 취리히 대학교 물리학과는 슈뢰딩거가 강사로서도 우수할 뿐 아니라 "역학, 광학, 모세관 현상, 전기 전도성, 자기, 방사성, 중력 이론, 음향학" 등 다양한 분야를 다룰 수 있다는 점을 들어 교수로 추천했다. 오늘날 보기에 이 목록에서 양자 이론이 빠져 있다는 게 흥미롭다. 그의 소개 글 중에는 "좋은 아내를 두고 있음"이라는 내용도 있다. 그러나 슈뢰딩거가 취리히에 도착했을 때, 사람들은 과연 그가 제 역할을 해낼 수 있을지 염려스러웠다.

개인적 문제와 과학적 진전

우려의 원인은 슈뢰딩거의 건강이었다. 1918년 이후 아버지와 할아버지가 세상을 떠나고, 경제적 궁핍에 말 그대로 식량을 구해야 하는 절박한 문제까지 여러 일을 겪어야 했던 슈뢰딩거는 정신적·육체적으로 완전히 지쳐 있었다. 결국 그는 부임 후 첫 학기가 채 반도 지나기 전에 심각한 기관지염으로 강의를 중단해야 했다. 호흡기 질환은 겨울 내내 끈질기게 낫지 않았고, 여기에 경미한 결핵까지 겹쳐 고통은 극에 달했다.

1920년대에 알려진 유일한 결핵 치료법은 휴식이었다. 되도록 고도가 높은 지역에서 휴양을 하고 최선의 결과를 바라는 것뿐이

결핵을 앓던 슈뢰딩거는 요양을 위해 고도가 높은 아로사에서 몇 달을 보내야 했지만(위), 취리히에 정착하면서 다시 활기차게 사교 생활을 즐겼다. 수영장 파티 사진(아래)에는 프리츠 런던(왼쪽에서 두 번째)의 모습도 보인다.

었다. 이 '치료법' 이면에는 고도가 높으면 몸이 적혈구를 원활히 생성할 수 있으며 적혈구가 감염과 맞서 싸운다는 생각이 깔려 있었다. 그러나 실제로 이 치료법이 조금이라도 효과가 있었다면, 결핵균이 활동하려면 다량의 산소가 필요한데 고지대는 산소가 부족하기 때문이었을 것이다. 이유야 어떻든, 슈뢰딩거는 다보스 근처 아로사의 알프스 산중 휴양지에 머물면서 어느 정도 건강을 회복했다. 그는 아내 아니와 함께 그리고 그가 좋아하는 음식은 뭐든 만들어 주는 멋진 요리사와 함께 그곳에서 9개월을 머물렀고, 새 학기가 시작되고 한참 후인 1922년 11월에야 대학으로 돌아왔다. 햇볕에 그을려 건강해 보였지만 기운이 없고 쉽게 지쳤던 그는, 개인 연구를 지속할 의욕은 전혀 없었을지라도 강의는 기꺼이 맡을 준비가 되어 있었다. 이후 몇 년 동안 슈뢰딩거는 자주 아로사를 찾았는데, 1925년 여름과 크리스마스 때도 아로사에 머물며 휴식을 취하고 건강을 회복했다.

슈뢰딩거가 1922년 아로사에서 요양하는 동안 과학 논문 두 편을 완성했다는 사실은 눈여겨볼 만하다. 하나는 비열에 관한 평범한 논문이었다. 그러나 다른 하나에는, 노벨상 수상으로 이어질 획기적인 발견을 하는 1926년이 되어서야 비로소 진가를 인정받게 될, 원석 같은 내용이 숨겨져 있었다.

1922년의 두 번째 논문 주제는 보어의 원자 모형에서 전자에 허용된 궤도가 어떻게 양자화되는가 하는 문제였다. 슈뢰딩거는 이미 표준 교재가 된 바일의 책에서 바일이 발전시킨 접근법을 출발점으로 삼았다. 그리하여, 원자핵으로부터 n번째 궤도에서는 이른바 '측정 단위unit of measure'² 라고 알려진 속성이 궤도를 따라 n번 정점을 이루고, 그 사이에는 골이 생긴다는 사실을 발견했다. 슈뢰딩거의 말을 직접 들어 보자. "만일 궤도에서 전자가 움직이는 동안 궤도를 따라 변하지 않고 유지되는 '거리'를 이동한다고 가정하면, 이 거리의 측정값은 전자가 궤도 위 임의의 한 점에서 출발한 후 대략 초기 위치로 돌아올 때마다 항상 e^v 또는 $\exp(h/\gamma)$의 정수배가 곱해진 값이 될 것이다."

슈뢰딩거는 이 수학적 결과에 대한 물리적 설명은 덧붙이지 않았지만, 여기에 "심오한 물리적 의미가 없다고 보기는 어렵다"고 썼다. 물론 이 내용은 원자핵을 둘러싸고 있는 정상파 그림과 정확히 일치한다. 만일 슈뢰딩거가 병 때문에 쇠약해지지 않고 강의로 지치지만 않았다면, 이 '빅 아이디어'를 1926년이 아닌 1922년 말에 발표할 수도 있었을 것이다.

이 논문의 말미에는 좀 더 미묘한, 그러나 결코 사소하지 않은 아이디어가 하나 있었다. 슈뢰딩거는 자신이 발견한 방정식의 풀이가 두 가지 값 중 하나를 가질 수 있다고 언급했다. 그중 하나는 수학자들이 '실수'라고 부르는 평범한 수였고, 다른 수는 '허수'였

---

2 궤도를 따라 반복되는 파동적 패턴을 뜻하며, 오늘날 용어로는 파동함수의 진폭 분포라고 할 수 있다.—옮긴이

다. 허수는 실수에 -1의 제곱근을 곱한 수이며, -1의 제곱근은 흔히 i로 표시한다. 1, 2, 3⋯ 같은 수는 실제로 있는 수다. i, $2i$, $3i$⋯ 는 허수다. 허수는 수학에서는 실수와 똑같은 방식으로 다룰 수 있고, 간혹 물리적으로 무의미하다고 여겨지는 상황에서 불쑥 나타나는 경우에는 무시되기도 한다. 그러나 파동의 거동을 서술하는 방정식에서는 허수를 무시할 수 없다. 하지만 지금 보면 명백한 이런 내용도 1922년 당시에는 가장 영민한 학자들에게조차 앞으로 일어날 일에 대한 막연한 힌트에 불과했다.

건강을 차츰 회복해 가던 슈뢰딩거는 맡은 강의만으로도 버거워 개인 연구를 진행할 여력이 없었다. 1920년대에는 오늘날과는 달리 고참 교수들이 강의를 대부분 도맡았는데, 슈뢰딩거의 경우에는 주당 11시간을 강의해야 했다. 게다가 대학에 온 지 1년이 훌쩍 지났지만 아직 교수 취임 기념 강연도 하지 않은 터라 그 준비도 해야 했다. 1922년 12월 9일 열린 취임 기념 강연 주제는 청중의 예상과는 조금 달랐지만, 그가 늘 마음속에 품고 있던 화두였다.

물리와 철학

취임 강연의 제목은 '물리 법칙이란 무엇인가?'였다. 슈뢰딩거는 볼츠만의 열역학 연구에서부터 이야기를 시작했다. 볼츠만에 따르면, 열역학 제2법칙은 단지 아주 많은 수의 원자와 분자에 적용되는 통계 법칙일 뿐이며, 개별 원자와 분자는 제2법칙과 무관하다 (그래서 두 개의 원자가 충돌할 때는 '시간의 방향성'이 없다). 슈뢰딩거는 전쟁 전에 함께 연구했던 프란츠 엑스너의 영향을 받았는데, 엑스너는 모든 자연 현상은 우연의 축적이며 개별 원자 수준에서는 자연법칙이 존재하지 않는다는 극단적인 입장을 고수했다.

슈뢰딩거는 빛이 운동량을 나른다는 아인슈타인의 발견에도 주목했다. 원자 하나가 운동량을 나르는 입자를 방출하면 그에 대한 반작용으로 원자도 반동을 경험해야 한다. 이는 마치 총에서 총알이 발사될 때 총신이 뒤쪽으로 '튕기는' 것과 같은 이치다. 이것은 운동량 보존 법칙에 따른 현상이며, 운동량 보존 법칙은 무수히 많은 실험을 통해 검증되었다. 운동량 보존 법칙은 한쪽으로 날아가는 총알의 운동량은 반대 방향으로 튕기는 총신의 운동량과 정확히 같다고 말한다. 총알은 크기는 작지만 속도가 빨라서, 질량은 더 크지만 반동 속도가 느린 총과 운동량 크기가 같다. 그러나 1922년 물리학자들이 생각했던 것처럼, 원자가 빛을 구면파 형태로 모든 방향으로 똑같이 복사한다면 어떻게 반동이 있을 수 있을까?

취임 강연을 준비하는 동안, 슈뢰딩거는 바일에게 보낸 편지에서 개별 원자 수준에서는 운동량 보존 법칙이 성립하지 않는다는 결론을 내렸다고 썼다. 이 법칙이 성립하지 않는다면 다른 물리 법칙이라고 성립할 이유가 있을까? 슈뢰딩거는 과학의 기반암과도 같은 인과관계 자체를 의심하고 있었다. 슈뢰딩거의 말을 직접 들어 보자. "물리학 연구는, 적어도 압도적 다수의 자연적 과정에서, 지금까지 관측된 법칙에 대한 견고한 순응의 공통된 뿌리가 우연이라는 점을 명료하고 확실하게 보여 주었습니다. 아울러 자연적인 과정의 이런 규칙성과 불변성은 보편적 인과관계라는 가정을 확립하는 기반이 되었습니다."[3]

취리히에서 가장 친하게 지냈던 동료 헤르만 바일은 슈뢰딩거의 생각에 어느 정도는 공감했지만, 그때나 지금이나 이 주장은 대다수 물리학자들의 견해와 완전히 상반되는 것이었다. 주류 물리학자들은 이를테면 운동량 보존 같은 기본 법칙이 개별 원자 쌍 또는 분자 쌍 사이의(그리고 실질적으로 아원자 입자들 사이의) 충돌에서도 그대로 적용된다고 굳게 믿었다. 1922년까지도 슈뢰딩거는 이런 생각을 붙잡고 얇은 빙판 위에서 아슬아슬하게 나아가고 있었다. 수십 년 동안 알려져 왔듯이, 에너지와 운동량 보존 법칙은 특히 시간과 공간의 본질에 대한 우리의 이해와 밀접하게 연관되어 있다. 구체적으로 말해서, 만일 이들 법칙이 불변이라면 그것은 우주 어디서든 어느 순간에든 그 법칙이 적용된다는 의미이고, 이는 통계적인 절반의 진실이 아니라 그야말로 절대적인 진리여야 한다. 그리고 슈뢰딩거도 이것을 알았다! 물리 법칙이 그저 자연의 통계 법칙일 수 있다고 제안했던 그 강연에서, 슈뢰딩거는 "아인슈

---

[3] 1929년 발표된 강의록에서 인용. Mehra and Rechenberg, *The Historical Development of Quantum Theory*에서 발췌.

타인의 이론[즉, 특수 상대성 이론]이 에너지·운동량 원리의 절대적 타당성을 확실한 언어로 명백하게 규명했다"는 점을 인정했다. 하지만 적어도 이 강연에서만큼은 철학자 슈뢰딩거가 물리학자 슈뢰딩거를 압도해 판단을 흐리게 했다. 그러나 몇 년 안에 그는 자신의 입장을 완전히 뒤집었고, 2차 양자 혁명이 끝나갈 무렵 아인슈타인과 함께 원자와 아원자 입자 수준의 사건 결과가 우연히 결정된다는 견해를 공개적으로 반대하게 되었다.

취임 강연을 마친 슈뢰딩거는 대학교수로서 조용하면서도 성실한 삶에 정착했다. 그동안 내내 관심을 가지고 연구했던 색각 문제도 1925년에 백과사전 설명문을 완성하여 1926년에 발표하면서 연구의 정점을 찍었다. 그와 함께 통계역학에도 관심을 보였다. 이런 연구와 더불어, 아로사에서 '요양'하는 동안 완성했던 논문을 바탕으로, 원자 이론과 양자 이론에 대해 규모는 작지만 중요한 의미가 있는 성과를 내놓았다. 오랫동안 끈질긴 기침 때문에 힘들어하기는 했어도, 건강이 호전되면서 연구 성과도 발전했다. 1923년에는 발표한 논문이 없었지만, 1922년과 1926년의 획기적인 연구 사이에 통계역학에 관한 논문 여섯 편, 색각 관련 다섯 편(백과사전 설명문 포함), 비열 관련 네 편, 원자 구조 관련 네 편과 상대성 이론에 관한 논문 한 편을 발표했다. 한편 1924년 브뤼셀에서 열린 권위 있는 솔베이 학회에 초청은 받았지만 논문을 발표하지는 못했다는 사실로부터 당시 물리학계에서 슈뢰딩거의 위치를 가늠할 수 있는데, 그는 학자로서 꽤 좋은 평가를 받긴 했지만 엘리트로 간주되지는 않았다.

슈뢰딩거는 모순되는 두 가지를 동시에 (아니면, 적어도 차례로) 믿는 재주가 있었던 것 같다. 1920년대에 양자 세계를 이해하려는 사람에게는 매우 귀중한 능력이었다. 교수 취임 강연에서 빛이 파동으로서 이동한다는 관점을 단호하게 지지했던 그는 1922년 초에 양자물리학의 미비점을 정리하는 논문을 발표했다('양자역학'이라는 말은 1924년에 막스 보른이 논문에서 소개하기 전까지는 쓰이지 않았다). 이 논문은 특수 상대성 이론의 맥락 안에서 도플러 효과(복사 파장이 운동에 의해 영향을 받는 현상)를 수학적으로 완전하게 서술했는데, 그 바탕에는 빛 양자(광자)가 운동량을 나른다는 아이디어가 깔려 있었다. 이 논문은 콤프턴이 아인슈타인이 말한 빛 양자의 물리적 실체를 실험으로 확인하기 전에 나온 것이다. 그러나 한편으로 슈뢰딩거는 영의 실험을 통해 확인된 빛의 파동설도 여전히 인정했다. 앞서 언급했던 피터 디바이에게 보내는 편지에서, 그는 이 "치명적인 딜레마" 때문에 원자적 과정에서는 운동량이 보존되지 않는다는 결론을 내릴 수밖에 없었다고 썼다.

물리 법칙은 단순히 통계 법칙일 뿐이라는 생각은 슈뢰딩거가 오랫동안 관심을 쏟았던 통계역학과 잘 맞았다. 통계역학은 1920년대 초 그의 연구와 강의의 주요 주제였다. 슈뢰딩거는 비열을 다룬 논문을 발표했을 뿐만 아니라, 비록 완성하지는 못했지만 분자 통계학에 관한 책을 쓰려고 계획하기도 했다. 1924년에 인도의 물리학자 사티엔드라 나트 보스가 빛 양자에 통계를 적용하는 새로운 방식을 제안하고, 아인슈타인이 이 새로운 통계의 또 다른 응용 분야를 발견했을 때, 슈뢰딩거가 그것에 달려들어 그 의미를 탐구하게 된 것은 어찌 보면 불가피한 일이었다. 이때의 탐구는 훗날 슈뢰딩거의 연구에서 걸작의 탄생으로 이어졌다. 그가 이룬 성과는 물리학뿐만 아니라 개인적인 삶에서도 영감을 받은 것이었다.

삶과 사랑

취리히 생활은 상당히 좋았다. 슈뢰딩거 부부는 학자와 지식인들 모임에 합류했다. 취리히의 활기찬 밤 문화는 에르빈에게 특별히 매력적이지 않았지만, 극장과 오페라만큼은 무척이나 마음에 들었다. 아니는 세련된 무도회에 가고 싶을 때면 에르빈의 친구 중 한 사람과 함께 갔고, 그동안 에르빈은 집에 남았다. 여름이면 친구들과 증기선을 타고 우페나우 섬으로 가서 수영과 소풍을 즐겼다. 그럴 때면 에르빈은 예쁜 소녀들과 어울리며 소소한 잡담을 나누곤 했다. 그리고 아니 슈뢰딩거와 헤르만 바일은 곧 소소한 잡담을 나누는 이상의 사이가 되었다. 19세기 말 빈에 만연했던 '세기말' 분위기는 학계라고 예외가 아니었다. 기혼 교수가 배우자 외의 다른 사람과 정사를 가져도 정상으로 여겼고, 크게 법석을 떨 일도 아니라고 생각했다. 아니 슈뢰딩거와 헤르만 바일(친구들 사이에서는 '페터'로 불렸다)은 곧 연인 사이로 발전했으며, 바일의 아내 헬라와 디바이의 후배이자 훗날 ETH 물리학과장이 되는 파울 셰러도 깊은 관계가 되었다. 에르빈도 가볍게 스쳐 가는 관계를 몇 차례 즐겼다. 하지만 아니와 바일의 관계는 더욱 깊어졌고, 심지어 이혼 얘기가 나오기도 했다. 이혼 얘기까지 나온 데는 에르빈이 아니와의 사이에 아이가 생기지 않아 상심했던 이유도 있었다. 그러나 앞으로 보게 되겠지만 이들 부부는 이 상황을 해결할 다른 방법을 찾았다.

슈뢰딩거는 취리히 대학교와의 '이혼' 카드도 만지작거렸다. 발단은 1924년 9월 인스브루크에서 열린 독일 과학자들의 학회에 참석했을 때였다. 당시 독일은 물리학 연구의 최전선이었고, 이제 막 싹트기 시작한 양자역학 분야에 거물급 인사들이 다수 참여하고 있었다. 이번에도 슈뢰딩거는 과학 토론에는 활발하게 참여했지만 공식적인 강연자 명단에는 오르지 못했다. 그래도 오스트리아에 돌아온 것이 너무 좋았다. 독일과 마찬가지로 오스트리아도 1차 세계대전의 대혼란을 겪은 뒤 다소 불안한 상황이긴 했지만 차츰 안정을 찾아가는 듯했다. 아돌프 히틀러(같은 오스트리아인이었던)는 뮌헨 '맥주홀 폭동'을 주도한 혐의로 5개월째 수감 중이었고, 교도소에서 『나의 투쟁 *Mein kampf*』을 집필하고 있었다. 슈뢰딩거는 인스브루크로부터 교수직을 맡아 달라는 제안을 받았다. 이 제안이 그의 삶에 어떤 영향을 미칠지 전혀 알지 못한 채, 슈뢰딩거는 마음이 흔들렸다. 특히 그가 '황금빛' 추억이라고 말한 지난가을 방문 때의 좋은 기억 때문에 더욱 동요했다. 그는 동료 물리학자 아르놀트 조머펠트[1868-1951]에게 이런 편지를 썼다. "스위스 사람들은 너무 생기가 없어."

슈뢰딩거가 남긴 편지를 보면 이미 1926년 1월에 이 제안을 거절하기로 마음먹었던 것 같지만, 그는 취리히 대학교로부터 처우 개선을 얻어 내기 위해 확답을 미루고 협상을 계속 진행했다. 그렇게 해서 얻은 것이 새 칠판과 물리학 도서관의 예산 증액이었다. 그는 양자역학에 관한 첫 번째 획기적인 논문이 발표된 후인 1926년 3월에야 공식적으로 인스브루크의 제안을 거절했다.

이 협상이 진행되는 동안 슈뢰딩거는 심각한 결과를 초래할 수도 있었던 논란에 휘말렸는데, 자칫하면 그의 명성에 치명적인 흠집을 남길 뻔했다. 아인슈타인의 특수 상대성 이론은 관찰자가 어디에 있든, 움직이든 정지해 있든 상관없이, 측정된 빛의 속도가 모든 관찰자에게 동일하다는 가정을 바탕으로 한다. 그리고 이 가정은 여러 실험을 통해 입증되었다. 1920년대까지는 1880년대에 앨버트 마이컬슨과 에드워드 몰리가 수행한 일련의 실험이 가장 핵심적이고 실질적인 증거로 평가되었다. 그러나 1921년에 캘리포니아주 천체 관측소가 있는 윌슨산 정상에서 이와 비슷한 실험이 진행되었는데, 해수면에서 측정했을 때와 결과가 약간 다른 듯했다. 이 결과에 대해 아인슈타인은 그 유명한 말로 자신의 불신을 표현했다. "선하신 주님은 교묘하긴 하지만 악의적이지는 않다."

그러나 사람들은 악의적이었다. 독일의 반유대주의자들은 오랫동안 아인슈타인의 이론을 '유대인이 내놓은' 이론이라며 거부했다. 그런 그들이 아인슈타인의 오류의 '증거'를 거머쥔 것이다. 독일의 저명한 물리학자 필리프 레나르트는 이런 불쾌한 견해를 공유한 오스트리아인 중 하나였다. 1922년에 독일 외무부 장관이었던 유대인 발터 라테나우가 암살당하자, 레나르트는 하이델베르크의 물리학 연구소장으로서―이곳은 극우 활동가들의 악명 높은 본거지였다―조기 게양을 거부했고, 그 결과 분노한 폭도들을 피해 경찰의 보호를 받아야 했다. 당시 무분별한 반유대주의가 얼마나 퍼져 있었는지는 윌슨산 실험을 언급한 슈뢰딩거의 말에서도 엿볼 수 있다. "이건 매우 중요한 문제지만, 유대인 물리학자들은 이 문제의 중요성을 경시해 왔다." 그는 융프라우에서 실험을 재현해 봐야 한다고 강하게 주장했으며, 이 일의 적임자로 하이델베르크 연구소의 한 연구원이 물망에 올랐을 때도 전혀 동요하지 않았다.

다른 사람들은 레나르트의 제자가 과연 정직한 결과를 내놓을지 의심했다. 그러나 슈뢰딩거는 실험자의 정치적 입장과는 상관없이 과학적 진실은 반드시 드러난다고 강하게 주장했다. 막상 실행을 해 보니, 하이델베르크 팀의 실험 결과는 아인슈타인이 옳았다고 나왔다. 어떤 의미로는 슈뢰딩거도 옳았다. 슈뢰딩거는 정치와는 무관한 입장에서 행동한 것으로 보이지만, 그럴지라도 이 사건은 사람들에게 그가 정치적 우파와 관련이 있는 것 같다는 인상을 심어 주었다.

하지만 1925년 말 슈뢰딩거는 정치보다는 철학에 집중하고 있었다. 그의 나이는 이제 30대 후반으로 접어들었다. 위대한 이론학자들은 대부분 이 나이가 되면 과학에 무언가 새로운 공헌을 하기보다는 안전이 보장되는 지루한 환경에서 평생 머물 수 있는 자리에 안주하곤 했다. 슈뢰딩거가 책상 앞에 앉아 세상의 본질에 관한 철학적 견해를 글로 요약하게 된 데는 이런 배경이 있었다. 이 내용은 먼 훗날 『나의 세계관 Meine Weltansicht』이라는 책으로 엮여 나오게 된다.

'나의 세계관'

슈뢰딩거가 1925년에 쓴 에세이의 서두를 보면, 그가 당시 유럽에서 벌어지는 일을 잘 알고 있으며 전후의 쓰디쓴 경험 때문에 여전히 괴로워하고 있음을 알 수 있다. 그는 이렇게 썼다. "일종의 광범위한 퇴화가 시작되었다. 서양은 자신들이 결코 제대로 극복해 본 적 없는 과거의 발전 단계로 퇴행할 위험에 처해 있다. 저속하고 무분별한 이기심이 사악하게 고개를 쳐들고, 원초적인 습관에서 거부할 수 없는 힘을 끌어낸 그 주먹은, 버려진 우리 배의 방향키를 향해 손을 뻗는다."

세상에 대해 이런 충격적인 비전을 품게 된 슈뢰딩거가 베단타의 세계관에 이끌린 것은 전혀 놀랍지 않다.『나의 세계관』에서 그는 '영혼은 육체라는 집 안에 거주하며, 죽음과 함께 육체를 버리고, 육체 없이도 존재할 수 있다'는 발상을 "순진하고 유치하다"고 평가한다. 그리고 '네' 또는 '아니요'로 답할 수는 없으나 "무한 순환으로 이끄는" 네 가지 질문을 던진다.

자아는 존재하는가?
자아 밖의 세상은 존재하는가?
자아는 육(肉)의 죽음으로 중단되는가?
세상은 나의 육의 죽음과 함께 중단되는가?

이 글의 핵심은 슈뢰딩거 버전의 '베단타 세계관'이다. 베단타 철학은 위의 질문에 대해 세상에는 오직 하나의 의식만 있을 뿐이라고 답한다. 마치 다면체 보석의 여러 면처럼 우리도 (사실상 나머지 '자연' 전부도) 단일한 의식의 일부라고 주장함으로써 질문을 해결하려 한다.

인간이 스스로의 것이라 여기는 지식과 감정, 선택의 일체가 그리 오래되지 않은 어느 순간에 무(無)로부터 솟아 나왔다는 것은 있을 수 없는 일이다. 그보다 이 지식과 감정과 선택은 근본적으로 영원하고 불변이며 모든 인간, 아니 모든 감각 있는 존재 안에서 수적으로 하나라고 보는 것이 옳다. … 당신은—그리고 의식 있는 다른 모든 존재도—전체 안에 있는 전체다.

이 보편적인 하나의 존재를 브라만Brahman이라고 한다. 슈뢰딩거는 이렇게 말한다. "이 진리에 대한 비전은 도덕적으로 가치 있는 모든 활동의 바탕에 깔려 있다."

글의 나머지 부분에서 슈뢰딩거는 진화생물학, 의식, 유전 과정에 관심을 보인다. 그는 동시대 사람들이 '기술의 시대'라고 부르며 기뻐하는 이 시기를 '후대에는 진화 사상의 시대'라고 부를 것이라는 인상적인 주장을 펼치기도 하지만, 오늘날의 관점에서 볼 때 의미 있는 사실은 슈뢰딩거가 유전 과정에 깊이 매료되어 있었다는 점이다. 이러한 관심은 20년 후 그의 책 『생명이란 무엇인가What is Life?』로 결실을 맺게 된다. 이 에세이는 오랫동안 발표되지 않다가 1961년이 되어서야[4] 「실재란 무엇인가What is Real?」라는 두 번째 에세이와 함께 묶여 얇은 책으로 출간되었다. 1960년에 쓴 「실재란 무엇인가」에는 극적인 내용이 포함되어 있다. "우리 모두가 결국 경험적으로 같은 환경에 있음을 발견하게 된다는 사실을 설명하기 위해 실재하는 물질 세계를 인정하는 것은 신비주의

---

4   영문판도 1964년에야 나왔다.

적이고 형이상학적이라고, 나는 단도직입적으로 주저없이 선언한다." 다시 말해 그 무엇도 실재가 아니라는 것이다. 슈뢰딩거는 형이상학의 바탕 위에서 이런 결론에 도달했지만, 이 내용은 1926년에 그가 참여한 제2차 양자 혁명의 함의에 대한 표준적 해석과 강하게 공명한다. 그러던 중에 보스와 아인슈타인이 광자를 헤아리는 새롭고 올바른 방법을 발견하자, 결국 슈뢰딩거는 취리히에서의 철학적 성찰과 조용한 삶에서 이끌려 나와 양자 혁명을 주도하는 인물 중 하나가 되었다.

양자 통계

광자를 세는 방법은 인도의 물리학자 사티엔드라 나트 보스가 제안했고, 아인슈타인을 통해 세상에 나왔다. 보스는 양자물리학이 한창 발전하던 유럽에서 멀리 떨어진 인도의 다카 대학교[5]에서 연구하고 있었지만, 양자 선구자들이 발표하는 과학 논문을 꾸준히 읽으며 연락을 취해 왔다. 그는 서른 살이던 1924년에 획기적인 아이디어를 떠올렸다. 새로운 종류의 통계를 이용해 광자를 세면, 파동 개념을 전혀 사용하지 않고 공동 내의 복사를 입자의 양자 '기체'로 설명할 수 있고, 이를 통해 플랑크의 흑체 법칙을 온전히

---

5 다카 대학교는 1921년 영국령 인도 제국 시대에 설립되었으나 현재는 방글라데시의 국립 대학교이다.—옮긴이

유도할 수 있다는 사실을 발견한 것이다. 보스는 이 내용을 영어 논문으로 작성해 《철학 매거진 Philosophical Magazine》에 보냈지만 심사를 통과하지 못했다. 잘 알려지지 않은 인도인 연구자의 주장을 저널의 편집자가 심각하게 받아들이지 않으리라는 현실을 깨달은 보스는, 이 논문을 아인슈타인에게 보내면서 내용이 괜찮다면 적절한 과학 저널에 보내 달라고 요청했다. 아인슈타인은 보스의 논문에 크게 감명을 받고 직접 독일어로 번역해서 그해 8월 창간된 신생 저널인 《물리학 저널 Zeitschrift für Physik》에 보냈다. 그로부터 불과 2년 후 빛의 입자를 가리키는 '광자 photon'라는 용어가 생긴 것은 우연이 아니었다.

이후 아인슈타인은 보스의 아이디어를 함께 다듬으며 개선했고, 같은 규칙을 따르는 가상의 원자 집합—기체 또는 액체—에 적용해 여러 현상을 설명했다. 이 규칙이 바로 보스·아인슈타인 통계다. 보스·아인슈타인 통계는 광자처럼 힘을 매개하는 모든 양자 개체에 적용된다(광자가 매개하는 힘은 전자기력이다). 이런 양자 개체들을(입자들을) 보손 boson이라고 한다. 우리가 일상생활에서 접하는 물질 입자(이를테면 전자)에 적용되는 규칙은 페르미·디랙 통계다. 이 이름은 엔리코 페르미 1901~1954와 폴 디랙이라는 양자 선구자의 이름에서 따온 것이며, 이 규칙을 따르는 입자들은 페르미온 fermion이라고 한다. 보손과 페르미온의 가장 두드러진 차이는, 보손의 경우 같은 양자 상태에 존재할 수 있는 개수에 제한이 없지만, 페르미온은 같은 양자 상태에 두 개 이상 존재할 수 없는 점이다. 페르미온은 상호작용에서 '보존된다conserved'는 특징도 있다. 그래서 우주 안에 있는 전자의 총량은 늘릴 수 없다. 그러나 보손은 에너지원만 있다면 무한정 만들어질 수 있다. 지금 방의 조명등 스위치를 켜면 바로 그런 일이 일어난다.

보스·아인슈타인 통계의 발견과 그 의미는 1924년 9월 슈뢰딩거가 참석했던 인스브루크 학회에서 뜨거운 주제로 부상했다. 학회에서 아인슈타인과 플랑크를 만나 이야기를 나눈 슈뢰딩거는 양자 통계, 기체 이론, 엔트로피와 통계역학에 대한 새로운 연구 방향을 생각하게 되었다. 이후 1925년까지 슈뢰딩거는 아인슈타인과 이 주제에 관해 편지를 주고받으며 생각을 발전시켰다. 이때의 편지를 보면, 처음에 슈뢰딩거는 보스가 플랑크의 계산을 가볍게 고쳤을 뿐이라고 생각했지만, 아인슈타인의 설명을 듣고 보스가 발견한 내용의 기본 성질을 깨닫게 되었음을 알 수 있다. 슈뢰딩거는 아인슈타인과 계속 교류하며 훗날 자신의 이름을 세상에 알리는 연구를 하게 된다.

1924년, 프랑스의 물리학자 루이 드브로이1892~1987는 박사학위 논문에서, 전통적으로 파동으로 여겨지던 빛이 어떤 환경에서는 입자 흐름처럼 행동하며, 이전까지 입자로 여겨지던 전자는 어떤 환경에서 파동처럼 행동한다고 제안했다. 드브로이의 지도교수인 폴 랑주뱅은 너무나도 황당해서 아인슈타인에게 이 논문을 통과시키는 게 옳을지 문의했다. 아인슈타인은 드브로이의 발상이 꽤 타당하다고 했고,[6] 드브로이는 학위를 받았다. 그리고 그의 논문은 (내용은 7장에서 자세히 설명하겠다) 《물리학 연보 Annales de physique》 1925년 1호에 게재되었다. 슈뢰딩거는 이런 일이 진행되는 줄은 전혀 모른 채 태평하게 지내다가, 아인슈타인이 한 논문에서 드브로이의 아이디어를 다음과 같이 소개한 내용을 읽게 되었다. "이 아이디어는 단순히 형식적인 유사성 이상의 것을 담고 있다." 그러니까 아인슈타인은 전자의 파동이 실재라고 생각했던 것이다. 《물리학 연보》에 드브로이의 논문이 실린 것을 알았다면 당장 대학 도서관에서 찾아봤겠지만, 슈뢰딩거는 그때까지도 그 사실을 알지 못했고, 논문이 발표된 지 거의 1년이 지나고 나서야 논문 사본을 입수할 수 있었다. 그리고 1925년 11월 3일에 아인슈타인에게 편지를 썼다. "며칠 전 루이 드브로이의 기발한 논문 사본을 마침내 입수해 매우 흥미롭게 읽었습니다. 그 때문에 [당신의] 연구가 처음으로 완벽하게 이해되었습니다." 슈뢰딩거는 드브로이의 아이디어와 자신이 1922년 발표했던 짧은 논문 사이에 연관성을 언급한 후 이렇게 말을 이었다. "당연히, 드브로이가 자신의 위대한 이론에서 소개한 개념은 내가 쓴 단 한 줄의 서술문보다 훨씬 더 큰 가치를 지닙니다. 저는 처음에는 이걸 어떻게 이해해야 좋을지도

---

6   아인슈타인은 랑주뱅에게 드브로이가 "거대한 베일의 한쪽 끝자락을 들췄다"고 말했다.

몰랐는걸요."

　슈뢰딩거는 드브로이의 논문을 읽고 몇 주 내로 파동 개념의 기반 위에서 완전하고 일관성 있는 양자 세상의 이론을 개발했다. 그러나 그보다 몇 개월 전, 독일의 베르너 하이젠베르크1901-1976는 입자 개념의 기반 위에서 완전하고 일관성 있는 양자 세상의 이론을 개발했다. 이게 도대체 어떻게 된 일일까? 이 난란한 발견이 불붙인 논쟁은 오늘날까지도 이어지고 있으며, 슈뢰딩거에게도 깊은 영향을 미쳤다. 그러나 슈뢰딩거의 이야기를 계속 이어 가기 전에, 잠시 주제에서 벗어나 하이젠베르크의 행렬역학을 설명하고 넘어가는 것이 좋겠다. 독자 여러분이 이 이야기를 이미 알고 있다면, 특히 나의 책 『슈뢰딩거의 고양이를 찾아서』를 읽었다면 마음 편히 7장으로 건너뛰어도 좋다. 그렇지 않다면 다음 페이지를 넘겨 보자.

6장 행렬역학

베르너 하이젠베르크가 행렬역학을 발견한 것은 탄생 연도로 짐작되는 나이보다도 더 어릴 때였다. 1901년 12월 5일에 태어났기 때문에 연구 초기이던 1925년 봄·여름에 그는 여전히 스물세 살이었다. 하지만 그때부터 이미 성숙한 재능의 징후를 보이고 있었다.

하이젠베르크는 양자 개념을 접하며 성장한 물리학자 첫 세대였다. 1920년부터 1923년 사이에 그는, 처음에는 뮌헨에서 아르놀트 조머펠트와 빌헬름 빈에게, 그다음엔 괴팅겐에서 막스 보른 1882~1970에게 물리와 수학을 배웠다. 그는 원자의 거동을 설명한 닐스 보어의 이론에 열렬한 관심을 보였고, 학생 신분이었지만 조머펠트의 추천을 받아 괴팅겐의 대규모 학회, 이른바 '보어 페스티벌'[1]에 참석할 수 있었다. 이곳에서 하이젠베르크는 보어를 만났

---

1 일부 과학자들이 재미있어하는 끔찍한 말장난 중 하나. '보어 페스티벌 = 비어 페스티벌'.

고, 양자물리학에 관한 보어의 강연을 직접 들을 수 있었다. 하이젠베르크는 훗날 자신의 책 『부분과 전체Physics and Beyond』에서 당시 양자물리학의 상황을 "이해할 수 없는 횡설수설과 경험적 성공이 이상하게 뒤섞여 있었다"고 서술했다. 그러나 이런 상황이 "자연스럽게 거대한 매력을 발산했다"고도 했다. 하이젠베르크는 1924년 괴팅겐에서 프리바트도젠트가 되었지만, 록펠러 연수 프로그램 덕분에 그해 부활절과 1925년 봄 사이에 코펜하겐에서 보어와 함께 연구하는 혜택을 누렸다.

절반의 진실

조머펠트가 하이젠베르크를 처음으로 눈여겨보게 된 계기는 하이젠베르크가 아직 학생일 때 수행했던 연구 때문이었다. 1920년대의 물리학자들은 어떤 계(이를테면 원자)의 양자 상태를 양자수로 표현하는 데 익숙해져 있었고, 양자수는 1, 2, 3⋯ 이런 식으로 항상 정수여야 한다고 성경 말씀 믿듯이 믿고 있었다. 그러나 하이젠베르크는 원자 스펙트럼의 난해한 특징 일부는 반정수, 이를테면 $\frac{1}{2}, \frac{3}{2}, \frac{5}{2}$ 같은 수를 포함해 계산하면 쉽게 설명된다는 것을 발견했다. 조머펠트는 이 얘기를 귀담아듣지 않았다. 하이젠베르크의 친구 볼프강 파울리1900-1958는 "그러다 보면 나중엔 $\frac{1}{4}$이나 $\frac{1}{8}$ 같은 수도 끼어들어야 하고, 양자 이론 전체는 나의 유능한 손안에서

먼지가 되어 바스러질 것"이라고 비아냥거렸다. 그래서 하이젠베르크는 이 내용을 더 이상 파고들지 않았다. 그러나 몇 달 후, 나이 많은 저명한 물리학자 알프레트 란데Alfred Lande, 1888-1976가 하이젠베르크와 같은 아이디어를 떠올리고 이를 공개 발표했다.

나중에 알고 보니, 반정수 양자수 개념은 양자 이론을 바스르뜨리기는커녕 양자 세상을 이해하는 핵심이었고, 파울리가 두려워했던 $\frac{1}{4}, \frac{1}{8}$ 같은 수를 도입할 필요도 없었다. 이것은 스핀spin이라고 하는 양자적 성질을 통해 가장 잘 이해된다. 전자와 같은 개체의 스핀은 특정한 크기가 있는 화살처럼 생각할 수 있다. 단 이 화살은 위와 아래 두 방향 중 한쪽만 가리킬 수 있다. 스핀이 서로 반대인 전자들은 동일한 입자라고 볼 수 없으며, 스핀이 똑같은 전자만 동일한 입자로 취급한다. 또한, 스핀은 전자가 원자 안에서 행동하는 방식에 영향을 미친다. 그러나 '스핀'이라는 단어가 연상시키는 이미지는 무시하는 것이 좋다. 전자 같은 개체는 회전하는 팽이나 빙판 위의 스케이트 선수와는 거리가 멀다. 양자 스핀은 순수하게 양자적 성질이며 우리가 사는 고전 세상에서는 비슷하게 비유할 만한 것이 없다. 양자 성질의 이름으로 이런 익숙한 단어를 선택한 건 불운이다.

그러나 이름이야 어떻든, 양자 스핀은 양자 통계를 이해하는 핵심이다. 광자처럼 스핀이 정수이거나 혹은 0인 개체는 보스·아인슈타인 통계의 규칙을 따른다. 전자처럼 반정수 스핀을 갖는 개체는 페르미·디랙 통계를 따른다. 그러나 이런 내용의 발견은 하이젠베르크가 여름학기 업무를 위해 1925년 4월 괴팅겐으로 돌아왔을 때도 여전히 미래의 일이었다.

보이는 것이 전부다

당시의 수많은 물리학자들처럼, 하이젠베르크도 전자 궤도의 본질을 알고자 머리를 쥐어짜고 있었다. 전자는 어떤 방식으로 궤도 사이를 '도약'할까, 이 도약은 어떻게 원자 스펙트럼에 보이는 검은 선들을 만들어 낼까. 수학의 늪에서 허우적거리고 있던 1925년 5월 말, 그는 설상가상으로 심각한 꽃가루 알레르기에 시달렸다. 결국 지도교수인 막스 보른에게 병가를 신청해 2주간의 휴가를 받은 그는 6월 7일 곧바로 꽃가루가 날리지 않는 바위섬 헬골란트로 향했다.

헬골란트는 면적 3.2제곱킬로미터에 고도는 60미터밖에 되지 않는 작은 섬으로, 북해 한쪽 구석의 게르만 바이트라는 만灣에 자리하고 있다. 섬의 애매한 위치 때문에 소유권이 여러 차례 바뀌었는데, 1714년에는 덴마크의 손에 넘어갔다. 그러다 1807년 나폴레옹 전쟁 당시 영국이 차지했으며, 영국은 이 섬을 1890년까지 소유하다가 독일 소유의 아프리카 섬 잔지바르와 맞바꾸었다. 하이젠베르크는 엘베강 하구에 있는 쿡스하펜에서 배를 세 시간 타고 헬골란트의 빛바랜 리조트에 도착했다. 그는 회고록에서 그날 일을 이렇게 회상했다. "퉁퉁 부은 얼굴이 꽤나 볼 만했을 것이다. 아무튼 휴양지 주인아주머니는 나를 한참 쳐다보고는, 내가 누구랑 된통 싸웠나 보다고 혼자 결론짓고 얼굴 부기가 가라앉을 때까지 나를 돌봐 주겠다고 약속했다."[2] 그러나 아주머니의 돌봄은 필요 없었다. 깨끗한 공기 그리고 긴 산책과 수영이 그의 건강을 빠르게 회복시켰다. 섬에는 집중을 방해할 만한 것도 없었다. "나는 괴팅겐에서보다 훨씬 더 빠르게 발전할 수 있었다."

방해 요소가 전혀 없다는 점 외에도, 하이젠베르크가 그렇게 빠른 진전을 보인 이유는 그가 양자 도약 문제를 해결할 새로운 방법을 시도했기 때문이었다. 괴팅겐의 연구팀 중 누군가가―정확히 누가 이 아이디어를 떠올렸는지는 이후에 누구도 기억하지 못했다. 그러나 파울리일 가능성이 높다―원자나 다른 양자 개체가 측정되지 않을 때는 무슨 일이 일어나는지 알 방법이 없다는 점을 지적했다. 원자를 측정해 특정 양자 상태에 있음을 확인하고, 그런 다음 또 다시 측정해 다른 양자 상태에 있음을 확인할 수 있지만, 측정과 측정 사이 원자에 실제로 무슨 일이 일어났는지를 알 방법은 없다. 과학적 측정으로 설명할 수 있는 유일한 실체는 측정 자체의 실체뿐이며, 물리 이론은 실험을 통해 실제로 관측할 수 있는 것에

---

[2] 이 내용과 이후 하이젠베르크 관련 인용문은 하이젠베르크의 『부분과 전체』에서 발췌했다.

만 관심을 두어야 한다는 이 생각은, 괴팅겐의 물리학자들 사이에서 점점 힘을 얻었다. 다시 말해서 보이는 것이 전부이고, 그 이상도 이하도 아니다. 하이젠베르크는 처음에는 이런 관점을 조금 미심쩍어했다. 숲속에서 나무가 쓰러질 때 주위에 듣는 사람이 없다면 정말로 소리가 난 것인가라는 철학적 논쟁을 연상시켰기 때문이었다. 그러나 그는 그런 이론이 어떻게 발전해 나갈지 지켜보기로 했고, 조각들은 재빠르게 맞아 들어갔다.

양자계 관측에서 중요한 사실은 각각의 관측이 두 가지 상태를 동시에 다룬다는 점이다. 예를 들어 원자 스펙트럼에서 특정 선의 에너지를 측정하면, 광자를 흡수하고 방출하는 과정과 관련된 두 양자 상태 사이의 관계를 알 수 있다. 그래서 하이젠베르크는 관측 가능한 두 양자 상태 사이의 관계를 수학적으로 서술하는 방법을 연구하기 시작했다. 이 과정에서 그는 각각의 양자 상태를 기술하는, 숫자 표와 비슷하게 생긴 특정한 유형의 수학적 개체가 필요하다는 사실을 깨달았다.

나는 30년 이상 양자물리학에 대한 글을 써 온 사람으로서, 이 수학적 개체를 설명하기에 체스판 이상의 비유는 없다고 믿고 있다. 체스판은 64개의 사각형을 2차원에 늘어놓은 배열이고, 각 사각형은 글자와 숫자를 조합해 표시한다. 그러니까 a1부터 시작해 a2, a3… 이런 식으로 나아가서 h8까지 간다. 체스 게임의 '상태'를 서술하려면 글자 하나를 추가해 어느 사각형을 어느 말이 점유했는지를 알려 주면 된다. 예를 들어, Qc7은 c7 사각형에 퀸이 있다는 뜻이다(이야기를 단순하게 하기 위해 흰말과 검은말은 구분하지 않았다). 하이젠베르크는 이와 비슷한 숫자 배열로 양자계의 양자 상태를 기술하고, 양자계가 상호작용하여 상태를 바꾸는—실제로는 배열 안의 수들을 곱하고 약간의 수학적인 조작을 수행하는—방식을 설명하는 규칙을 만들어 냈다. 수학적 서술이 차츰 맞아 들어가기 시작하자, 그는 최종 검증을 위해 자신의 계산에서 에너지 보존 법칙이 성립하는지를 확인해 보기로 했다.

첫 번째 항들이 에너지 원리와 일치하는 듯했을 때 나는 다소 흥분해서 무수한 연산 오류를 범하기 시작했다. 그 결과, 거의 새벽 세 시가 다 되어서야 연산의 최종 결과를 눈앞에 두게 되었다. 에너지 원리는 모든 항에서 성립했고, 나는 내 계산이 가리키는 수학적 일관성과 양자역학과의 일치를 더 이상 의심할 수 없었다. 처음에는 크게 놀랐다. 원자 현상의 표면을 뚫고 들어가 기이하게 아름다운 내부를 들여다보고 있다는 느낌이 들었다. 지금 내 앞에 자연이 너그럽게 펼쳐 놓은 이 풍부한 수학적 구조를 더듬어 들어가야 한다는 생각에 현기증이 날 지경이었다.

그러나 이 탐색을 함께 해 줄 사람들이 있었다. 하이젠베르크가 괴팅겐으로 돌아와 그간의 연구 결과를 보른에게 보여 주자, 보른은 곧 이 표 형태의 숫자가 수학자들 사이에서 행렬이라 불리는 일종의 수학적 개체임을 알아보았다(그러나 1925년 당시에 행렬을 아는 물리학자는 거의 없었다). 하이젠베르크는 발견한 내용을 논문으로 정리해《물리학 저널》에 보냈고, 1925년 여름 레이던과 케임브리지로 강의를 하러 떠났다. 강의에서는 자신의 연구 결과를 특별히 언급하지 않았지만, 사석에서는 동료 학자들과 그 내용을 토론했다. 하이젠베르크가 자리를 비운 동안 보른과 그의 후배 동료 파스쿠알 요르단1902~1980은 행렬을 사용해 하이젠베르크의 이론을 더욱 발전시켜서 행렬역학을 수립했다. 하이젠베르크가 파울리에게 말한 대로, "이제 전자는 더 이상 궤도 위를 움직이지 않게 될 것" 같았다.

행렬은 교환 법칙을 따르지 않는다

보른이 행렬을 잘 아는 몇 안 되는 물리학자 중 하나라는 점은 괴팅겐 팀에게는 행운이었고, 그 덕에 연구는 훨씬 수월하게 진행됐다. 보른은 당시로는 보기 드물게 광범위한 교육을 받았다. 어려서는 아버지가 해부학 교수로 있던 브로츠와프에서 공부했고, 이후 하이델베르크와 취리히를 거쳐 괴팅겐으로 왔다. 보른은 브로츠와프에서 행렬을 배웠다. 괴팅겐에서도 처음엔 물리학보다 수학

행렬역학을 발견한 베르너 하이젠베르크(위 왼쪽)는 학생일 때
닐스 보어(위 오른쪽)의 강연을 듣고 양자물리학의 매력에 빠졌다. 행렬을
잘 알고 있었던 막스 보른(아래 왼쪽)은 파스쿠알 요르단(아래 오른쪽)과 함께
하이젠베르크가 발견한 이론을 발전시켜 행렬역학을 수립했다.

에 더 집중했다. 보른과 요르단이 완성한 하이젠베르크의 논문 확장판은 원본이 나온 지 두 달 만에 발표되었다. 그리고 슈뢰딩거가 파동역학을 소개하는 첫 번째 논문을 완성하기 직전인 1925년 말 무렵, 하이젠베르크, 보른, 요르단은 함께 행렬역학에 관한 세 번째 논문을 완성했다. 보른과 요르단이 맡은 중요한 역할은 행렬을 곱할 때 나오는 답이 곱하는 순서에 따라 달라진다는 점을 강조한 것이었다. 다시 말해 행렬의 경우에는 $a \times b$와 $b \times a$가 같지 않다. 이 내용은 하이젠베르크의 원래 논문에도 포함되어 있었지만 자세한 설명은 없었다.

수학에서 행렬의 교환 법칙은 성립하지 않는다. 진한 글자체는 행렬을 나타내고, **p**와 **q**는 각각 운동량과 위치의 양자적 등가를 표현한다고 할 때, 보른과 요르단이 지적한 내용은 다음과 같다.

$$\mathbf{pq} - \mathbf{qp} = \frac{h}{2\pi i}$$

식에서 h는 플랑크 상수, i는 -1의 제곱근이다. 이 관계식은 행렬역학의 기본 방정식이라 불리게 될 만큼 중요한 식으로, 보른의 묘비에도 새겨져 있다. 식의 내용은 양자역학 전반에 적용되는데, 만약 h의 값이 너무 작아 사실상 0으로 볼 수 있다면 이 방정식은 고전적인 뉴턴 역학으로 귀결되며, 이런 특별한 경우에는 **pq**=**qp**가 성립한다.

그러나 1925년에 괴팅겐 팀만 바빴던 것은 아니다. 그해 7월 케임브리지에 있던 하이젠베르크는 그가 연구한 내용을 물리학자 랠프 파울러와 토론했고, 괴팅겐으로 돌아온 후에 파울러에게 논문 사본을 보냈다. 이 논문이 케임브리지에 도착한 것이 8월이었다. 파울러는 이 논문을 제자인 폴 디랙1902~1984에게 건넸다. 디랙은 하이젠베르크보다 8개월 어렸다. 디랙도 보른과 요르단처럼 양자역학 변수들의 비교환성, 즉 행렬의 교환 법칙이 성립하지 않는다는 사실이 근본적으로 중요함을 깨달았다. 그리고 괴팅겐 팀의 연구는 전혀 알지 못한 채, 19세기에 윌리엄 해밀턴William Hamilton, 1805~1865이 개발한 수학 기법을 사용해 전체 이론을 완전히 독립적으로 재구성했다. 괴팅겐 팀은 이후 디랙의 논문 사본을 입수했고, 훗날 보른은 이때의 일을 "나의 과학 인생에서 가장 놀라웠던 사건 중 하나"였다고 말했다. "디랙이라는 이름은 전혀 들어 본 적 없었다. 꽤 젊은 친구인 것 같았는데, 그런데도 모든 것이 그 나름으로 놀랍도록 완벽했다." 실제로 이 논문의 저자는 아직 학생이었다! 디랙은 1926년 「양자역학」이라는 단순한 제목의 논문으로 박사학위를 받았다. 이는 양자역학을 주제로 받은 최초의 학위였다.

디랙은 양자역학의 태동에 기여한 이들 가운데 가장 위대한 천재인 동시에 "가장 기이한 사람"이었다. 이는 디랙의 전기를 쓴 작가 그레이엄 파멜로의 말인데, 디랙이 경미한 자폐 스펙트럼이 있었기 때문에 상당히 정확한 표현이라고 할 수 있겠다. 디랙은

1925년 12월《왕립학회 회의록 *Proceedings of the Royal Society*》에 발표한 논문에서 반정수 양자수의 필요성을 충분히 설명했다. 그러자 하이젠베르크는 디랙에게 편지를 썼다. "당신이 쓴 양자역학에 관한 훌륭하고 아름다운 논문을 매우 관심 있게 읽었습니다. 당신의 결과가 모두 옳다는 데는 의심의 여지가 없습니다. … [당신의 논문은] 이곳에서 우리가 쓴 논문보다 정리도 더 잘되어 있고 내용도 훌륭합니다."

따라서 슈뢰딩거는 완전하고 일관성 있는 양자역학 이론을 세상에 내놓은, 사실상 세 번째 사람이 된다. 그리고 그들의 업적은 곧 노벨 위원회의 눈에 띄게 될 것이었다. 그러나 이 일에는 한 가지 불명예스러운 예외가 있었다.

정의는 항상 실현되지는 않는다

다음 장에서 설명하겠지만, 하이젠베르크, 보른, 요르단, 디랙 그리고 슈뢰딩거의 연구는 서로 결합되어 양자 혁명을 완성하게 된다. 새로운 방정식으로 무장한 물리학자들은 해결이 불가능해 보이던 문제들을 도미노처럼 무너뜨렸다. 훗날 디랙은 자신의 책 『물리학의 방향 *Directions in Physics*』에서 이렇게 썼다.

그것은 게임이었다. 누구나 할 수 있는 아주 재미있는 게임이었다. 누군가 작은 문제를 하나 풀면, 그것에 대해 논문을 쓸 수 있었다. 당시에는 이류 물리학자도 쉽게 일류 연구를 하곤 했다. 그때 이후로 그런 영광스러운 시절은 다시 없었다. 이제는 일류 물리학자가 이류 연구를 하기도 매우 어렵다.

1928년까지 이 새로운 게임의 규칙을 발견했던 사람들은 이미 노벨상 수상 후보가 되어 있었다. 노벨 위원회는 그들에게 노벨상이라는 영광을 나눠 줄 교묘한 방법을 찾아냈지만, 동시에 눈에 띄는 누락도 하나 범했다.

원래 하나의 노벨상은 세 명까지만 공동 수여할 수 있다는 규칙이 있다. 그래서 2차 양자 혁명을 주도한 참가자들 모두에게 이 영예를 나눠 주려면 좀 더 영리한 방법을 찾아야 했다. 위원회가 고안한 해법은 1932년 상을 1933년까지 보류하고, 1932년 상은 하이젠베르크에게, 1933년 상은 슈뢰딩거와 디랙에게 공동으로 수여하는 것이다. 그렇게 하면 그들은 같은 시상식에서 함께 영예를 얻을 수 있다. 그런데 여기에는 두 가지 이상한 점이 있다. 보른과 요르단은 왜 상을 받지 못했을까? 수상의 영예가 하이젠베르크, 슈뢰딩거, 디랙에게만 돌아가는 것이었다면, 왜 그 세 사람이 하나의 상을 공동 수상하지 않았을까?

자세한 내막은 아마도 영원히 알 수 없을 테지만, 가장 가능성 있는 설명은 이런 것이다. 1933년 초만 해도 위원회는 하이젠베르크, 보른, 요르단을 1932년의 수상자로, 슈뢰딩거와 디랙은 1933년 수상자로 정했을 것이다. 그런데 1933년 5월 초, 히틀러가 독일에서 권력을 잡던 시기에 요르단이 나치에 가입했다. 노벨 위원회는 히틀러를 공공연히 지지하고 나선 사람을 인정하는 것처럼 보이기 싫어서 보른과 요르단을 수상 후보에서 모두 제외했을 가능성이 크다. 두 사람이 공동 연구를 했기 때문에 공로를 분리해 둘 중 한 사람에게만 상을 줄 수가 없기 때문이다.

결과적으로 하이젠베르크의 단독 수상은 하이젠베르크에게도 당혹스러웠고, 보른은 자신에 대한 모욕으로 여겼다. 아무튼 보른은 괴팅겐 팀의 수장이었던 것이다. 하이젠베르크는 보른에게 편지를 써서 혼자 노벨상을 받는 데 대한 좋지 않은 기분을 표현했다. "이 연구는 괴팅겐 팀이 협력하여 이룬 것입니다. 교수님과 요르단, 그리고 제가요." 보른은 이후로도 수십 년 동안 자신이 수상자가 되지 못한 사실을 불쾌하게 여겼다. 1953년에 그는 아인슈타인에게 편지를 썼다. "당시 [하이젠베르크는 내가 말해 주기 전까지] 사실상 행렬이 뭔지도 몰랐습니다. 그런데도 우리의 협동 연구에 대해 노벨상을 포함해 각종 상을 휩쓴 것은 하이젠베르크였습니다." 그는 이런 말도 남겼다. "하이젠베르크는 친절하게 편지로 나를 위로했지만, 1932년에 내가 하이젠베르크와 함께 노벨상을 받지 못했던 사실은 당시 나에게 큰 상처였습니다." 그러다 마침내 1954년, 71세의 나이로 보른이 노벨상을 받았을 때, 누구보다도 안도한 사람은 다름 아닌 하이젠베르크였다. 그러나 이때도 씁쓸한 뒷맛이 남았다.

이 노벨상은 양자 혁명에 대한 보른의 두 번째 공로를 기려 수여된 것이다. 보른은 양자 세계에서 일어나는 사건의 결과가 우연과 확률에 의존한다고 보았다. 다시 말해 주사위를 굴리는 것과 같다는 것이다. 앞으로 자세히 설명하겠지만, 일부 물리학자들, 그중에서도 특히 아인슈타인과 슈뢰딩거는 이러한 보른의 생각을 혐오스럽게 여겼고, 이 혐오는 그 유명한 슈뢰딩거의 고양이 '실험'이 탄생하는 계기가 되었다. 그러나 대다수의 물리학자들은 1920년대 말부터 보른의 설명을 표준 방식으로 삼아 양자 세상을 이해했다. 이와 관련한 수많은 아이디어가 코펜하겐에 있는 닐스 보어 연구소에서 주로 논의되었기 때문에, 양자 세상에 대한 보른의 해석은 '코펜하겐 해석'으로 알려지게 되었다. 보른은 이 같은 상황에 대해 아인슈타인에게 이렇게 투덜거렸다. "요즘은 내가 내놓은 이론을 다루기만 하면 어지간한 곳은 다 코펜하겐 학파라는 이름이 붙더군요." 물론 보른이 살짝 과장하긴 했지만, 그의 아이디어는 슈뢰딩거의 파동역학을 더 큰 그림에 통합시키는 열쇠로 여겨졌다. 정작 슈뢰딩거는 그 그림을 좋아하지 않았지만 말이다.

그럼 이쯤에서 다시 1925년 말 취리히의 슈뢰딩거에게 돌아가 보자.

7장 슈뢰딩거와 제2차 양자 혁명

1925년 11월 초, 슈뢰딩거는 ETH의 피터 디바이로부터 취리히 물리학자들을 위해 《물리학 연보Annales de physique》에 실린 드브로이의 연구를 주제로 강연을 해 달라는 요청을 받았다. 이 강연은 ETH와 대학이 교대로 주관하며 정기적으로 열었던 비공식 세미나 중 하나였는데, 대체로 10~20명 정도가 참석했다. 이 특별한 세미나가 열린 날짜는 기록에 남아 있지 않지만, 학기가 끝나기 전인 11월 말이거나 12월 초였을 것이다. 1925년에 ETH의 학생이던 스위스의 물리학자 펠릭스 블로흐는 1976년 미국 물리학회에서 한 강연에서 이날을 회상했다.[1]

슈뢰딩거는 드브로이가 파동과 입자를 연관시킨 방식을 해설

---

[1] 강연 내용은 *Physics Today*, 1976, vol.29, no.12에 발표되었다.

하고, 정해진 궤도를 따라 정수 개의 파장이 꼭 맞게 정렬되어야 한다는 조건을 이용해 닐스 보어와 [아르놀트] 조머펠트의 양자화 규칙을 얻어 낸 과정을 아름답고 명료하게 설명했습니다. 슈뢰딩거가 강연을 마쳤을 때, 디바이는 무심한 말투로 자신은 이런 이야기가 다소 유치한 것 같다고 말했습니다. 그분은 과거 조머펠트의 제자여서, 파동을 제대로 다루려면 파동 방정식이 있어야 한다고 배웠거든요. 당시에는 그냥 지나가는 이야기 수준이었고 [청중에게] 깊은 인상을 남기지도 않았지만, 슈뢰딩거는 분명히 그 이후에 이 이야기를 좀 더 깊이 생각했던 것 같습니다.

슈뢰딩거가 맨 처음 한 생각은 드브로이의 연구에서 한 걸음 더 나아가 원자 안에 있는 전자의 거동을 서술할 파동 방정식을 찾아보자는 것이었다. 그는 가장 간단한 원자인 수소를 택했고, 자연스럽게 특수 상대성 이론에서 서술하는 효과도 계산에 포함시켜, 1925년 12월 초쯤 방정식 하나를 유도했다. 이 방정식은 훗날 상대론적 수소 원자 방정식으로 알려지게 되지만, 불행히도 처음에는 잘 작동하지 않았다. 방정식이 예측하는 내용과 실제 원자를 관측한 결과가 일치하지 않았던 것이다. 오늘날에는 이 실패의 원인이 전자의 양자 스핀을 고려하지 않았기 때문임을 알고 있다. 당시의 양자역학에는 아직 스핀 개념이 도입되지 않았으니, 크게 놀랄 일은 아니다. 그러나 슈뢰딩거의 첫 실패는 특별히 주목할 가치가 있다. 양자물리학자들이 앞으로 헤엄쳐야 할 깊고 탁한 물을 드러내 보여 준 사례이기 때문이다. 즉, 전자의 파동 방정식을 도출하려면 반드시 입자적 성질인 스핀을 고려해야 한다!

그러나 슈뢰딩거의 좌절은 오래가지 않았다. 크리스마스 휴가가 다가오고 있었다. 취리히를 떠나 아로사의 맑은 공기를 마시며 문제를 깊이 고민할 기회였다. 그러나 슈뢰딩거의 영감은 맑은 공기와 장엄한 산의 풍경에서만 온 것은 아니었다.

과학과 관능

슈뢰딩거는 수많은 여성들과 숱한 애정 행각을 벌였지만, 거의 모든 관계에 진심으로 임했다. 그의 일기를 참고해 보면, 그에게는 단순한 성적 관계보다 사랑이 훨씬 더 중요했다. 물론 사랑하는 연인과의 관계에 성관계는 종종 자연스럽게 끼어들곤 했다. 슈뢰딩거는 자주 사랑에 빠졌고 – 또는 스스로 사랑에 빠졌다고 확신했고 – 그럴 때면 대체로 인생도 잘 풀리고 과학적 창의력도 샘솟았다. 이 때문에 과학적인 전기라 할지라도 슈뢰딩거의 이런 개인사를 무시할 수 없다(또 다른 이유도 있는데, 곧 설명하겠다). 호색적 취향과는 거리가 멀다고 알려진 과학사가 아브라함 페이스도 자신의 책 『인워드 바운드 *Inward Bound*』에서, 1925년 12월에 38세의 슈뢰딩거가 거둔 당혹스러운 성공을 이렇게 설명한다. "헤르만 바일이 나에게 했던 말을 짚고 넘어가야 할 것 같다. 바일은 슈뢰딩거가 뒤늦게 분출된 에로틱한 감정을 경험하는 동안 위대한 업적을 이루었다고 했다." 바일은 아니 슈뢰딩거의 연인이었으니, 당연히 자기가 하는 말의 의미를 정확히 알고 있었을 것이다.

아무튼 요점은 슈뢰딩거가 아로사에서 혼자가 아니었다는 것이다. 전에 두 번의 크리스마스를 이곳에서 보낼 때는 아니와 함께였지만, 이번에는 빈에서부터 사귀었던 옛 여자 친구도 함께 와 있었다. 그녀가 누구인지는 정확히 알려지지 않았다. 슈뢰딩거는 일기에서 이런 문제를 꽤 솔직하게 기록하고 있지만, 이 시기의 내용은 사라지고 없기 때문이다. 그러나 그녀가 누구든 간에, 그녀는 1926년까지 폭발적으로 이어지는 슈뢰딩거의 창의적 연구 활동을 촉발한 것으로 보인다. 이 시기에 슈뢰딩거는 파동역학에 관한 중요한 논문 여섯 편을 발표했다. 그러나 처음에는 모든 게 퇴보 같아 보였다. 맥락을 이해하기 위해 드브로이가 실제로 어떤 연구를 했는지 잠깐 살펴보는 게 좋겠다.

루이 드브로이는 자칫하면 물리학자가 되지 못할 뻔했다. 그는 프랑스 귀족 가문의 막내아들로(훗날 형인 모리스로부터 '군주' 직위를 물려받는다), 처음에는 역사를 전공했고 외교관직을 수행하기로 되어 있었다. 그러나 루이보다 열일곱 살이 많은 형 모리스는 루이가 1901년 소르본 대학에 입학했을 당시—양자물리학의 등장으로 과학계가 막 들뜨기 시작하던 무렵이었다―존경받는 실험 물리학자였다. 루이는 모리스의 격려를 받아 물리학으로 전공을 바꾸었으나, 1차 세계대전 때 에펠탑에서 무선 통신병으로 복무하면서 학업을 중단해야 했다. 그러다 보니 1923년이 되어서야 빛의 양자 성질에 관한 첫 번째 논문을 발표할 수 있었고, 이 내용을 바탕으로 연구를 수행해 박사학위를 받은 건 1924년이었다(이마저도 아인슈타인의 개입이 있어 가능한 일이었다!). 이때 그의 나이는 이미 32세였다. 그러니 드브로이가 물리학에 더 이상 크게 공헌하지 못한 것이 놀랄 일은 아니다. 정작 놀라운 사실은 드브로이보다 나이가 많았던 에르빈 슈뢰딩거가 배턴을 이어받아 남은 구간을 완주했다는 사실이다.

드브로이는 아인슈타인이 빛 양자에 대하여 유도해 낸, 아래 두 개의 방정식에서 출발했다.

$E = h\nu$

$p = h\nu/c$

파동의 파장(λ)은 다음 식에서 보듯 진동수(ν)와 관련이 있다.

$\lambda = c/\nu$

그러면 간단한 대입을 통해 아래의 식을 얻을 수 있다.

$p\lambda = h$

이 식은 쉽게 말하자면, 양자 개체의 운동량(p)에 파장을 곱한 것이 플랑크 상수와 같다는 뜻이다. 이 관계식은 원칙적으로 모든 개체에 다 적용된다. 따라서 빛 파동과 관련된 운동량이 있고, 동시에 전자 같은 입자와 관련된 파동이 있음을 알 수 있다. 또한 이 방정식을 자세히 보면, 그런 효과가 왜 우리가 보는 일상에서는 관측되지 않는지도 분명하게 알 수 있다. 우리가 보거나 만질 수 있는 물체의 운동량은 플랑크 상수와 비교하면 너무 크기 때문에 물체의 파동성은 알아채기에 너무 작은 것이다.

슈뢰딩거는 상대론적 수소 원자 방정식에서 실패를 맛본 후 기본으로 돌아갔다. 그는 고전역학의 표준 파동 방정식을 출발점으로 삼고, 파장을 운동량으로 변환하는 드브로이의 관계식을 사용해, 전자를 서술하는 아주 단순한 파동 방정식을 고안해 냈다. 이 식의 형태는 19세기에 맥스웰이 발견한 빛과 전자기파의 파동 방정식과 비슷했다. 또한 드브로이의 발견과 마찬가지로 이 식의 도출도 일단 생각해 내기만 하면 너무나 간단해서 "도대체 왜 이걸 생각 못 했지?"라는 탄식이 절로 나오는 수준이었다. 하지만 생각해 내기 전까지는 알 수 없었다. 슈뢰딩거도 이 방정식을 유도하기 전에 좀 더 복잡한(따라서 좀 더 멋져 보이는) 두 가지 방법을 고안해 동료들과 공유했으니, 자신이 거둔 성공이 너무 간단해서 당황했을 것 같다. 게다가 새로 유도해 낸 방정식은 몇 주 전의 상대론적 방정식과 달리 실험으로 결정된 양자수를 정확히 예측했다. 드브로이의 방정식이 "단순히 형식적인 유사성 이상의 것을 담고 있다"는 아인슈타인의 말은 옳았다.

희한한 것은, 특별히 그럴 만한 이유가 없었는데도, 특수 상대성 이론의 영향을 무시한 이 방정식이 효과가 있었다는 점이다. 오늘날의 관점에서 보면 특수 상대성 이론을 무시함으로써 사실상 스핀을 무시한 효과가 상쇄되었기 때문임을 알 수 있다. 양자 파동을 서술하는 '옳은' 방정식은 상대성 이론과 스핀을 모두 고려해 정확하게 유도할 수 있지만, 운이 좋으면 이 둘을 모두 무시할 때도 유도될 수 있다. 그리고 가끔은 이런 운에 따라 노벨상의 향방이 결정되기도 한다.

1925년 크리스마스가 지나고 상황은 급속히 전개되었다. 취리히에서 새 학기가 시작될 무렵 슈뢰딩거는 다시 한번 강연을 했는데, 1976년에 블로흐는 이날 강연에서 슈뢰딩거가 했던 첫마디를 회상했다. "지난번에 동료인 디바이가 [수소 원자 안의 전자를 서술하는] 파동 방정식이 있어야 한다고 제안했죠. 음, 제가 그걸 찾았습니다." 이 말은 어느 정도까지만 사실이었다. '비상대론적 수소 방정식'으로부터 수소 원자를 수학적으로 완전하게 서술하려면 어마어마하게 어려운 작업을 수행해야 한다. 그러나 슈뢰딩거는 취리히 동료들의 도움을 받아 파동역학에 관한 첫 번째 논문을 완성해서 《물리학 연보》에 보냈다. 논문은 아로사의 발견이 있고 채 한 달도 지나기 전인 1월 27일에 저널에 도착했고, 1926년 3월 13일 출판되었다. 이 논문이 발표되기 전에 슈뢰딩거는 생각을 한층 더 발전시킨 두 번째 논문을 《물리학 연보》에 보내 4월 6일에 출판했고, 그 뒤를 이어 네 편의 논문을 잇달아 냈다. 마지막 논문은 9월 5일에 출판되었다. 이걸로는 충분치 않다는 듯, 그는 「원자와 분자의 역학에 대한 파동 이론」이라는 제목으로 포괄적 개요 성격의 논문도 썼다. 이 논문은 9월 6일 완성되어 1926년 12월 《피지컬 리뷰》에 영어로 게재되었다. 상대론적 수소 방정식이 실패한 후 채 1년도 되지 않아 기본적인 파동역학이 완성된 것이다. 그 이듬해에 주요 논문들이 독일에서 단행본으로 묶여 출간되었고, 1928년에는 영어로도 출간되었다. 1926년의 슈뢰딩거는 과학계에서 비슷한 나이대의 그 누구도 따라올 수 없는 폭발적인 창의성을 분출하며 사람들을 놀라게 했다. 이에 비견할 만한 사례는 아마도 1905년 과학의 여러 분야에서 중요한 공헌을 하며 '기적의 해'를 일군 젊은 아인슈타인 정도일 것이다. 그런 아인슈타인도 슈뢰딩거의 활약에 깊은 감명을 받았고, 1926년 5월 친구인 미셸레 베소에게 이런 편지를 썼다. "슈뢰딩거가 양자 규칙에 관한 놀라운 논문 두 편을 발표했더군요."[2]

자신의 연구 결과에 놀란 건 슈뢰딩거도 마찬가지였다. 슈뢰딩거는 파동역학 논문 선집의 서문에 이런 말을 남겼다.

최근에 젊은 여성 친구 하나는 내게 이런 말을 했다. "처음 이 연구를 시작할 때는 이런 멋진 결과물이 나올 거라고는 생각지 못했겠죠. 안 그래요?" 나는 그녀의 말에 전적으로 동의한다(듣기 좋은 형용사는 적당히 무시하면서). 특히 하나의 선집으로 묶인 이 논문들이 원래 각기 다른 시기에 한 편씩 작성되었다는 점을 생각하면 그녀의 말은 대단히 적절하다. 나는 앞쪽에 수록된 논문을 쓸 때는 뒤쪽 논문들의 결과를 대부분 알지 못했다. 그러다 보니 아쉽게도 내용이 충분히 체계적이고 질서정연하게 배치되지는 않았다. 하지만 시대순으로 배열된 논문은 아이디어가 점진적으로 발전하는 양상을 보여 준다.

이 글에 등장하는 '젊은 여성 친구'는 슈뢰딩거가 '후반기의 성적 폭발'을 경험하던 시기에 에로티시즘과 과학이(둘 중 뭐가 먼저였는지는 모르겠으나) 중요하게 이어져 있었음을 여실히 보여 준다. 그녀는 당시 14세였던 이타 융거다. 슈뢰딩거는 이 소녀의 수학 선생

---

2   아브라함 페이스의 『닐스 보어의 시간 *Niels Bohr's Times*』에서 인용. 이 책에서 저자 페이스는 이렇게 말한다. "내가 알기로 아인슈타인이 양자역학에 대해 호의적인 글을 남긴 것은 이때가 마지막이었다."

님이었다.

이타는 이란성 쌍둥이 자매 중 하나였고, 그녀의 어머니는 아니 슈뢰딩거의 지인이었다. 1926년 7월 학기가 끝날 무렵, 에르빈은 취리히를 떠나 뮌헨과 베를린의 여러 연구 센터를 방문하며 과학계에 자신의 이름과 성과를 알리고 있었다. 슈뢰딩거가 없는 동안 아니는 지인에게서 쌍둥이가(본명은 이타와 로즈비타지만, 애칭으로 이티와 위티로 불렸다) 수녀원 부속 학교에 다니는데 진급에 필요한 수학 점수를 따지 못했다는 말을 들었다. 특히 이타의 성적이 좋지 않아서 과락에 처하게 되었는데, 그렇게 되면 쌍둥이가 서로 다른 학년으로 다니거나 로즈비타도 함께 한 학년 낙제를 당해야 하는 상황이었다. 아니는 소녀들의 특별 수학 과외 선생님으로 에르빈을 추천했다. 슈뢰딩거는 쌍둥이의 열네 번째 생일 직전인 8월에 돌아왔고, 기꺼이 소녀들의 선생님이 되었다. 이타 융거는 이때의 일을 1985년 월터 무어와의 인터뷰에서 상세히 설명했다.

수학 과외는 효과가 좋았고, 슈뢰딩거는 자연스럽게 이타에게 관심을 쏟게 되었다. 쌍둥이는 새 학기에 동급생들과 함께 진급할 수 있는 점수를 얻었다. 그러나 슈뢰딩거의 수업에는 수학과 함께 '상당한 양의 애무와 포옹'도 포함되어 있었다. 슈뢰딩거는 곧 이타와 사랑에 빠졌다고 확신하게 되었다(찰스 황태자의 말처럼, "그놈의 사랑이 뭔지는 몰라도"). 그는 이타에게 과학 연구와 종교에 대해 자신이 품고 있던 신념을 이야기하고, 그녀를 위해 시도 썼다.

1927년 크리스마스 때는 쌍둥이와 그녀들의 어머니와 함께 스키 휴가를 보내면서, 오늘날이라면 '그루밍'이라 부를 만한 능수능란한 솜씨로 소녀를 회유했다. 보수적인 수녀원 부속 학교에 다니던 어린 소녀는 당연히 슈뢰딩거에게 완전히 빠져들었고, 어느 순간부터 그를 사랑하게 되었다. 그러나 슈뢰딩거는 소녀가 16세가 될 때까지 끈기 있게 기다렸다. 그리고 어느 한밤중에 그녀의 방에 들어갔고(스키 휴가 때의 일이었다), 그녀에게 자신의 사랑을 고백했다. 그리고 이타의 17번째 생일이 지나고 얼마 되지 않은 1929년 8월에, 둘의 관계는 절정에 올랐다. 두 사람의 부적절한 관계는 1930년대까지 이어졌고, 슈뢰딩거는 한때 이타와 결혼하기 위해 아니와의 이혼을 진지하게 고민하기도 했다. 이러한 관계는 파동역학을 발견한 후 몇 년간 과학자로서 슈뢰딩거의 삶에 무시할 수 없는 배경이 된다. 그러나 파동역학이 진지한 논의의 대상이 되고 양자 세상을 완벽하게 설명하는 이론으로 발전하던 당시에 과학계는 슈뢰딩거의 이런 개인사를 전혀 몰랐다. 그리고 슈뢰딩거의 파동역학이 발전해 나가는 방식은 안타깝게도 슈뢰딩거가 원하던 방향과는 완전히 달랐다.

파동을 타고

슈뢰딩거의 파동은 고전물리에서 연속적인 과정의 대표적인 예이다. 반면, 하이젠베르크의 행렬은 불연속적인 과정을 고전적으로 설명한다. 슈뢰딩거는 이 점이 못마땅했다. 1926년 5월 《물리학 연보》에 발표한 논문 「하이젠베르크·보른·요르단의 양자역학과 나의 양자역학의 관계에 관하여」에서, 슈뢰딩거는 이렇게 말했다.

> 내 이론은 L. 드브로이의 연구 그리고 A. 아인슈타인의 간단하지만 무한한 선견지명이 있는 말에서 영감을 얻었다. … 이 내용이 하이젠베르크의 이론과 계통적 관계가 있다는 건 전혀 몰랐다. 물론 그의 이론에 대해 알고는 있었지만, 내가 볼 땐 방법 자체가 완전히 달라 보여서 … 거부감이 들었고, 어쩌면 역겨움마저 느꼈다.

그러다 보니, 같은 원자물리학 문제에 두 이론을 적용했을 때 똑같은 (게다가 정확한) 답이 나올 뿐만 아니라, 두 이론이 수학적으로는 같은 내용임을 발견하고, 슈뢰딩거는 가히 충격을 받았다고 해도 과언이 아니었다. 슈뢰딩거의 파동 방정식에서 위치와 운동량에 해당하는 변수를 하이젠베르크 이론에서 연산자라고 하는 수식으로 각각 대체하면 파동역학에서 행렬역학을 유도할 수 있다. 그 반대로 행렬역학에서 파동역학을 유도할 수도 있다. 이 과정을 수학자들은 '치환substitution'이라고 부른다.

이 두 이론 사이의 연결 고리는 슈뢰딩거만 발견한 것이 아니었다. 파울리도 이 연관성을 알아챘고, 슈뢰딩거의 논문을 읽기 전인 1926년 4월에 요르단에게 보낸 편지에서 이 점을 지적했다. 미국 패서디나 캘리포니아 공과대학의 칼 에카르트도 슈뢰딩거의 논문이 실린 《물리학 연보》가 캘리포니아에 도착하기 전, 같은 주제에 대해 1926년 5월과 6월 두 편의 논문을 썼다. 이 중 첫 번째 논문에서 그는 다음과 같은 말로 자신이 발견한 내용을 설명했다. "[하이젠베르크, 보른, 요르단의] 결과와 슈뢰딩거의 결과를 하나의 미적분 안에 포함시켜 보았다. 이는 지금까지 이 두 이론이 모두 지지받아 온 여러 근거 중에 가장 확실한 근거인 것 같다." 그러나 이 문제에 마침표를 찍은 것은 우리들의 천재 폴 디랙이었다.

슈뢰딩거와 파울리, 그리고 에카르트는 각자 경험적으로 행렬역학과 파동역학이 치환 과정을 거치면 서로 동일하다는 것을 밝혔다. 그러나 그 이유를 설명한 사람은 아무도 없었다. 디랙은 양자 세상을 서술하는 또 다른 방법인 '변환 이론'을 개발했다. 그리고 (다소 어려운 수학을 사용해) 이 포괄적 이론 안에 양자역학의 모든 버전이 포함되어 있음을 증명했다. 그의 새 이론을 담은 논문은 왕립학회에 접수되어 1926년 12월 《왕립학회 회의록》에 게재되었다. 요르단도 이 무렵 비슷한 연구를 했지만, 디랙이 오른 수준까지 도달하지는 못했다.

어려운 수학을 깊이 파고들지 않더라도, 하인즈 파겔스가 자신의 책 『우주의 코드 Cosmic Code』에서 사용한 비유를 보면 디랙의 성과를 쉽게 이해할 수 있다. 그는 한 그루의 나무를 여러 언어로, 이를테면 영어와 아랍어로 묘사할 수 있다고 지적한다. 두 언어가 묘사하는 나무는 완전히 달라 보일 수 있다. 심지어 두 언어는 문자조차 아예 다르다. 그러나 이 두 묘사가 가리키는 대상은 같은 것이며, 단어 사전이나 문법 규칙을 이용해 하나의 묘사를 다른 묘사로 변환할 수도 있다. 파겔스는 이렇게 설명한다. "서로 다른 표현에 변환 법칙이 적용된다는 것은 심오한 발상이다. 불변성은 대상의 진정한 구조를 확립한다."

변환 이론은 양자역학의 완성된 이론이다. 그러나 1920년대에 소수의 평범한 물리학자들은(평범한 물리학자는 지금도 소수이긴 하다) 이 이론을 성가셔했다. 그들은 어려운 수학을 좋아하지 않았고, 1926년 이전에는 하이젠베르크처럼 행렬이 뭔지도 모르는 사람이 대부분이었다. 그들은 실용적인 문제를 풀 때 행렬역학과 파동역학이 똑같다면 입맛에 맞는 걸 선택해 쓸 수 있다는 사실을 깨달았다. 그리고 사람들이 좋아했던 쪽은 파동역학이었다. 파동이 어떤 식으로 행동하는지는 이미 잘 알고 있었기 때문이었다(또는 안다고 생각했을 것이다). 슈뢰딩거에게는 좋은 소식이었다. 적어도 처음엔 그랬다.

그러나 슈뢰딩거가 생각하기에 문제는, 수학적으로 행렬역학과 파동역학이 동등하다 하더라도 실제로 원자 안에서 무슨 일이 일어나고 있는지 물리적인 그림을 그릴 수 없다는 점이었다. 불연속적인 양자 도약과 연속적인 파동함수가 어떻게 조화를 이룰 수 있단 말인가? 그는 1926년 여름에 이 문제를 파고들었으나(쌍둥이의 과외 수업을 하며 잠시 머리를 식히기도 했지만), 아무런 소득이 없었다. 그해 8월 25일 빌헬름 빈에게 쓴 편지가 뮌헨의 빈 서고Wien Archive 에 소장되어 있는데, 편지에서 슈뢰딩거는 이렇게 쓰고 있다.

> 광전 효과는[4장 참고] … 고전 이론을 완성하는 데 개념적으로 가장 큰 고비입니다. … 나는 더 이상 보른처럼 이런 종류의 개별 과정이 '완전히 무작위적'이라고 가정하고 싶지 않습니다. … (4년 전에는 열광적으로 지지했지만) 이제는 이 개념이 많은 성과를 낸다고 믿지 않습니다.

이 시기의 슈뢰딩거는 특히 통계적 해석을 깊이 우려했다. 1926년 6월에 막스 보른이 파동함수를 해석하는 새로운 방법을 제시했기 때문이다. 보른은 전자를 비롯한 양자 개체가 공간 안의 특정 위치에 있을 확률을 계산할 때 파동함수를 사용할 수 있다고 제안했다. 파동은 크기가(또는 진폭이) 있고, 이 진폭이 위치에 따라 변한다는 특징이 있다. 보른이 발견한 내용은 슈뢰딩거의 파동함수에서 진폭의 제곱을 확률의 척도로 쓸 수 있다는 것이었다.[3] 전자를 비

---

3   이 연구로 보른은 (마침내!) 노벨상을 받았다.

롯한 입자는 실제 개체지만, 입자를 발견할 위치는 실체가 없는 파동의 확률 진폭에 의해 결정된다는 것이다. 보른의 주장은 결국 양자 개체가 공간 안에서 결정된 경로, 즉 궤적을 그리지 않고 확률로 결정되는 특정 영역 안 어디에서든 발견될 수 있다는 의미였다. 슈뢰딩거는 이 점을 우려했다. 슈뢰딩거는 그보다 입자가 어떤 식으로든 파동 방정식을 따르는 장場의 안내를 받는다는 생각을 선호했다. 그러니까 입자가 마치 파도를 타는 파도타기 선수처럼 파동을 타고 움직이는 것이다. 그러나 이 경우 "입자와 유도장 중 어느 쪽이 실체인가는 관찰자의 취향에 좌우되는 문제가 된다." 파도타기 하던 물이 사실상 진흙탕인 것이다! 슈뢰딩거의 관점은 물리학에서 가장 기본적인 상황조차 통계적 과정이 중요하다던 자신의 초기 생각과는 확연히 단절되는 내용이었다. 아이러니하게도, 슈뢰딩거는 처음에 물리학의 기본 법칙은 모두 통계 법칙이라고 제안하는 소수에 속해 있었는데, 이제는 양자 세상의 거동에서 통계가 중요한 역할을 한다는 관점을 거부하는 소수가 되어 있었다.

이런 생각들을 머릿속에 담은 채 슈뢰딩거는 아니와 함께 남티롤 지역으로 휴가를 떠났고, 9월 말에는 코펜하겐으로 넘어가 보어와 그의 동료들과 함께 양자물리학을 토론했다. 그중에는 당시 보어의 연구소에서 일하던 하이젠베르크도 있었다. 슈뢰딩거는 10월 4일에 코펜하겐에서 파동역학을 주제로 강연했지만, 이런 명목상의 방문 목적보다도 자신의 생각을, 특히 양자 도약에 대한 염려를 보어와 토론할 수 있었다는 점이 슈뢰딩거에게는 중요했다. 그는 코펜하겐에 머무는 동안 보어의 집에서 묵었기 때문에, 보어와는 그야말로 끝장 토론을 할 수 있었다. 두 사람은 각자의 입장을 단호히 고수했다. 그들이 얼마나 단호했는지는 하이젠베르크의 책 『부분과 전체』에 잘 묘사되어 있다. 두 사람의 논쟁과 후폭풍에 대해 하이젠베르크는 이렇게 쓰고 있다.

> 원래 보어는 대단히 사려 깊고 친절한 태도로 주위 사람들을 대하지만, 지금 내가 보는 그는 자신이 실수했을 가능성을 조금도 인정하지 않고 양보할 마음도 전혀 없는 무자비한 광신도 같다.
> 슈뢰딩거도 마찬가지로 고집이 셌다.
> 둘의 토론이 얼마나 열정적이었는지, 각자의 신념이 얼마나 깊이 뿌리 내리고 있는지, 그들의 입에서 나오는 모든 말을 글로 전하는 것은 거의 불가능에 가깝다.

슈뢰딩거는 만일 양자 도약 과정 중인 전자의 운동을 서술할 법칙이 없다면 "양자 도약이라는 아이디어 자체가 순전한 환상"이라고 굳게 믿고 있었다. 보어의 생각은 이랬다.

> 법칙의 부재가 양자 도약이 없다고 증명하는 것은 아니다. 이

는 단지 우리가 이 현상을 상상할 수 없고, 일상의 사건과 고전물리학의 실험을 기술할 때 사용하는 개념이 양자 도약을 설명하기에 부적절하다는 의미일 뿐이다. 그렇다고 해서 놀랄 일은 아니다. 양자 도약 과정은 직접적인 경험의 대상이 아니기 때문이다.

이 같은 맹렬한 토론 중에 슈뢰딩거는 그 유명한 말을 남겼다. "이 빌어먹을 양자 도약이 정말로 실제 있는 일이라면, 나는 양자 이론에 발을 들인 것을 후회합니다."

비록 토론은 결론이 나지 않았지만, 슈뢰딩거, 보어, 하이젠베르크는(이들은 견해차에도 불구하고 여전히 좋은 친구 사이였다) 양자 이론의 결론을 두고 모두 깊은 혼란에 빠졌다. 슈뢰딩거가 코펜하겐에 있는 동안 제기된 의문과 그에 대한 깊은 고민은 하이젠베르크를 위대한 발견으로 이끄는 계기가 되었다. 하이젠베르크의 발견은 근본적으로 양자역학이라는 그림 맞추기 퍼즐의 마지막 한 조각이었고, 이 조각은 어느 겨울밤 코펜하겐의 옥탑방으로 찾아왔다. 슈뢰딩거는 미국으로 장기 출장 중이었기 때문에(이 내용은 다음 장에서 설명하겠다), 1927년 4월 유럽으로 돌아와서야 이 새로운 착상에 대해 듣게 될 것이었다.

양자의 불확정성

코펜하겐의 과학자들은 자신들이 옳다고 확신했지만, 이제는 "저명한 물리학자에게조차 원자 내부 과정을 개념적 모형으로 구성하려는 시도를 모두 포기해야 한다고 설득하는 것이 이토록 어려운 일"임을 깨달았다. 슈뢰딩거가 코펜하겐을 방문하고 돌아간 뒤 몇 개월 동안, 보어와 하이젠베르크는 양자물리학의 물리적 해석을 중점적으로 토론했고, 동시에 막스 보른이 발견한 다른 퍼즐 조각도 함께 고심했다. 몇 주 앞으로 다가온 크리스마스까지 그들을 사로잡았던 문제 중 하나는 "구름 상자 속 전자의 궤적 같은 아주 간단한 문제"를 새로운 양자역학과 어떻게 결합시킬 것인가였다.

구름 상자(안개 상자라고도 한다–옮긴이)는 비교적 간단한 장치다. 수증기로 포화된 공기가 담긴 밀폐 상자인데, 상자에 유리창이 달려 있어 안에서 일어나는 일을 관찰하고 사진으로 찍을 수 있다. 전자와 같은 입자가 상자 안을 날아가면, 그 뒤로 응결된 물방울이 궤적을 그린다. 이것은 마치 하늘을 나는 비행기가 하얀 수증기 궤적을 만드는 것과 비슷하다. 구름 상자는 1890년대에 찰스 윌슨 Charles Wilson, 1869~1959이 발명했고, 그는 이 공로를 인정받아 1927년에 노벨 물리학상을 받았다. 그러나 구름 상자가 기술적으로 완성된 것은 1910년 이후였고, 개발자인 패트릭 블래킷 Patrick Blackett, 1897~1974도 1948년에 노벨상을 받았다. 구름 상자를 만든 두 사람이 모두 노벨상을 받았다는 것은 새로운 물리학에 구름 상자가 얼마나 중요했는지를 말해 준다. 1920년대에는 구름 상자의 궤적이 개별 전자를 보는 것에 가장 근접한 기술이었고, 전자의 궤적은 정말로 빠르게 날아가는 입자가 빚어낸 효과처럼 보였다.

보어와 하이젠베르크가 혼란스러웠던 이유는 궤적이라는 개념 자체가 행렬역학의 아이디어와는 맞지 않기 때문이었다(하이젠베르크는 언제나 행렬역학을 '양자역학'이라고 부르곤 했다. 오늘날의 양자역학은 파동역학까지 포함하는 개념이다). 파동 이론에서는 국소화된 파동 덩어리가 이른바 '파동 묶음'으로 함께 움직여 다닐 수 있지만, 그러려면 전자의 지름보다 훨씬 더 넓게 펼쳐진 물질 빔을 형성해야 한다. 이것은 구름 상자에서 보는 궤적과는 전혀 맞지 않았다.

자정을 넘기도록 계속되는 토론이 몇 주나 이어졌고, 새해가 되자 보어와 하이젠베르크 모두 "완전히 지쳐서 다소 신경이 날카로워졌다." 그래서 1927년 2월에 보어가 노르웨이로 스키 여행을 떠나겠다고 했을 때 하이젠베르크는 기쁨을 감추지 못했다. 그는 "아무런 방해 없이 이 절망적으로 복잡한 문제들을 깊이 생각해" 보기로 했고, 보어의 연구소 건물 옥상에 있는, 코펜하겐이 바라다보이는 아늑한 옥탑방에 틀어박혀 1926년 봄을 돌아보았다. 그때 하이젠베르크는 베를린 대학교에서 행렬역학에 관한 강연을 해 달라는 요청을 받았었고, 강연을 마친 후에는 실재의 본질과 새로운 이론의 의미에 대해 아인슈타인과 긴 토론을 했다. 중간에 아인슈타인은 이런 말을 했다. "관측 가능한 크기만 가지고 그 위에 이론을 세

우려는 시도는 상당히 잘못된 것입니다. 현실에서는 그와 정반대의 일이 일어나고 있어요. 우리가 무엇을 관측할 수 있는지를 이론이 결정하니까요." 당시 하이젠베르크는 아인슈타인의 이런 주장에 크게 놀랐었다. 그러나 그로부터 거의 1년이 지난 지금, 전자의 궤적 문제로 씨름하던 어느 늦은 밤, 아인슈타인의 말이 갑자기 떠올랐다. 이론이 우리가 관측할 수 있는 것을 결정한다. 이게 해결의 열쇠가 될 수 있을까? 너무나 들떠서 더 이상 책상 앞에 앉아 있을 수 없었던 하이젠베르크는 근처 펠레드 공원으로 산책을 나갔다. 이 밤 산책에서 그는 그의 이름이 영원히 기억될 아이디어 하나를 떠올렸다. 바로 양자 불확정성이다.

하이젠베르크는 우리가 구름 상자 안에서 실제로 관측한 것은 전자에 의해 응결된 물방울의 궤적임을 깨달았다. 이것은 전자가 상자 안을 매끄럽게 날아간 연속적인 경로가 아니고, "전자가 지나간 불연속적이고 뚜렷하지 않은 지점들"을 보여 준 것이다. 다만 우리가 궤적을 완성하기 위해 이 점들을 이어 선처럼 생각하는 것뿐이다. 이 점들 사이에서 전자가 무슨 일을 하는지 우리는 알 수 없다. 이는 마치 전자가 원자의 에너지 준위 사이를 도약할 때 무슨 일을 하는지 모르는 것과 마찬가지다. 그래서 하이젠베르크는 올바른 질문은 이런 것이라고 추론했다. "전자가 **대략적으로** 주어진 위치에 있고 **대략적으로** 주어진 속도로 움직인다는 사실을 양자역학이 표현할 수 있을까? 그리고 이 근사치들을 실험에서 어려움이 생기지 않을 만큼의 정확한 수치로 만들 수 있을까?"[4]

이런 통찰을 얻은 하이젠베르크는 서둘러 연구소로 돌아왔고, 계가 간단한 규칙을 따르면 모든 것이 일관성 있게 설명됨을 수학적으로 증명할 수 있었다. 이 간단한 규칙이 바로 하이젠베르크의 불확정성 원리다. 그의 말을 직접 들어 보자. "측정된 위치와 운동량 값의 불확정성의 곱은 … 플랑크 상수보다 작을 수 없다." 이 명제는 이후 약간 수정되었고, 현재는 불확정성의 곱이 플랑크 상수를 4π로 나눈 값보다 작을 수 없다고 알려져 있다. 2월 23일, 하이젠베르크는 파울리에게 자신의 발견을 요약하는 긴 편지를 썼다. 이 내용은 기본적으로 《물리학 저널》에 보내게 될 논문의 초안 성격이었다. 편지에서 그는 "경로는, 우리가 그것을 관찰함으로써만 존재하게 된다"고 썼다.

그러나 이것이 물리적으로는 어떤 의미일까? 첫 번째 요점은 하이젠베르크의 명제에서 '측정된'이라는 낱말을 제거할 수 있다는 것이다. 양자 불확정성은 인간인 우리가 어느 정도까지 정확하게 측정할 수 있는가 또는 없는가와는 아무 상관이 없다. 이것은 양자 세계에 내재된 성질이다. 그래서 전자 같은 양자 개체는 운동량(사실상 속도)과 위치가 동시에 정확하게 결정될 수 없다. 하이젠베르크는 이런 내용을 담은 논문을 1927년 말 《물리학 저널》에 발표했

---

[4] 인용문의 강조는 내가 한 것이다.

다. 이제 우리는, 하이젠베르크의 말을 빌리면, "원칙적으로 현재를 모두 속속들이 다 알 수 없다."

전자 자체가 정확히 어디에 있는지와 정확히 어디로 가는지를 동시에 알지 못한다. 그러나 두 불확정성의 곱이 제약 조건이니(플랑크 상수를 4π로 나눈 값), 둘 중 하나를 선택해 원하는 만큼 정확하게 결정하고 그 대신 다른 하나의 불확정성을 그에 따라 커지게 할 수는 있다. 전자의 속도가 정확하게 결정될수록 위치는 점점 더 부정확해진다. 위치를 정확하게 정하면 그에 따라 속도는 더 부정확해진다. 구름 상자 안에서 전자가 그린 궤적은 속도를 상당히 정확하게 규정한다. 그러나 전자는 궤적을 따라 어디에나 있을 수 있다. 원칙적으로는 일상 세상에서도 같은 규칙이 적용된다. 그러나 플랑크 상수의 값이 너무나도 작기 때문에 분자보다 큰 물체에서는 양자 불확정성이 눈에 띄지 않는다. 물체의 위치에 대한 불확정성의 양은 플랑크 상수를 물체의 질량으로 나눈 값에 비례한다. 따라서 일상에서 접하는 물체에 대한 불확정성은 절대적으로 작다. 그러나 만일 우리가 전자 크기만큼 작다면 양자 불확정성은 그냥 상식적인 일이 될 것이다.

이 불확정성이 확률과 통계를 다시 중앙 무대로 불러냈다. 하이젠베르크는 《물리학 저널》에서 이렇게 썼다.

'현재를 정확히 안다면 미래를 예측할 수 있다.' 이 말은 결론이 아니라 가정이다. 원칙적으로 우리는 현재를 그렇게 세세히 알 수 없다. 그러므로 우리가 관측하는 모든 것은 전체 가능성 중 선택된 것이며 미래의 가능한 것에 대한 제약이 된다. 양자 이론의 통계적 특성은 모든 지각의 부정확성과 밀접하게 연결되어 있기 때문에, 지각된 통계적 세상 너머에 여전히 인과관계가 성립하는 '진짜' 세계가 존재할 것이라 추정할 수도 있다. 그러나 그런 추정은 단도직입적으로 말해서 헛되고 무의미해 보인다.

슈뢰딩거를 포함한 많은 이들이 여기에 동의하지 않았다. 노르웨이에서 돌아오던 보어는 처음에 하이젠베르크가 엉뚱한 나무를 보고 짖고 있다고 생각했고, 따라서 그의 불확정성 개념은 자신이 계속 발전시키고 있는 양자 세상에 대한 생각과 양립할 수 없다고 믿었다. 그러나 전문가들 사이에서 몇 달간의 격렬한 토론이 이어진 끝에 양자 세상을 새롭게 인식할 방법이 출현했고, 이후 반세기 넘게 (반대하는 사람들이 없진 않았지만) 정설로 인정받았다. 이 합의는, 보른의 강한 분노에도 불구하고 '코펜하겐 해석'이라고 불리게 되었다.

코펜하겐 합의

스키 여행을 마치고 코펜하겐으로 돌아온 보어는 양자 세상을 바라보는 새로운 아이디어를 가지고 왔다. 이 개념은 이후 '상보성 complementarity'으로 알려지게 되며, 코펜하겐 해석의 중심이 된다. 언뜻 보기엔 어이가 없을 정도로 단순하지만, 이것은 깊은 파문을 남겼다.

보어는 양자 세상을 파동으로 또는 입자로 서술하는 것은 모두 옳다고 제안했다. 파동과 입자는 그것들보다 더 큰 전체의 상보적 측면이라는 것이다. 가장 간단하면서도 적절한 비유는 동전의 양면이다. 동전은 앞면 또는 뒷면을 볼 수 있지만, 양면을 한꺼번에 볼 수는 없다. 동전의 앞면과 뒷면은 동전의 상호보완적인 측면이다. 마찬가지로, 전자를 파동으로 확인하기 위해 설계한 실험을 하면 파동을 보게 된다. 그러나 전자를 입자로 확인하기 위해 설계된 실험을 한다면 입자를 보게 될 것이다. 따라서 전자라는 것이 '정말로 무엇인가' 하는 문제는 중요하지 않다. 어쩌면 이 문제는 인간이 이해할 수 있는 영역 너머에 있을지도 모른다. 중요한 것은 전자의 특징이 무엇인지, 특정 환경에서 어떻게 행동하는지 같은 것들이다.

이 제안을 두고 보어와 하이젠베르크는 1927년 3월 격하게 충돌했다. 하이젠베르크가 파동 아이디어도 함께 제거하기를 원했기 때문이다. 그래서 보어가 파동역학으로 불확정성 관계식을 유도하는 간단한 방법을 발견했을 때 하이젠베르크는 처음엔 미적지근한 반응을 보였다. 사실 이것은 아주 쉬웠다. 파동의 국소화된 그룹(파동 묶음)이 어떤 식으로든 사실상 입자처럼 행동할 수 있다고 해도, 이것은 그 묶음 안에 파장이 각기 다른 수많은 파동이 포함되어 있을 때만 가능하다. 그런데 하나의 파동에 대해 운동량은 정확히 결정할 수 있지만, 당연히 위치는 정확하게 결정하기 어렵다. 반면 파동 묶음은 잘 결정된 위치가 있지만 운동량은 결정하기 어렵다. 따라서 숫자를 잘 입력하면 하이젠베르크의 불확정성 관계식이 나온다. 하이젠베르크는 결국 보어가 옳다는 것을 인정할 수밖에 없었고, 자신의 불확정성 논문에 보어의 연구를 언급하는 내용을 추가했다. 이 논문은 5월 말에 발표되었다. 이러한 연구 성과를 통해 자신이 반짝 스타가 아님을 입증한 하이젠베르크는 6월 말에 정교수가 되어 라이프치히로 옮겨 갔다(독일에서는 최연소 교수였다).

한편 보어는 자신의 생각을 논문으로 쓰느라 고투하고 있었다. 그는 과학자로 지내는 동안 내내 논문 작성을 힘들어했으며, 필요한 말을 적확한 단어로 표현하기 위해 초안을 끝없이 수정하고 다시 작성했다. 초안을 쓸 때는 대개 조수의 도움을 받았는데, 결코 쉽지 않은 이 역할은 당시 보어의 연구소에서 일하던 스웨덴의 물리학자 오스카르 클레인1894-1977이 맡았다. 끝없는 초안이 이어지던 중, '상보성'이라는 용어가 최초로 등장한 것은 1927년 7월 10일이었다. 보어는 마감을 앞두고 논문을 쓰고 있었다. 제시간에 완성해 그해 9월 이탈리아의 코모에서 열리는 알레산드로 볼타 1745~1827 사망 100주년 기념 학회에서 발표할 계획이었다. 그러나 늘 그렇듯 보어는 제때 논문을 완성하지 못했고, 가장 최신의 초안을 들고 발표장에 서야 했다.

코모 학회는 이후 코펜하겐 해석으로 알려지게 되는 내용을 당시의 선도적인 물리학자들에게 처음 발표하는 자리였다. 그러나 슈뢰딩거는 (다음 장에서 설명하겠지만) 베를린으로 이사를 간 지 얼마 되지 않아 정착하던 중이라 참석하지 못했다. 아인슈타인도 파시스트 이탈리아를 방문하고 싶지 않다며 오지 않았다. 보어가 설명한 여러 내용 중 핵심은 슈뢰딩거의 파동 방정식(현재는 '확률 파동'으로 해석됨), 보른의 통계, 하이젠베르크의 불확정성 원리, 상보성, 그리고 슈뢰딩거와 아인슈타인을 깊이 괴롭혔던 '파동함수의 붕괴'라고 불리는 개념이었다. 보어는 또한 유일한 실재는 관측 안에서만 존재한다는 점을 강조했다. 전자 같은 양자 개체가 관측되지 않을 때 어디에 있는지, 무엇을 하는지를 묻는 건 의미가 없다는 것이다. 이 해석을 이해하는 최선의 방법은 양자 세상의 고전적인 수수께끼인 이중 슬릿 실험을 살펴보는 것이다. 나는 이것을 전자의 관점에서 설명하겠지만, 다른 양자 개체에 대해서도 같은 해석이 적용된다.

코펜하겐 해석에 따르면, 실험 장치 한쪽 편에 설치된 전자 '총'에서 전자 하나가 발사되면 입자로서 출발해 입자로 검출될 수 있다. 그러나 전자는 발사되는 즉시 확률 파동으로 퍼지고, 이것이 두 개의 틈새를 동시에 통과해 자기 자신과 간섭하고 구멍 반대편에서 확률 패턴을 만든다. 전자는 검출기인 스크린 위에서 확률에 따라 허용되는 곳이라면 어디서든 입자로 발견될 수 있지만, 어떤 지점은 다른 지점보다 발견될 확률이 더 높고 어떤 위치에서는 절대적으로 금지되기도 한다. 전자가 관측된(또는 측정된) 바로 그 지점이 '파동함수의 붕괴'가 일어난 곳이다. 전자는 입자로서 도착한다. 그러나 전자가 더 이상 관측되지 않는 순간, 전자의 확률은 다시 그 지점에서 분산되어 다음번에 우리가 전자를 찾을 때 다른 어딘가에서 발견된다. 이 '어딘가'는 확률이 허용하는 곳이라면 어디든 될 수 있지만, 늘 그렇듯 어떤 곳은 다른 곳보다 확률이 더 높다.

그러나 확률 파동이 어떤 의미로든 전자가 '퍼진' 것이라고 상상하지는 말자. 전자는 언제나 전자로 보일 뿐이다. 예를 들어 우리는 전기 전하를 지닌 전자의 반쪽이 두 틈새 중 한쪽을 통과하는 것을 절대로 볼 수 없다. 다만, 입자가 보이는 (또는 검출되는) 지점은 파동의 거동에 의해 결정되는 통계 법칙을 따른다. 이 규칙이 통계적이기 때문에 코펜하겐 해석을 수천 또는 수십억의 개별 전자들이 (또는 양자 개체들이) 모인 집단에만 적용할 수 있다고 생각해서도 안 된다. 코펜하겐 해석은 앞서 설명한 것처럼 개별 전자에 적용된다. 보어와 동시대 동료들과는 달리 우리는 현대판 이중 슬릿 실험의 결과를 확인할 수 있는데, 이 실험에서는 문자 그대로 전자가 한 번에 한 알씩 하나의 슬릿을 통과한 후 이중 슬릿을 지나게 한다. 실험 결과는 양자 실체에 대한 보어의 모든 예측을 확인했다.

사람들은 대부분 이런 내용을 처음 들으면 당황한다. 마찬가지로 코모 학회의 청중도 보어가 설명하는 새로운 해설에 적잖이 당황했다. 행여 설득된 사람들이 있었다 해도 극소수에 불과했다. 그러나 다음 달인 1927년 10월 마지막 주에 보어에게 두 번째 발표 기회가 주어졌고, 그는 이 기회를 덥석 잡았다. 제5차 솔베이 학회가 열린 것이었다. 솔베이 학회는 1911년 벨기에의 부유한 화공학자 에르네스트 솔베이의 후원으로 시작된 학회로, 제5차 학회는 브뤼셀에서 열렸다. 이 자리에는 당대 최고의 양자물리학자들이 모두 모였다. 제1차 양자 혁명을 주도하던 노익장들—플랑크, 아인슈타인, 보어—이 모두 참석했고, 2차 양자 혁명의 젊은 주역인 드브로이, 디랙, 하이젠베르크와 파울리도 참석했다. (물리학자의 나이를 기준으로 볼 때) 노익장인 동시에 2차 양자 혁명의 핵심 주역인 슈뢰딩거 역시 자리했다. 학회의 공식 주제는 '전자와 광자'였고, 주요 참석자들에게 전달된 초청장에는 이 학회가 "새로운 양자역학 그리고 그와 연관된 질문들을 주로 다루는" 자리가 될 것임을 강조했다.

물리학자 파울 에렌페스트가 학회 직후 쓴 편지를 보면 학회의 분위기가 잘 묘사되어 있다. "**보어**는 모든 이들을 완벽하게 압도했습니다. 사람들은 처음엔 전혀 이해하지 못하다가 … 차츰 보어

1927년 솔베이 학회(위)에는 플랑크, 아인슈타인, 보어, 그리고 2차 양자 혁명의 젊은 주역들이 모두 모였다. 그 가운데 캐주얼 재킷과 나비넥타이 차림의 슈뢰딩거(제일 뒷줄 중앙)가 유독 눈에 띈다. 학회에서 닐스 보어와 알베르트 아인슈타인(아래)은 양자역학의 의미에 대해 길고 난해한 논쟁을 벌였다.

에게 설득당하기 시작했습니다."[5] 하이젠베르크는 1963년 이 학회 결과를 조금 더 진중하게 평가했다. "브뤼셀 학회에서 거둔 가장 중요한 성공은 우리가 그 어떤 반대에도 불구하고, 이 이론을 부정하려는 그 어떤 시도에도 불구하고, 이 이론과 잘 지낼 수 있음을 확인했다는 점이다. 일상의 언어를 사용해 무엇이든 명료하게 설명할 수 있었고, 불확정성 관계에 제약을 받으면서도 여전히 완벽하고 일관된 그림을 얻을 수 있었다."[6] 아무튼 이렇게 제2차 양자 혁명은 완성되었고 코펜하겐 해석은 중앙 무대에 올랐다. 베를린에서 교수로서의 새로운 삶을 막 시작한 슈뢰딩거가 좋아할 만한 상황은 전혀 아니었다.

---

5   아브라함 페이스의 『닐스 보어의 시간 Niels Bohr's Times』에서 발췌(에렌페스트가 강조함).

6   아브라함 페이스의 『닐스 보어의 시간 Niels Bohr's Times』에서 발췌.

8장 베를린에서의 전성기

슈뢰딩거의 파동역학 발견은 그의 경력에서 마침맞은 시기에 이루어졌다. 1892년부터 베를린의 이론물리학 교수로 재직했던 막스 플랑크는 정년 퇴임을 해야 하는 70세 생일이 다가오고 있었다. 슈뢰딩거가 혁신적인 이론을 발표하고 찬사를 받던 1926년 여름, 베를린 대학교에서는 플랑크의 후임을 지명하기 위해 위원회를 조직했다. 베를린 대학교의 이론물리학 연구는 유럽에서 최고로 꼽혔고, 위원회는 최고의 물리학자들 중 누구든 고를 수 있었다. 이 자리를 두고 굳이 광고를 할 필요는 없었다. 그런데 아인슈타인은 이미 베를린에서 강의 의무가 전혀 없는 특별 교수직을 맡고 있었기 때문에 고려 대상이 아니었다. 하이젠베르크는 후보로 물망에 올랐지만 1926년 여름에 고작 24세로, 플랑크가 임용되었을 때보다도 열 살이나 어렸다. 능력은 충분히 검증되었지만 이 자리에 오기엔 너무 어리다는 정서가 지배적이었다.

위원회는 마침내 두 명의 후보를 추렸다. 막스 보른과 에르빈 슈뢰딩거였다. 1926년 12월, 슈뢰딩거의 '기적의 해' 이후의 이야기가 펼쳐지게 될 이 시기에, 에르빈은 자신이 이 자리의 후보로 고려되고 있다는 것을 알고 있었다. 하지만 아니와 함께 미국으로 떠날 때는 아직 아무것도 결정된 것이 없었다.

미국에서 파동을 일으키다

미국 여행은 위스콘신 대학교의 초청으로 성사된 것이었다. 위스콘신 대학교는 슈뢰딩거에게 2500달러(경비 포함)를 제안하면서 파동역학 시리즈 강연을 요청했다. 슈뢰딩거는 처음에는 망설였다. 취리히를 떠나 다른 곳에서 크리스마스 시즌을 보내야 했기 때문이었다(이타와 함께 있고 싶었던 걸까?). 그러나 이런 좋은 기회를 놓치기엔 아쉽다는 아니의 설득에 넘어갔다. 부부는 12월 18일 출발해 기차와 배로 대륙과 바다를 건너(크리스마스는 배 위에서 보냈다) 새해에 뉴욕에 도착했다. 현재 빈의 슈뢰딩거 서고에 보관된 아니의 회고록을 보면, 부부가 미국에서 어떤 경험을 했고 그에 대한 슈뢰딩거의 반응은 어땠는지를 알 수 있다. 언제나 위대한 대자연을 사랑했던 슈뢰딩거는 뉴욕을 끔찍이도 싫어했고, 다음 배편으로 집에 돌아가겠다고 협박 아닌 협박을 했다. 부부는 뉴욕에서 딱 하룻밤만 묵고 기차로 시카고를 거쳐(시카고에서는 갱단의 총에 맞을까

봐 겁에 질렸다) 매디슨으로 이동했다. 매디슨에 와서야 상황은 진정되었다. 슈뢰딩거는 매디슨이 유럽의 영향을 받은 괜찮은 도시라고 여겼고, 강연도 잘 진행되어서 대학교수 자리를 제안받기도 했다. 그러나 슈뢰딩거는 미국에 오고 싶은 마음이 전혀 없었다. 술을 금지할 만큼 미개한 나라가 아닌가.[1] 그는 지금 베를린 대학교의 교수 임용 과정이 진행 중이라는 핑계를 대고 정중하게 거절할 수 있었다.

뉴욕에 대한 좋지 않은 첫인상을 어느 정도 극복한 슈뢰딩거는, 파동역학을 널리 알리고 싶은 마음으로 시카고, 아이오와, 미네소타 등 중서부 지역 대학에서 강연을 했고, 영예로운 손님으로 정찬에 초대받아서는 진저에일을 마셔야 했다. 그런 다음 캘리포니아로 넘어갔는데, 슈뢰딩거 부부는 이곳이 너무나도 마음에 들었다 (다만 이 좋은 곳에 이탈리아인이나 스페인인들이 아닌 미국인들만 산다는 사실을 유감스러워했다). 슈뢰딩거는 패서디나의 캘리포니아 공과대학에서 강연을 하고, 동부로 돌아가는 길에는 앤아버에 들렀으며, 하버드와 MIT에서 강연을 한 후 볼티모어와 워싱턴까지 여정을 이어 갔다. 가는 곳마다 환대받던 슈뢰딩거는 존스 홉킨스 대학교에서 연봉 1만 달러로 교수직을 제안받기에 이르렀다. 그러나 베를린 대학교라는 기회를 포기할 만큼 그를 유혹할 수 있는 것은 아

---

1   당시 미국에서는 금주법이 시행 중이었다. ―옮긴이

무엇도 (특히 미국에 속한 것 중에는 전혀) 없었다.

컬럼비아 대학교에서의 강연을 마지막으로, 채 3개월이 안 되는 기간에 총 50회 이상의 강연을 해낸 슈뢰딩거는 미국의 물리학자들에게 파동역학이야말로 양자역학의 선도적인 형태라는 믿음을 견고히 심어 놓고 마침내 미국을 떠나 집으로 돌아왔다. 부부는 1927년 4월 10일 취리히에 도착했고, 이 무렵 베를린 위원회는 마음을 굳힌 상태였다.

베를린과 브뤼셀

보른과 슈뢰딩거 사이의 선택은 꽤 어려웠지만, 현재 베를린 대학교 서고에 보존 중인 위원회의 보고서에는 슈뢰딩거의 폭넓은 연구 범위, "심오하고 독창적인 아이디어", 특히 "이전 세대의 입자 역학을 파동역학이라는 기발한 아이디어로 해결하려는 대담한 계획"에 영향을 받았다고 기록되어 있다. 그들은 또한 슈뢰딩거가 강사로서 "대단히 훌륭한" 자질을 갖추었으며, 화법이 "단순하면서도 정확하고", "남부 독일인의 매력적인 기질"을 지녔다고 평가했다. 그가 이 보고서의 내용을 알았다면 입자 역학을 과거의 것으로 언급한 내용을 좋아했을 것이다. 그러나 오스트리아인으로서 남부 독일인이라 불린 것은 그리 달가워했을 것 같지 않다.

그렇게 해서 베를린 대학교의 교수직 제안은 여름학기가 시작될 무렵 슈뢰딩거에게 갔다. 슈뢰딩거는 베를린으로 초대되는 영예를 간절히 원했지만, 정작 공이 넘어오자 수락을 망설였다. 그는 스위스에 행복하게 정착한 상태였고, 당시 불안정한 유럽 여러 지역과는 달리 평화롭고 안정적인 생활을 누리고 있었다. 산이 가까이에 있는 것도 좋았다. 거주 환경만 보면 오스트리아만큼이나 좋았다. 취리히 대학교는 그를 붙잡기 위해 모든 노력을 다했다. 베를린에서 제안한 연봉을 맞춰 줄 수는 없었지만, 대학과 ETH의 교수직을 겸임할 것을 제안했다. 그러면 보수는 두 배가 되지만 불행히도 강의 의무도 두 배가 되었다.

대학 당국만 슈뢰딩거를 붙잡고 싶어 했던 것은 아니었다. 그가 곧 떠날 거라는 소식을 듣고 학생들도 횃불 행렬을 조직해 슈뢰딩거의 집 앞 거리에서 행진을 했다. 이는 학생들이 좋아하는 선생님의 영예를 기리는 전통적인 방식으로, 대단히 드물게 볼 수 있는 행사였다. 그러나 슈뢰딩거가 망설이는 동안, "그가 이곳에 와 준다면 만족스럽게 물러날 수 있을 것 같다"는 플랑크의 말 때문에 균형추가 기울었다. 결국 슈뢰딩거 부부는 여름학기가 끝날 무렵 베를린으로 옮겼다. 에르빈이 40번째 생일을 맞이하기 직전이었다. 그러나 공식 업무는 1927년 10월 1일까지 시작되지 않았고, 슈뢰딩거는 브뤼셀의 솔베이 학회에서 돌아온 후 11월 1일이 되어서야 강의를 시작했다. 그는 하이젠베르크와는 상당히 다른 관점에서 이 학회를 바라보았다.

슈뢰딩거는 학회 초반부에 루이 드브로이가 내놓은 제안을 무척 반겼던 것 같다. 드브로이는 슈뢰딩거의 파동함수를 확률 관점에서 해석하려는 시도를 배제하려 했다. 그러나 나머지 내용은 크게 매력적이지 않았다. 드브로이가 제안한 내용은 훗날 파일럿 파동 모형으로 알려지는데, 이 이론은 전자가 파동과 입자라는 두 물리적 실체의 결합으로 구성되어 있다고 주장한다. 이 모형에서 입자는 마치 파도타기 선수처럼 파동을 타고 움직여 나간다. 전자가 파동 또는 입자, 둘 중 하나처럼 행동하지만 동시에 둘 다로 행동하지는 않는다는 보어의 주장과는 상당히 대조적이다. 당시 참석자들은 드브로이의 아이디어에 크게 관심을 보이지 않았다. 그러나 훗날 일부 물리학자들이 이 이론의 변형을 수용했고, 앞으로 보게 되겠지만 20세기 후반 물리학의 흥미로운 발전 과정에서 핵심적인 역할을 맡게 된다. 1927년에 솔베이 학회의 물리학자들은 보어와 하이젠베르크가 한편, 그리고 슈뢰딩거와 아인슈타인이 다른 편에 서서 맞붙은 구도로 이 논쟁을 지켜보았고, 코펜하겐 접근법이 승리를 거둔 것으로 간주했다. 소심한 드브로이의 논의는 관심 밖이었다.

슈뢰딩거가 토론에서 진 이유 중 하나는 전자의 본질에 대한 설명이 지나치게 추상적이어서 평범한 물리학자들을 불편하게 만든 것이었다. 예를 들어, 전자 하나에 대한 방정식에는 3차원으로 움직이는 파동이 포함된다. 두 번째 전자가 첫 번째 전자와 상호작용을 하면 3차원으로 움직이는 파동 하나가 더 필요하다. 수학자들은 이런 상황에 익숙하며, 이런 식으로 파동이 상호작용을 하는 가상 공간을 '위상 공간'이라고 부른다. 그러나 1927년의 물리학자들에겐 입자 하나하나를 위해 3차원 위상 공간을 하나씩 부여한다는 개념이 코펜하겐 해석보다 썩 매력적이지 않았다. 슈뢰딩거는 앞으로 이론이 발전하면 일상적인 4차원 시공간을 포함하는 일반적인 형태로 전개되리라는 희망을 말했지만, 하이젠베르크는 일어나서 이렇게 대꾸했다. "슈뢰딩거 씨의 계산에는 그 희망이 이루어지리라 기대할 만한 내용이 전혀 없는데요."

그러나 슈뢰딩거의 발표에는 당시로는 크게 주목받지 못했지만 오늘날 보면 선견지명 같은 발언도 포함되어 있었다. "실제 계는 고전적인 계가 가질 수 있는 모든 가능한 상태가 합성된 모습이다." 이와 관련한 내용은 나중에 더 얘기하겠지만, '고전적인 계가 가질 수 있는 모든 가능한 상태'라는 말은 꼭 기억하고 넘어가기를 바란다.

아인슈타인은 학회의 주요 강연자는 아니었지만 보어의 발표에 대해 한마디 논평을 남겼다. 그리고 그 말은 수십 년 동안 그런 문제를 걱정했던 양자물리학자들에게 중요한 논점을 제기했다. 아인슈타인이 지적한 내용은 이런 것이다. 이중 슬릿 실험에서, 보어의 확률 파동이 검출기 스크린에 도달할 때 스크린 위의 각 지점에서 전자를 발견할 특정한 확률값이 존재한다. 그러나 어느 한 곳에서 전자가 검출되면, 그 순간 곧바로 다른 모든 곳의 확률은 0이 된다. 이것은 그야말로 즉각적으로 일어난다. 마치 어떤 신호 같은 것이 검출기 스크린을 가로질러 순간적으로 날아간 것 같은 모양새다. 게다가 결정적으로 이 신호는 빛의 속도보다 더 빠르게 날아간 듯 보인다. 그러나 상대성 이론에 따르면 그 무엇도 빛보다 빨리 날아갈 수 없다. 그런데도 파동함수 붕괴는 빛보다 빠른 신호가 필수 요소인 것 같았다. 아인슈타인은 이것을 '유령 같은 원격 작용'이라고 불렀다. 이 수수께끼는 1980년대까지 끈질기게 살아남았다(14장 참고).

그러나 대다수의 양자물리학자들은 이런 문제는 걱정하지 않았다. 코펜하겐 해석은 앞뒤가 잘 맞는 것 같았고 계산에 활용하기도 쉬웠다. 평범한 자동차 운전자가 내연기관의 원리를 신경 쓰지 않듯이, 그들도 양자 세상의 철학적 의미에 대해서는 무심했다. 그 반대쪽 극단에 선 디랙도 해석에는 관심이 없었다. 어차피 진실은 방정식 안에 있으며 방정식의 물리적 의미를 묻는 것은 무의미하다고 생각했기 때문이다.

브뤼셀 학회가 끝나고 수개월 만에 하이젠베르크는 라이프치히 대학교의 교수로 초빙되었고, 파울리는 ETH의 교수가 되었으며, 파스쿠알 요르단은 파울리의 후임으로 함부르크 대학교로 갔다. 보른은 이미 괴팅겐에 자리를 잡았고, 보어는 코펜하겐에서 강한 영향력을 행사하고 있었다. 이들의 활약으로 코펜하겐 해석은 점차 정설로 굳어 갔고, 원자가 결합해 분자를 형성하는 과정을 설명하는 등 실용적 응용에도 무수히 활용되었다. 디랙은 1929년 무렵 자신의 논문에 "물리학의 많은 부분과 화학 전체에서 수학적 이론에 필요한 기본 물리 법칙은 이로써 완전히 알려졌다"고 썼다. 이는 대단히 정확한 평가였다. 그로부터 약 50년 뒤 디랙은 "당시에는 이류 물리학자도 쉽게 일류 연구를 하곤 했다"며 그 시절을 회고했다.[2]

한편 슈뢰딩거는 이런 뒤엉킨 감정을 품고 베를린으로 돌아와 1927년 11월부터 강의를 시작했다. 파동역학은 점차 사람들의 인정을 받으며 인기를 얻어 갔지만, 그가 원하던 모양새는 아니었다. 그나마 베를린에 있던 아인슈타인이 그에게 위안이 되었다. 아인슈타인도 슈뢰딩거와 마찬가지로 코펜하겐 해석을 못마땅해하고 있었다. 두 사람은 서로 생각을 주고받는 절친한 사이가 되었다. 양자물리학이 가는 길에 의구심을 품긴 했어도, 이후 몇 년은 슈뢰딩거에게 황금기였다.

황금기

베를린 대학교는 1809년에 탐험가이자 박물학자인 알렉산더 폰

---

[2] 디랙, 『물리학의 방향 *Directions in Physics*』.

훔볼트Alexander von Humboldt, 1769~1859의 노력으로 설립되었다. 훔볼트는 프로이센의 장교이자 정치가의 아들로 프로이센 사교계의 상류층 인사였으며(훗날 훔볼트 남작이 된다) 위대한 과학자이기도 했다. 그는 변호사이자 외교관인 형의 도움을 받아 프리드리히 빌헬름 3세에게 새로운 대학 설립을 청원했고, 왕은 그에게 자금과 운터덴 린덴 거리에 있는 옛 궁전을 하사하며 대학 설립을 인가했다.

1920년대 후반 독일 경제는 전후 붕괴에서 회복되어, 1930년대에 폭풍이 나라를 집어삼키기 전까지는 비교적 평온한 시기였다. 당시 독일은 여러 연합 정부들이 교체되며 집권하고 있었는데, 1925년 대통령은 안정된 이미지로 인기를 얻었던 육군 원수 힌덴부르크였다. 그는 1차 세계대전의 전장에서 독일군은 패배하지 않았다는 독일인들의 신념을 상징하는 인물이기도 했다. 1920년대 말 베를린은 예술과 외설이 흥미롭게 뒤섞인 도시였고, 베르톨트 브레히트와 쿠르트 바일의 〈서푼짜리 오페라〉가 공존하는, 그야말로 '뭐든 다 되는' 도시였다. 그리고 예술과 함께 과학도 번성했다.

1920년대 말 베를린 대학교의 물리학과는 명실상부 유럽 최고였다. 플랑크는 현역에서는 물러났어도 명예교수로서 계속 강단에 섰고, 훗날 핵융합 발견에 결정적인 역할을 하는 리제 마이트너 1878~1968는 여성으로는 최초로 독일에서 물리학과 정교수가 되어 핵물리를 가르쳤다. 열역학 분야의 저명한 물리학자인 발터 네른스트Walther Nernst, 1864~1941는 실험물리학 강의를 했다. 막스 폰 라우에도 베를린에 있었다. 화학 결합의 양자 이론 개발에서 결정적인 역할을 했던 프리츠 런던1900-1954은 바로 그 따끈따끈한 주제를 학생들에게 가르치고 있었다. 이런 스타 교수들의 무리 안에서도 슈뢰딩거는 단연 돋보였다. 아인슈타인도 강의 의무는 없었지만 여러 주제에 대해 자주 강연을 했다.

학생들은 양자 이론의 거장 슈뢰딩거가 직접, 강의 노트도 없이 가르치는 강의가 가장 명확하고 훌륭하다는 데 의견이 일치했다. 격식에 얽매이지 않는 강의 스타일과 옷차림으로도 학생들 사이에서 인기가 많았다. 그의 '편안한' 옷차림은 솔베이 학회에서도 얘깃거리가 될 정도였다(이 에피소드는 언제나 '옳은' 디랙에 의해 알려졌다). 파동역학으로 거둔 성공에서 비롯한 자신감, 단순한 평생 직장이 아니라 '인생 직업'이 될 베를린 교수직 지명에 따른 확신으로 당당해진 슈뢰딩거는 굳이 좋은 인상을 주기 위해 잘 차려입을 필요성을 느끼지 못했고, 학회에 참가할 때도 숙소였던 브뤼셀의 고급 호텔에 배낭을 메고 나타났다. 학회 공식 기념 사진을 보면, 진지한 과학자들이 점잖은 짙은 색 정장을 입고 모여 있는 가운데 슈뢰딩거는 (모습을 최대한 가리기 위해 뒤쪽에 배치되었음에도) 가볍고 캐주얼한 재킷을 입은 모습이 두드러진다(208쪽 사진 참고). 이 사진에서 가장 놀라운 점은 그가 아무튼 재킷을 입긴 입었다는 것이다. 당시 베를린은 프로이센의 전통이 여전히 살아 있었고, 강사는 짙은 색 정장과 칼라 달린 흰색 셔츠라는 암묵적인 '복장 규율'을 따라야 했지만, 슈뢰딩거는 겨울에는 스웨터에 경쾌한 나비넥타이, 여름에는 칼라 없는 반소매 셔츠를 입고 학생들을 만났다. 한번은 그가 강의실에 나타나지 않자 학생들이 수색대를 꾸려 교수님을 찾아 나섰는데, 알고 보니 건물 경비원이 남루한 행색의 '사기꾼'을 가로막고 들여보내지 않은 것이었다. 학생들은 이 사람이 실제로 슈뢰딩거 교수고 그의 강의를 듣기 위해 강의실에서 학생들이 기다리고 있다고 경비원을 어렵사리 설득해야 했다.

동료들 사이에서도 인기가 좋았던 슈뢰딩거 부부는 집에서 자주 파티를 열곤 했다. 그러나 부부 사이는 별로 좋지 않았던 것 같다. 슈뢰딩거의 집에 초대를 받았던 동료들은 이 부부가 서로 거의 말을 하지 않는다는 것을 눈치챘다. 베를린에 있는 동안 에르빈은 낭만적인 연애를 몇 건 했고(그는 언제나 낭만적이었고, 매번 이것은 사랑이라고 스스로를 설득했다), 베를린 밖으로 여행을 갈 기회가 생기면 이타 융거도 만났다. 1929년에는 강의를 하러 인스브루크를 방문했을 때, 낭만적 모험의 여정에 새로운 가능성이 등장했다. 당시 신혼이던 물리학자 아르투어 마르히1891-1957의 집에 머물던 그는 마르히의 아내인 힐데에게 반하고 말았다. 당시에는 아무 일도 없었지만, 몇 년 후 힐데는 슈뢰딩거의 개인사뿐 아니라 과학자로서의 경력에도 중대한 영향을 미치게 된다.

한편 이타와의 관계는 점점 더 발전해서, 아니가 집을 비운 1932년 여름에 이타가 베를린으로 슈뢰딩거를 찾아와 한집에서 지내는 수준까지 이르렀다. 그리고 필연적으로 임신과 낙태가 뒤따랐다. 아마도 이때의 영향이겠지만, 이후 영국인과 결혼한 이타는 몇 차례 유산을 겪은 뒤 영영 아이를 가질 수 없게 되었다. 그녀가 베를린을 떠난 후, 에르빈은 이타를 딱 한 번 더, 1934년 런던에서 마지막으로 만났다. 그 무렵 슈뢰딩거 부부는 정치 문제에 휘말려서 독일을 떠나 그들을 맞이한 옥스퍼드에 자리 잡고 있었다.

1929년 2월, 슈뢰딩거는 프로이센 과학 아카데미 회원으로 선출되며 일류 과학자로서 지위를 굳건히 다졌다. 프로이센 과학 아카데미 회원은 수학·물리 분과와 철학·역사 분과에 각각 35명씩으로 제한되어 있었으며, 엘리트 과학자만이 누릴 수 있는 영예였다. 42세의 나이로 최연소 아카데미 회원이 되는 슈뢰딩거를 지명하면서, 플랑크는 "지금까지 다소 신비로웠던 [드브로이의] 파동역학을 단번에 견고한 기초 위에 올려놓았다"며 그의 공로를 설명했다. 그리고 몇 년 후 나치가 독일을 장악했을 때, 아카데미는 조금은 덜 바람직한 방식으로 또다시 슈뢰딩거의 탁월함을 인정했다. 아카데미 회원 기록에서 딱 두 사람의 이름만 처음부터 존재하지도 않았던 것처럼 삭제한 것인데, 그 두 사람은 바로 아인슈타인과 슈뢰딩거였다.

물론 파동역학의 발견은 쉽게 넘볼 수 없는 성과였고, 누구도 슈뢰딩거가 그 정도의 업적을 다시 이루리라고 기대하지는 않았다. 그러나 베를린에 있는 동안 슈뢰딩거는 디랙에게서 자극을 받아 새로운 제안을 내놓았다. 이 제안은 당시에는 진지하게 받아들이는 사람이 거의 없었지만, 훗날 재발견되면서 크게 되살아났다. 이것은 '디랙 방정식'과 관련이 있었다.

디랙의 혁신적인 성과는 1927년 말쯤 나왔다. 그때는 전자 스핀이라는 개념이 나온 지 이미 몇 년 정도 되었고, 물리학자들은 전자의 스핀이 일상에서 경험하는 스핀 또는 회전과는 아무 상관 없는 순수한 양자적 성질임을 깨달았다. 슈뢰딩거가 고안한 파동 방정식에서 가장 큰 결점은 이 스핀이 포함되어 있지 않다는 것이었다. 스핀을 수동으로 집어넣고 양자역학 방정식을 조작하면 실험 결과와 일치하는 예측을 얻을 수 있었지만, 처음부터 스핀이 필수 요소로 통합된 방정식은 누구도 떠올리지 못했다. 이것을 디랙이 해낸 것이다. 디랙은 상대성 이론의 요건을 모두 충족시키고, 전자 스핀 효과를 만들어 내면서 전자의 거동을 서술하는 방정식을 발견했다. 이 완벽한 상대론적 전자 방정식이 바로 오늘날 디랙 방정식이라고 부르는 방정식이다. 디랙 방정식은 새로운 것을 예측하지는 않았지만, 따로 뭘 추가할 필요 없이 하나의 수학적 패키지 안에서 모든 것을 다 설명했다.

아니, 어쩌면 이 방정식은 새로운 무언가를 예측했다고 봐도 좋겠다. 디랙 방정식은 해가 두 개로 나오는 것 같았다. 하나는 양이고 하나는 음이었다. 마치 4의 제곱근을 구하면 2와 −2가 나오는 식이었다. 이것은 우리가 흔히 보는 전자와 음陰의 전자를 예측하는 것처럼 보였다. 전자는 음전하를 띠고 있고 음의 음은 양陽이므로, 음의 전자란 결국 양전하를 가진 전자가 될 것이었다. 사람들은 처음엔 도대체 이게 무슨 의미인지 알 수가 없었다. 그러다 1932년에 미국인 물리학자 칼 앤더슨Carl Anderson, 1905~1991이 우주선을 연구하다가, 다른 성질은 전자와 동일하지만 음전하가 아닌 양전하를 띠는 전자의 짝을 발견했다. 이 입자는 곧 양전자positron, 또는 반전자anti-electron라는 이름을 얻었다. 현재는 모든 입자에 반입자가 존재한다는 사실이 알려져 있다. 이를테면 반양성자, 반중성자 같은 것이 세상에 존재한다. 그러나 (전자 같은) 입자들이 흔하게 존재한다면, (양전자 같은) 반입자들은 대단히 드물다.

동시대인의 관점에서 보면, 베를린에서 슈뢰딩거가 수행한 연구 중 디랙의 연구에서 파생된 내용이 가장 흥미롭다. 슈뢰딩거는 디랙 방정식에 서술된 전자의 성질을 연구했고, 이 주제로 프로이센 아카데미를 통해 1930년과 1931년에 두 편의 논문을 발표했다. 그 결과는 지나치게 전문적이어서 이 책에서 설명하기엔 적합하지 않다. 그러나 1931년 3월 아카데미에 제출한 논문에는 디랙의 반전자와 맥락을 같이하는, 놀랍도록 간단하면서도 믿기 힘든 추론이 담겨 있었다.

백 투 더 퓨처

이 새로운 연구는 열역학과 세상을 지배하는 통계 법칙에 대해 슈뢰딩거가 오래전부터 품어 온 애정에서 비롯되었다. 향수병의 뚜껑을 열면 향수 분자가 공기 중으로 퍼져 나가는데, 슈뢰딩거는 이 확산 과정을 서술하는 방정식이 파동 방정식과 구조가 유사하다는 사실을 알아챘다. 그는 통계역학을 연구한 덕에 확산 방정식의 흥미로운 성질도 잘 알고 있었다. 일상에서는 볼 수 없는 일이지만, 확산 방정식을 역으로 돌리면 공기 중의 향수 분자들이 모여들어 다시 뚜껑 열린 병으로 들어가는 상황을 설명할 수 있다. 이 같은 가역성은 볼츠만과 학자들이 발전시킨 통계 열역학의 핵심이다. 그렇다면 이런 것도 가능하지 않을까. 특정 시각에 공기 중에 있는 향수 분자의 분포를 모두 알고, 이후 또 다른 특정 시각에서도 동등한 정보를 모두 파악한다면, 이전 시각부터 순방향으로 또는 이후 시각부터 역방향으로 계산해 그 사이 모든 순간에 대하여 분자 분포를 계산할 수 있을지도 모른다. 그러나 슈뢰딩거도 깨달았듯이 이 방법은 옳지 않다. 중간 시간대의 분포를 찾으려면 시간에 따라 순방향으로 진행하는 방정식의 해와 역방향으로 진행하는 방정식의 해를 결합해야 한다. 그러니까 두 방정식이나 두 방정식의 해들을 곱해야 하는 것이다.

코펜하겐 해석에서는 파동함수의 제곱을 확률 계산에 사용하는데, 이 부분에서 확산 방정식과 유사성을 보인다. 슈뢰딩거는 논문에서 이 유사성을 "우리의 결과 중 가장 흥미로운 내용"이라고 소개했다. 파동함수는 일반적으로 그리스 문자 프사이(ψ)로 표시한다. 그런데 확률 계산에 포함되는 함수의 제곱은 단순히 $\psi \times \psi$가 아니다. 이 방정식도 다른 모든 파동 방정식과 마찬가지로 -1의 제곱근(i)이 포함되므로, 수학 용어로 '복소함수'가 된다. 따라서 파동함수를 제곱할 때는 켤레복소수(ψ*)[3]를 곱해 주어야 하며, 전자가 특정 위치에서 발견될 확률은 $\psi \times \psi$*에 달려 있다. 그런데 켤레복소수는 사실상 파동함수가 시간을 거슬러 흐르는 것과 동등하다. 그러니까 확산 방정식의 풀이와 마찬가지로, 코펜하겐 해석의 확률도 시간의 순방향 방정식과 역방향 방정식을 서로 곱한 값에 따라 결정되는 것이다.

이 부분에서 슈뢰딩거는 벽에 부딪혔고, 다소 자신 없게 결론 내렸다. "이 유사성이 양자역학 개념을 설명하는 데 유용할지는 예견할 수 없다." 1930년대에 이걸 예견할 수 있는 사람은 아무도 없었다. 슈뢰딩거의 논문은 주목받지 못한 채 묻혔다. 그러다가 거의 50년이 흐른 후에 미국의 물리학자 존 크레이머John Cramer, 1934~ 가 1931년의 슈뢰딩거 논문을 아예 모르는 상태에서 켤레복소수를 해석해 양자역학을 새롭게 이해하는 방법을 발견했다.

크레이머가 발견한 양자역학의 '거래적 해석transactional interpre-

---

3   복소수에서 실수 부분은 같고, 허수 부분만 부호가 반대인 수. 예를 들어 $2+i$의 켤레복소수는 $2-i$이다. ─ 옮긴이

tation'은 나의 책 『슈뢰딩거의 새끼 고양이와 실재 탐색 *Schrödinger's Kittens and the Search for Reality*』에 설명되어 있다. 그러나 여기에서도 조금 자세히 이야기하는 것이 좋겠다. 슈뢰딩거의 통찰이 얼마나 깊은지를 엿볼 수 있기 때문이다. 크레이머는 슈뢰딩거의 이 특별한 통찰에 대해서는 알지 못했지만, 그가 시간을 거슬러 여행하는 파동 문제를 생각하게 된 데는 거의 그만큼 오래된 한 연구가 영향을 끼쳤다. 1940년 당시 프린스턴 대학교 대학원생이던 리처드 파인먼은 존 휠러 1911-2008의 지도를 받으며 공부하고 있었다. 파인먼은 복사 저항이라는 문제에 흥미를 갖게 되었는데, 쉽게 설명하자면 전자처럼 대전된 입자들은 밀어내기가 어렵다는 뜻이다. 그러니까 대전된 입자는 대전되지 않은 입자들보다 더 강하게 저항하며, 동시에 전자기파를 방출한다. 하지만 파인먼은 전자기 복사를 기술하는 맥스웰 방정식이 시간에 대하여 대칭임을 알고 있었다(슈뢰딩거의 파동함수가 시간에 대칭인 것과 같은 이유에서였다. 다만 1940년의 파인먼은 이 둘을 연관 지어 생각하지 않았다). 그래서 파인먼은 전자가 (또는 대전된 입자가) 흔들리면 전자기파를 미래와 과거로 동시에 방출한다고 제안했고, 이를 뒷받침하는 계산도 수행했다. 이 복사가 언제 어디서든 또 다른 전자를 (또는 대전된 다른 입자를) 만나면, 복사는 입자를 흔들고 전자기파는 과거와 미래로 퍼져 나간다. 중첩된 파동들은 코펜하겐 해석의 확률 파동처럼 서로 간섭하여 대부분 상쇄된다. 그러나 파동 중 일부는 과거와 미래 양쪽에서 원래의 전자로 되돌아오고, 이 때문에 대전된 입자가 잘 떠밀리지 않고 저항하게 된다는 것이다.

휠러는 크게 감명을 받아 파인먼에게 프린스턴 물리학과 사람들 앞에서 이러한 내용을 해설하는 강연을 열라고 지시했다. 22세의 파인먼에게는 버거운 임무였다. 게다가 청중 가운데 아인슈타인과 파울리가 있었으니 부담이 이만저만이 아니었을 것이다. 파울리는 심드렁한 태도로 이 아이디어는 수학적 동어 반복에 불과하다고 말했다. 그러나 아인슈타인의 생각은 달랐다. "아뇨, 이 이론은 가능성이 있어 보입니다." 파인먼의 연구는 존 휠러의 도움을 받아 1941년에 논문으로 출판되었고, 보편적으로 수용되지는 않았지만, 복사 저항에 대한 '휠러·파인먼 이론'으로 알려졌다. 그로부터 45년이 지나, 존 크레이머는 이 내용을 양자역학에 접목했다.

1980년대의 양자역학은 대체로 슈뢰딩거 방정식에 대한 물리적 해석이나 근원은 무시한 채 확률 계산만 가져다 쓰는 식이었다. 그러나 크레이머는 두 가지 해를 갖는 온전한 상대론적 방정식으로 돌아갔다. 해 하나는 시간에 따라 순방향으로 진행하는 파동이고, 다른 하나는 시간의 역방향으로 진행하는 파동이었다. 이 둘을 각각 '지연파retarded wave'[4]와 '선행파advanced wave'라고 한다. 이런 큰

---

[4] 얼핏 생각하면 지연파가 시간의 역방향으로 진행하는 파동일 것 같지만 그렇지 않다. '지연'은 원인에서 발행한 신호가 도착하는 데 시간이 걸린다는 의미이며, 지연파는 원인에 비해 결과가 늦게 도착하는 시간 순방향 파동을 일컫는다. - 옮긴이

틀 안에서, 크레이머는 전형적인 양자 '거래'(두 전자 사이의 상호작용 같은 것)를 입자들이 시간과 공간을 가로질러 서로 '악수를 한다'는 관점으로 서술했다. 이 상황을 쉽게 이해하려면, 시간의 틀을 벗어나 일종의 초월적 시간의 관점에서 두 입자의 상호작용을(또는 거래를) 바라보아야 한다. 그러나 이 초월적 시간이 실제로 존재하는 시간 틀이라는 의미는 아니다. 이는 우리 마음 안에서 직관적인 그림을 얻기 위해 도움을 주는 장치일 뿐이다.

하나의 양자 상태에서 다른 양자 상태로 전이되는 양자 개체를 상상해 보자. 이를테면 전자가, 두 개의 틈이 나 있는 실험 장치 한쪽 편의 한 위치 상태에서 출발해, 실험 장치 반대편 검출기 스크린의 한 점에 해당하는 상태로 끝난다고 하자. 전자는 미래로 확산하는 파동(지연파)으로 서술된다. 물론 동시에 과거로 여행하는 파동(선행파)으로도 서술되지만, 이건 잠시 무시하기로 한다. 지연파는 검출기 스크린의 여러 지점에 도달하고, 이로 인해 여러 쌍의 선행파와 지연파가 방출된다. 이 중 선행파들은 검출기로부터 시간을 거슬러 이동해 전자의 원래 위치로 되돌아간다. 그곳에서 확률 규칙에 따라 선행파들 중 하나가 무작위로 선택되고, 선택된 선행파는 원래의 지연파와 결합한다. 이것이 '새로운' 선행파와 지연파 쌍을 생성하는데, 시간을 거슬러 이동하는 '새로운' 선행파는 원래의 선행파를 상쇄시킨다(그래서 처음에 무시할 수 있었던 것이다). 한편 '새로운' 지연파는 미래로 날아가, '악수'가 일어나는 곳을 제외한 모든 곳에서 원래의 지연파를 상쇄시킨다. 그래서 전자는 출발점에서 검출기 화면 위의 한 점으로 전이한다. 그러나 출발점과 검출기 화면 '사이에' 전자가 무슨 일을 했는지를 묻는 것은 의미가 없다. 그 사이란 없기 때문이다.

크레이머는 이렇게 설명한다. "방사체는 흡수체로 이동하는 '제안'파를 생성한다고 볼 수 있다. 그러면 흡수체는 '확인'파를 방사체로 돌려보내고, 시공간을 가로지르는 '악수'로서 거래는 완성된다." 그러나 실제로 뭐가 왔다 갔다 하는 일은 없다. 이 모든 과정은 순간적으로 일어나며, 흔히 '원격 작용'이라고 부르는 효과를 일으킬 뿐이다. 이러한 양자역학의 '거래적 해석'은 실험 결과에 대해 코펜하겐 해석이 내놓은 예측과 정확히 동일한 (그리고 정확한) 예측을 내놓는다. 또한 코펜하겐 해석이나 다른 양자역학 해석이 제시하는 것과 다른 내용을 예측하지도 않는다. 따라서 결국에는 어느 쪽을 선택하든 그냥 개인의 취향 문제가 된다. 그러나 이 이론은 '파동함수의 붕괴'를 도입하지 않고도 양자역학을 이해할 수 있다는 가능성을 보여 준다. 사실 파동함수의 붕괴를 기술하거나 그런 과정을 요구하지 않는 것이야말로 이 방정식의 장점이라 할 수 있다. 어차피 파동함수의 붕괴는 보어가 아무런 증거도 근거도 없이 도입한 전략적 장치에 불과하다. 그리고 슈뢰딩거는 파동함수의 붕괴를 몹시 싫어했다.

다음 장에서 논의하겠지만, 파동함수 붕괴에 대한 슈뢰딩거의 반감은 결국 그 유명한 사고 실험의 탄생으로 이어졌다. 그러나 이 아이디어를 떠올릴 무렵 슈뢰딩거는 1930년대 초 독일을 휩쓴 정치적 혼란에 휘말려 베를린을 떠나야만 했다.

사람들과 정치

1930년대 초에 발생한 혼란의 직접적인 원인은 1929년 10월 월 스트리트 대폭락에서 시작된 전 지구적 경제 대공황이었다. 독일의 불황과 대량 실업은 결국 나치의 부활로 이어졌고, 나치당에 신입 당원이 대거 유입되면서 나치 지지자와 공산당원들은 격렬한 시가전을 벌이며 맞섰다. 연이은 선거에서 나치당의 득표율은 서서히 증가해 1932년 7월에는 37퍼센트로 정점을 찍었다. 전체 과반에는 미치지 못했지만 국가 의회에서 가장 많은 의석수를 차지한 정당이 된 것이다.

대학의 종신 교수들은 복잡한 사회 문제로부터 거리를 둘 수 있었고 사실상 봉급이 그대로 유지되면서 물가 하락의 혜택을 보기도 했지만, 연구비 삭감은 피할 수 없었다. 학생들과 대학 교원들은 일반 대중과 같은 고통을 겪었고 같은 방식으로 대응했다. 대학 구내에서 폭동이 일어났고(대학 경내는 경찰이 들어갈 수 없었다), 유대인 학생 수를 제한하는 할당제를 지지하는 시위도 벌어졌다. 슈뢰딩거는 나치를 싫어한다는 사실을 굳이 감추지 않았지만, 그렇다고 나치에 반대하는 행동에 적극적으로 나선 적도 없었다. 그는 계속 강의를 이어 갔지만, 상황이 점점 악화되면서 연구는 거의 하지 못했다.

1932년 11월 또 다른 선거에서 나치의 득표율은 37퍼센트에서 32퍼센트로 떨어졌다. 그러나 노장군들과 '융커Junker'라고 불렸던 토지 귀족들 그리고 기업가들은 불경한 동맹을 맺고 집권당의 강한 지도력과 국가적 자부심이 독일에 필요하다고 결정했다. 그들은 노망이 나서 사리 분별도 못 하면서 여전히 대통령 자리에 있던 힌덴부르크를 압박해 1933년 1월 30일에 아돌프 히틀러를 총리로 지명했다. 주사위는 던져졌다. 그러나 군 장성과 '융커'들이 말 잘 듣고 고분고분한 히틀러를 기대했다면 이는 큰 오판이었다. 1933년 3월 히틀러는 새로운 선거를 실시해 공산주의자들을 배제하는 간단한 방법으로 국회에서 다수당으로 올라섰다. 그리고 다수당의 권력을 활용해 자신에게 독재 권력을 부여하는 조례를 통과시켰다. 의회는 아무 힘도 쓰지 못하는 식물 의회가 되었다.

이런 혼란이 이제는 슈뢰딩거와 그의 가족에게도 영향을 미치기 시작했다. 아인슈타인은 히틀러가 총리로 지명되자마자 미국으로 떠났고, 나치가 득세하는 독일에는 결코 돌아가지 않겠다고 선언했다. 아인슈타인은 프로이센 아카데미 회원 자격도 내려놓았는데, 이에 아카데미는 사실상 "속이 다 후련하다"고 대응했다. 슈뢰딩거는 이런 상황에 대해 공식적인 견해는 표명하지 않았지만 더 이상 학회에는 참석하지 않았다. 대학 교원과 교수직을 포함해 정부 관직에서 유대인을 비롯한 '부적절한' 사람들을 배제하는 법안이 통과되었고, 1년 내로 독일 전역에서 2000명에 가까운 교원들이 해고당했다. 그중에는 막스 보른도 포함되어 있었다.

전 세계 수많은 과학자들이 공포에 사로잡혀 독일의 상황을 지켜보았지만, 도울 방법이 마땅히 없다고 느꼈다. 그러나 쫓겨난 유대인 과학자들을 지원해야겠다고 마음먹은 사람이 하나 있었다. 그는 당시 옥스퍼드 클래런던 연구소 소장으로, 사람들에게는 '교수'라는 애칭으로 불린 프레더릭 알렉산더 린더만이었다. 린더만이 특별히 박애주의적 성향이 있어서 독일 유대인을 돕겠다고 나선 것 같지는 않다. 그는 아버지에게 막대한 유산을 물려받은 부자였고, 미혼이었으며, 자신보다 열등하다고 여기는 사람들(여성도 포함해서)에 대해 막말을 해 대는 불쾌한 인물이었다. 유대인과는 특별히 관련이 없었는데, 당시 영국에서 그가 속한 계층의 사람들처럼 오히려 온건한 반유대주의자에 가까웠다. 처음에 그의 생각은 단순히 갈 곳 없는 일류 과학자들을 데려와 옥스퍼드 대학교 물리학과를 발전시켜 보자는 것이었다. 그러나 그의 계획은 거대하게 자라났다. 린더만은 어려운 경제 상황에도 불구하고 영국 임페리얼 화학회사ICI에서 용케 자금을 얻어 내 유명한 유대인 과학자를 초빙할 자리를 새로 마련했다. 따라서 영국 과학자들이 상대적으로 불리해질 일도 없었고 공적 자금도 필요하지 않았다. 이 계획은

대성공을 거두었고 수많은 고귀한 생명을 살렸다. 그러나 이 책에서는 린더만의 사업이 슈뢰딩거에게 끼친 영향에만 초점을 맞추려 한다.

1933년 4월, 린더만은 독일을 방문했다. 대략적인 상황을 파악하고 그가 도울 과학자의 최종 후보자 명단을 작성하기 위해서였다. 그는 이 문제가 일시적인 것이며, 독일은 곧 '나치의 광기'로부터 회복될 것이라고 생각했다. 그러나 독일에 와서 실상을 보고 나치가 꽤 오랫동안 권력을 잡을 것이라는 확신이 들었다. 린더만은 베를린에서 슈뢰딩거의 집을 찾아가 슈뢰딩거와 대화를 나누었다. 슈뢰딩거는 나치 정권에 대한 혐오를 거리낌 없이 드러냈다. 그 자리에서 린더만은 슈뢰딩거의 조수이며 당시 프리바트도젠트였던 프리츠 런던에게 새로 마련된 ICI의 펠로십 자리를 제안했다. 그러나 런던은 생각할 시간을 조금 달라며 린더만과 슈뢰딩거를 놀라게 했다.[5] 그때 슈뢰딩거가 말했다. "그 자리를 저한테 주시죠." 린더만은 그야말로 완전히 놀랐다. 슈뢰딩거는 유대인이 아니었고, 당시 정권으로부터 아무런 위협도 받지 않았다. 그런데도 슈뢰딩거는 독일에서 일어나고 있는 일에 반대한다는 이유로 45세의 나이에 기꺼이 평생 직장을 버리고 영국에서 임시직 이민자로 불확실한 미래를 시작하려 마음먹은 것이다. 물론 옥스퍼드로서는 횡

---

5 그러나 런던은 그리 깊이 생각하지 않고 제안을 받아들였고, 린더만 팀의 일원이 되었다.

재일 것이었다. 린더만은 영국으로 돌아가 자리를 알아봐 주겠다고 약속했다. 그러나 슈뢰딩거의 개인사와 관련된 문제가 하나 있었다(당시에 린더만은 몰랐지만). 슈뢰딩거는 친구 아르투어 마르히를 위해서도 자리를 마련해 달라고 부탁했다. 마르히와 함께 책을 써야 한다는 이유를 들었지만, 사실 진짜 이유는 그 무렵 슈뢰딩거가 이타를 잊고 마르히의 아내 힐데를 향한 마음을 불태우고 있었기 때문이었다.

그의 마음은 여름 내내 불타올랐고, 그 무렵 린더만은 영국에서 과학자들을 데려올 기금 마련에 열중하고 있었다. 사실 슈뢰딩거가 독일을 떠나기로 결심한 계기는 그해 5월에 독일 정부가 오스트리아 비자 수수료를 도입하면서였다. 독일인이거나 슈뢰딩거처럼 국가공무원 신분인 사람이 오스트리아를 방문하려면 1000마르크[6]의 비자 수수료를 내야 했다. 그러다 보니 에르빈과 아니는 경제적 부담 때문에 고향에 갈 수 없었고, 심지어 아니 어머니의 70세 생일을 축하하러 가지도 못했다. 슈뢰딩거 부부는 마음을 굳게 먹고 재산을 정리해서 대부분은 영국으로, 일부는 스위스로 보냈다. 그런 다음 새로 장만한 BMW를 타고 티롤로 휴가 여행을 떠났다. 처음엔 운전기사를 고용해 함께 출발했고, 가는 동안 기사에게 운전을 배웠다. 운전기사와는 스위스 국경에서 헤어졌다. 슈뢰

---

6 당시 평범한 독일 노동자의 7~8개월치 월급에 해당하는 금액이다.—옮긴이

딩거는 안식년을 요청하는 공식 서한을 대학 당국에 보냈지만, 사직서는 보내지 않았다. 물리학과 건물 경비원에게도 엽서로 이번 가을학기에는 강의하지 않을 것이라고 알렸다. 급여는 9월 1일부로 중단되었지만, 이 무렵 슈뢰딩거는 안전하게 독일을 벗어나 있었다.

그때까지 힐데를 향한 구애는 별 성과가 없었다. 심지어 슈뢰딩거가 아니와 이혼하고 힐데와 결혼하겠다고까지 했지만 힐데는 반응이 없었다. 그러나 그에게는 확신이 있었다. 그해 5월 일기장에는 이런 기록이 있다. "지금까지 나랑 잔 여자들 중에 나와 함께 평생을 보내고 싶어 하지 않는 여자는 단 한 명도 없었다. 선하신 하느님의 이름을 걸고, 그녀도 똑같이 그렇게 될 거라고 맹세한다." 그리고 그의 생각대로 상황이 바뀌려 하고 있었다.

이동하는 동안 운전대를 잡은 것은 주로 아니였다. 슈뢰딩거 부부는 취리히에 들렀다가 그 길로 산맥을 넘어 이탈리아로 향했다. 그들은 브레사노네로 향했는데, 당시는 브릭센이라는 이름으로 오스트리아 제국에 속한 지역이었으며 아르투어 마르히의 고향이기도 했다. 그곳에서 슈뢰딩거 부부는 마르히 부부와 만났다. 보른 가족도 근처에서 머물고 있어서, 아니는 그녀의 연인인 헤르만 바일과 함께 보른을 만나러 갔다. 그때까지 슈뢰딩거의 구애에 완강히 버티던 힐데는 결국 무너졌고, 아르투어의 묵인 아래 에르빈과 자전거 여행에 나서게 되었다. 그리고 돌아올 무렵, 힐데는 임신을 했다. 아르투어와 4년간의 결혼 생활을 하면서도 아이는 없었다. 아마도 이것이 아르투어가 이 관계를 용납하고 에르빈과 계속 우호적인 관계로 남은 이유일 것이다. 한편 아니로서는 딱히 반대할 입장이 아니었기에 여전히 힐데와 친분을 유지했다.

힐데를 성공적으로 손에 넣고도 새로운 기회를 외면하지 않은 걸 보면, 슈뢰딩거의 연애 경향에 뭔가 변화가 생겼음을 알 수 있다. 그해 9월에 에르빈은 가르다 호수 근처 말체시네로 갔다. 그의 이탈리아 방문 계획을 알고 있던 린더만에게는 미리 편지를 보내 그곳에서 만나자고 제안해 두었다. 말체시네에서 에르빈은 아니의 옛 고용주의 딸 한지 바우어와 우연히 마주쳤다. 스물여섯 살의 한지는 프란츠 봄과 결혼하고 신혼여행을 와 있었다. 한지보다 열 살이 더 많았던 봄은 빈에서 공학과 정치학을 공부했다. 제1차 세계대전 때는 슈뢰딩거처럼 포병장교로 복무했고, 당시에는 잉거솔 회사에서 일하고 있었다. 한지 바우어는 월터 무어와의 인터뷰에서 신혼여행 때의 분위기는 좋지 않았고, 이미 결혼에 대한 환상이 깨진 상태였다고 털어놓았다. 한지는 식료품점에서 우연히 에르빈을 만났는데, 둘 사이에 '스파크'가 튀었다고 했다. 그러나 이 스파크가 불꽃으로 점화되기까지는 시간이 좀 걸렸다.

린더만은 곧 좋은 소식을 들고 가르다 호수에 도착했다. 슈뢰딩거는 2년간 영국 옥스퍼드로 갈 수 있게 되었다. 교수와 비슷한 수준의 급여는 대부분 ICI에서 제공하지만, 옥스퍼드에서 연구를 수행할 수 있었다. 10월 3일, 슈뢰딩거는 부재중인 상태에서 옥스퍼드 막달렌 칼리지의 펠로로 선출되었다. 그 직후 그는 아니와 함께 BMW를 타고 파리를 거쳐 브뤼셀로 가서 제7차 솔베이 학회에 참석했지만 눈에 띄는 활동은 하지 않았다. 부부는 마침내 1933년 11월 4일 옥스퍼드에 도착했다. 타이밍은 완벽했다. 막달렌의 펠로로서 공식적인 환영을 받은 그날, 슈뢰딩거는 폴 디랙과 함께 1933년 노벨 물리학상을 공동 수상하게 되었다는 소식을 들었다. 여러 면에서 그의 인생은 새로운 장을 열고 있었다.

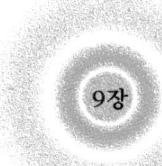

9장 양자 고양이의 등장

슈뢰딩거 부부는 옥스퍼드에 도착해 짐을 풀 새도 없이 곧바로 노벨상 시상식 참석을 위해 떠나야 했다. 시상식은 알프레드 노벨의 기일인 12월 10일에 열렸다. 잘 알려져 있다시피, 이 상은 다이너마이트를 발명한 노벨의 유산으로 제정되었다. 부부는 12월 8일 스톡홀름에 도착했고, 슈뢰딩거는 적법한 절차에 따라 물리학상 상금 중 자신의 몫인 10만 크로네(현재 환율로는 약 27,000달러)를 받았다. 그는 현명하게도 이 돈을 고스란히 스웨덴에 남겨 두기로 결정했다. 12월 12일 슈뢰딩거는 '파동역학의 기본 개념'을 주제로 복잡한 수학 없이 노벨상 수락 강연을 무사히 마쳤다. 이제 옥스퍼드로 돌아갈 시간이었다. 부부는 노스무어 로드 24번지의 넓은 셋집을 구해 정착했다. 마르히 부부도 근처인 빅토리아 로드 86번지에 자리를 잡았다. 그러나 에르빈이 옥스퍼드에서 처음으로 내려야 했던 결정은 옥스퍼드에 언제 장기 휴가를 신청하느냐였다.

1933년 슈뢰딩거는 폴 디랙과 함께 노벨 물리학상을 공동 수상했다. 노벨상을 받기 위해 스웨덴 스톡홀름역에 도착한 슈뢰딩거(아래 사진 맨 오른쪽)는 이때도 평소와 같이 편한 차림이었다. 함께한 사람들은 (왼쪽에서 오른쪽으로) 아니 슈뢰딩거, 폴 디랙의 어머니, 폴 디랙 그리고 베르너 하이젠베르크이다.

또 한번의 미국 방문

노벨상 수상 소식을 듣기 전 옥스퍼드에 도착해 보니, 프린스턴 대학교에서 보낸 편지가 슈뢰딩거를 기다리고 있었다. 1개월에서 3개월 정도 원하는 대로 기간을 선택해 강연 여행을 와 달라는 초청장이었다. 보수는 월 1000달러였고, 여행 경비로 500달러가 따로 지급될 예정이었다. 단 3개월 만에 옥스퍼드의 1년치 월급과 맞먹는 돈을 벌 수 있는 이런 제안을 받았을 때, 그가 고민해야 할 유일한 문제는 언제 출발해서 얼마나 오랫동안 나가 있을 것인가였다.

이 너그러운 제안 뒤에는 숨은 목적이 있었다. 프린스턴 물리학과의 수리물리학 교수 자리가 공석이었고, 슈뢰딩거는 두 명의 최종 후보 중 하나였다(다른 하나는 하이젠베르크였다). 강연 여행은 두 후보자를 지켜보며 평가하고, 마음에 드는 사람에게는 정교수로 와 달라고 설득할 수 있는 좋은 기회였다. 그러나 프린스턴 대학교는 다소 신속하게 설득 작업을 수행해야 했다. 슈뢰딩거가 1개월 기간으로 초청을 수락해서, 1934년 3월 8일 영국을 떠나 4월 13일에 다시 돌아가는 짧은 일정이었기 때문이다. 슈뢰딩거가 없을 때 아니는 당시 케임브리지에 있던 보른 가족을 방문했다.

프린스턴에 있는 동안, 슈뢰딩거는 프린스턴 대학교 대학원에서 묵었다. 그곳은 옥스브리지 칼리지를 모방해 고딕 양식으로 지어진 건물이었다. 그는 늘 그렇듯 정확하고 명쾌한 강연을 했고, 당연히 교수직을 제안받았다. 아이러니하게도 강연 여행은 슈뢰딩거의 강의 능력을 보기 위해 기획된 것이었는데, 제안된 교수직은 강의 의무가 없었다. 슈뢰딩거는 즉시 이 상황을 린더만에게 편지로 알리면서, 이 제안을 심각하게 고민하고 있다고 썼다. "세상의 평판에도 불구하고, 결국 나는 내 나이와 직업에 걸맞다고 할 만한 [정규직의] 안정된 자리를 갖지 못했습니다. 그리고 만일, 내가 [집으로] 돌아가는 길에 바다에서 익사한다면, 내 아내는 독일에서 지급하는 연금으로도, 그것[슈뢰딩거 방정식]으로도 살아갈 수 없을 것입니다. 나는 이 점이 심히 두렵습니다."

이 편지에서 보듯 슈뢰딩거는 자신의 안위뿐 아니라 자신이 죽은 뒤 아내의 생활을 염려해 장기적으로 안정된 환경을 만들고 싶어 했다. 어머니의 힘겨운 말년을 지켜보았던 그는 늘 경제적 안정을 걱정했다. 연금 조건이 좋은 직업에 집착하다시피 했고, 그러다 현명하지 못한 결정을 내리기도 했다. 그러나 지금은 바로 그 연금 때문에 미국행이 망설여졌다. 슈뢰딩거는 최대한 오래 고민하다가 결국 6월에 제안을 거절했다(프린스턴은 하이젠베르크도 붙잡지 못했다). 프린스턴에서 제안한 급여 수준은 훌륭했지만(옥스퍼드가 주는 급여의 두 배인 1만 달러였다), 유족 연금 조건은 썩 좋지 않아서 1년에 약 200달러밖에 되지 않았던 것이다.

다른 문제도 있었다. 임신한 힐데 마르히는 어떻게 할 것인가? 슈뢰딩거는 일기에 "엄마와 아이의 곁을 떠나야 한다면" 슬플 것이라고 썼다. 프린스턴이 아르투어 마르히의 자리까지 마련해 줄

가능성은 없었다. 프린스턴 사람들 사이에서는 (입증된 사실이라기보다는 떠도는 이야기 차원에서) 슈뢰딩거가 당시 프린스턴 대학교 총장이던 존 히븐과 이 문제를 상의했고, 히븐은 슈뢰딩거가 아내와 정부情婦, 게다가 사생아까지 데리고 보수적인 대학 캠퍼스에 오겠다는 말에 소스라치게 놀랐다는 이야기가 전해진다. 옥스퍼드 대학도 이 문제에 있어서는 프린스턴보다 더하면 더했지 결코 덜하지 않은 충격을 받았고 경악했다.

옥스퍼드와 그 너머

남성 중심 환경이던 1930년대의 옥스퍼드 대학교에서, 결혼해서 아내가 있는 것만으로도 이상하게 여겨질 일이었는데 아내가 두 명인 슈뢰딩거는 더더욱 이상해 보였을 것이다. 그러나 슈뢰딩거는 힐데를 정확히 두 번째 아내처럼 대했다. 아이가 태어나기 전 몇 달 동안 그녀와 함께 옥스퍼드 캠퍼스를 산책했고, 사람들 앞에서도 두 사람의 관계를 숨기지 않았다. 그들이 전통적인 도덕관념에 딱 하나 양보한 것은 그 아기, 루스 게오르게 에리카가 1934년 5월 30일 태어났을 때 출생증명서에 아르투어 마르히의 이름을 아버지로 적어 낸 것이었다. 힐데는 아마도 산후 우울증이었거나 또는 기묘한 슈뢰딩거 가족 안에서 느끼는 심리적 부담 때문에 힘겨워한 나머지, 처음에는 아기에게 거의 관심을 보이지 않았다. 아기는 태어나서 첫 몇 달 동안은 대부분 아니와 유모의 보살핌을 받았다.

이런 일들 때문에 슈뢰딩거와 린더만 그리고 ICI의 관계는 경색되었다. 린더만과 ICI는 슈뢰딩거에게 속아 마르히를 데려온 것 같다고 느끼게 되었다(그들의 느낌은 정확했다!). 슈뢰딩거도 옥스퍼드에 반감을 품고 있었다. 그는 막스 보른에게 옥스퍼드를 이렇게 설명했다.[1] "여기 칼리지들은 동성애자의 산실 같아요. 얼마나 기묘한 남자들을 길러 내는지 말입니다." 슈뢰딩거는 격식 없는 대학 만찬에도 당혹감을 느꼈다. "옆에 누가 앉을지도 몰라요. 옆 사람에게 자연스럽게 말을 건넸는데, 알고 보니 주교이거나 장군인 거죠." 강의 의무 면제도 썩 기분 좋은 일은 아니었다. 그는 일주일에 딱 한 번, 〈기초 파동역학〉 강의만 했고, 아니에게 할 일이 너무 없어서 자선사업 대상이 된 것 같다며 투덜거렸다. 그러나 1934년 여름에 잠시나마 이런 상황에서 벗어날 기회가 생겼다.

슈뢰딩거는 스페인의 산탄데르와 마드리드에서 강연해 달라는 초청을 받았다. 슈뢰딩거가 스페인에 가 있는 동안 아니는 스위스에서 바일과 함께 지내기로 했다. 산탄데르 강연은 스페인어로 번역되어 책으로도 출간되었고, 슈뢰딩거는 강연을 주선한 철학자 호세 오르테가와 친밀한 관계를 쌓았다. 옥스퍼드와는 대조적으로 스페인에서의 모든 경험이 너무나 즐거웠기 때문에, 그는 1935년

---

[1] Born, *My Life* 참고. A. J. Ayer의 자서전 *Part of my Life*를 보면 당시 옥스퍼드 사회를 자세히 들여다볼 수 있다.

봄에 아니와 BMW를 타고 다시 스페인을 제대로 둘러보았다. 마드리드에 잠시 들러 강연을 하기도 했다. 마드리드 대학교로 이직하는 것도 진지하게 고려했던 것 같지만, 1936년 스페인 내전이 발발하면서 가능성은 사라졌다. 슈뢰딩거의 친구이자 확고한 공화주의자였던 오르테가는 이 시기에 스페인에서 추방당했다.

마드리드에 머무는 동안 슈뢰딩거는 그간 해결 못 했던 일들을 정리했는데, 아마도 스페인으로 이주할 마음이 있었기 때문일 것이다. 그는 베를린에 사직서를 보냈고, 사직서는 3월 31일에 정식으로 수리되었다. 6월 20일에는 그간의 노고에 감사한다는 내용으로 히틀러의 공식 서한이 도착했으며, 1935년 7월에는 베를린 대학교 명예교수 칭호를 받았다. 슈뢰딩거와 베를린 대학교의 관계는 화기애애하게 잘 마무리되었던 것 같다.

다시 영국으로 돌아온 슈뢰딩거는 유럽 파시즘의 부상으로 뜨거운 화두가 된 '자유'에 대한 시리즈 강연 중 하나를 맡아 달라는 부탁을 받았다. 시리즈 강연은 BBC 라디오를 통해 방송되었는데, 노벨상 수상자들은 전공 분야에 상관없이 이런 강연을 요청받곤 했다. 슈뢰딩거의 강연 제목은 '자유의 동등성과 상대성'이었고, 이 내용은 다른 강연록과 함께 《더 리스너 The Listeners》라는 잡지에 게재되었다. 그가 주장하는 핵심은 자유는 상대적이라는 것이었다. 이것이 세상을 뒤흔들 만한 놀라운 주장은 아니었지만, 그의 삶의 맥락에서 보면 한 가지는 빠지고 한 가지는 포함되었다는 점에서 의미심장하다. 빠진 부분이란 그가 당시 나치 독일의 상황을 전혀 언급하지 않았다는 것이고, 포함된 내용은 슈뢰딩거가 이타의 낙태로 인해 얼마나 큰 영향을 받았는지를 보여 주는 것이었다. 그러나 1930년대 BBC 방송에서 이러한 내용을 언급하기 위해 그는 상당히 에둘러 표현해야 했다(아이러니하게도 이런 상황은 결국 또 다른 자유의 억압을 드러낸다). "한 개인이, 이 경우에는 여성이, '존경받는 사람들'로부터 경멸과 배척을 당하지 않기 위해, 대부분의 국가에서 징역형을 당할 수도 있는 행위를 저지르도록 강요받습니다. 여러분은 지금 내가 무슨 말을 하는지 잘 아실 것입니다."

이 방송을 한 직후, 슈뢰딩거의 관심은 아인슈타인이 새롭게 내놓은 양자역학의 해석으로 다시 향했다.

빛보다 빠르게?

아인슈타인은 1935년에 프린스턴 고등과학 연구소에 정착했다. 그곳에서 그는 젊은 동료 보리스 포돌스키1896~1966 그리고 네이선 로젠1909~1995과 함께 연구했고, 세 사람은 (이 경우는 포돌스키의 주도하에) 파동함수 붕괴와 코펜하겐 해석에 숨어 있는 터무니없는 난센스(그들이 볼 때)에 대한 결정적인 반론을 고안해 보기로 했다. 실제로 역설은 아니지만 이후 'EPR 역설'로 알려지는 그들의 논문은 1935년 5월 《피지컬 리뷰》에 「물리적 실체에 대한 양자역학의 서술을 완벽하다고 볼 수 있는가?」라는 제목으로 게재되었다.[2] 논문에서는 이 문제를 위치와 운동량 측정이라는 관점에서 서술했지만, 내가 볼 땐 전자 스핀을 예시로 드는 것이 더 간단할 것 같다.

두 개의 전자가 하나의 양자계(예를 들면 원자핵)에서 방출되는 상황을 상상해 보자. 전자는 각기 다른 방향으로 방출되지만, 대칭 법칙에 따라 서로 반대 스핀을 가져야 한다. 코펜하겐 해석에 따르면, 두 전자 중 어느 것도 측정되기 전까지는 스핀이 결정되지 않는다. 각각의 전자는 측정되기 전까지는 50:50의 확률로 위 스핀과 아래 스핀 상태의 '중첩'으로 존재한다. 그러다 어느 한순간, 오직 그 순간에, 파동함수는 둘 중 하나의 상태로 붕괴한다. 그러나 이때 대칭 법칙 때문에 다른 전자는 반대 스핀을 가져야 한다. 두 전자가 모두 중첩 상태에 있을 때는 괜찮다. 그러나 한 전자가 측정되는 순간, 이제는 멀찍이 떨어져 있는(원칙적으로는 우주 반대편에 있을 수도 있다) 다른 전자가 같은 순간 동시에 붕괴되어 반대의 양자 상태를 갖는 것이다. 이 다른 전자는 어떻게 자신이 붕괴할 양자 상태를 알 수 있단 말인가? 이 기묘한 연결 상태를 아인슈타인은 '유령 같은 원격 작용'이라고 불렀다. 언뜻 보기엔 유령 같은 원격 작용으로

---

2 이 논문은 다른 중요한 논문들과 함께 존 휠러와 보이치에흐 H. 주레크가 편집한 논문 선집 『양자 이론과 측정』에 수록되어 있다. EPR 역설에 관한 토론은 프랑코 셀러리가 편집한 『양자역학 대 국소적 실재 *Quantum Mechanics versus Local Realism*』에서 찾을 수 있다. 아인슈타인은 이 논문을 쓰는 데 거의 기여하지 않았지만, 자신의 이름을 공동 저자로 올리도록 허락했다. (EPR도 아인슈타인, 포돌스키, 로젠, 세 사람 이름의 머리글자이다.—옮긴이)

두 입자가 연결되어 있고, 두 입자는 빛보다 빠른 속도로 정보를 주고받은 것처럼 보인다. 그리고 모든 양자 개체는 (따라서 모든 것은) 같은 방식으로 연결되어 있어야 한다.

상대성 이론의 핵심은 그 어떤 신호도 빛보다 빠르게 이동할 수 없다는 것이며, 이 내용은 지금까지 진행된 모든 실험적 검증을 통과했다. 따라서 아인슈타인은 이 EPR 역설이 보어의 견해를 완벽하게 반박한다고 보았다. '코펜하겐 해석에 따르면 두 번째 계가 지닌 성질의 실재성은 첫 번째 계에서 수행되는 측정 과정에 의존하며, 이 측정 과정은 어떤 식으로든 두 번째 계를 교란시키지 않는다. 그러나 실재에 대한 그 어떤 합리적인 정의도 이런 상황을 허용하리라 기대할 수 없다.' 이것이 EPR 논문의 결론이었다.

대신 아인슈타인은 우주에는 우주의 작용을 통제하는 보이지 않는 시계 장치 같은 것이 있다는 대안을 선호했다. 그런 시계 장치가 불확실성이나 붕괴하는 파동함수 같은 양상을 보이게 할 뿐, 앞선 예시에서 전자 각각의 스핀은 '실제로는' 항상 명확하게 정해져 있다는 것이다. 다시 말해 사물은 '실재'이며, 우리가 쳐다보든 말든 중첩 상태 같은 것으로 존재하지 않는다는 얘기다. 우주가 양자 수준에서도 관측 여부와 상관없이 실재하는 것들로 구성되어 있으며, 빛보다 빠른 신호 전송은 없다는 개념을 '국소적 실재local reality'라고 한다(국소성의 원리라고도 한다-옮긴이).

1980년대에 국소적 실재가 우주에 대한 정확한 서술이 아님을 증명하는 아름다운 실험들이 등장했으니, 어쩌면 아인슈타인이 그 전에 세상을 떠난 게 다행일지도 모르겠다. 뒤에서 이 실험들을 좀 더 자세히 다루겠지만, 간략히 말하면 실험의 의미는 국소성을 포기하거나(빛보다 빠른 통신을 허용) 실재를 포기해야(그 대신 파동함수의 붕괴를 인정) 한다는 것이다. 아니면 (나중에 설명하겠지만) 아예 다른 답으로 가야 한다. 그러나 1935년에는 누구도 이것을 알지 못했다. 특히 슈뢰딩거는 EPR 논문을 보고 대단히 기뻐했다. 그는 즉시 아인슈타인에게 편지를 썼다. "저는 상대성 이론과 일치하는, 즉 모든 영향이 유한한 속도로 전달된다는 원리와 일관된 양자역학이란 존재하지 않는다고 이해했습니다." 그리고 그해《케임브리지 철학학회 회보》에 게재한 논문에서 이렇게 썼다. "실험자가 접근할 수 없는 계를 어떤 식으로든 조종하도록 허용하는 이론은 다소 불편하다."[3] 이것이 그 유명한 슈뢰딩거의 고양이의 기원이다.

상자 속 고양이

슈뢰딩거의 고양이가 등장하는 유명한 '사고 실험'의 기본 아이디어는 상당 부분 아인슈타인에게서 나온 것이었다. 상자 속 고양이

---

[3] 같은 해《자연과학》에 발표된 다른 논문에서, 슈뢰딩거는 두 양자 개체가 서로 연관되는 방식을 설명하기 위해 '얽힘'이라는 용어를 만들었다. 그의 말을 직접 인용해 보자. "고전적 사고방식에서 완전히 벗어나도록 하는 양자역학의 특성은 두 대표자(또는 ψ-함수)가 상호작용을 통해 서로 얽히게 된다는 것이다."

아이디어는 EPR 논문을 계기로 두 사람이 서신을 주고받으며 차츰 다듬어졌다. 이 편지들은 현재 프린스턴 대학교의 아인슈타인 문서고에 보관되어 있다. 아인슈타인은 한 편지에서 밀폐된 상자 두 개와 공 한 개로 이루어진 계를 제시했다. 그리고 상자 안을 들여다보는, "관측이 수행될 때 두 상자 중 어느 한쪽에서 공을 찾을 수 있는" 상황을 설정했다. 우리가 경험하는 일반 상식에 따르면 공은 언제나 한쪽 상자 안에 있고 다른 상자에는 없다. 반면, 코펜하겐 해석은 어느 쪽 상자든 열기 전에는 파동함수가 50:50의 확률로 두 상자 모두를 채우고 있고(그러나 그 사이의 공간은 아니다!), 상자 중 하나가 열릴 때 파동함수가 붕괴해 공이 이 상자 또는 저 상자 안에 있는 것이라고 설명한다. 아인슈타인은 이렇게 결론지었다. "따라서 나는 분리 원칙을 도입합니다. 두 번째 상자는 첫 번째 상자에서 일어나는 일과는 완전히 독립적입니다."

아인슈타인은 다음 편지에서 또 다른 귀류법을 제시했다. 그는 슈뢰딩거에게 1년 안에 언젠가는 폭발할 '수도' 있는 화약 더미 아이디어를 설명했다. 그 1년 동안 화약의 파동함수는 여러 상태의 혼합으로 이루어진다. 그러니까 폭발하지 않은 화약의 파동함수와 폭발한 화약의 파동함수의 중첩이 된다는 말이다.

처음에 ψ-함수는 비교적 잘 정의된 거시 상태로 규정됩니다. 그러나 당신의 방정식에 따르면, 1년이 지난 후 이는 더이상 성립하지 않습니다. 오히려 ψ-함수는 아직 일어나지 않은 계와 이미 폭발한 계의 혼합으로서 서술되기 때문에, 그 어떤 해석으로도 이 ψ-함수를 실제 현실의 상태에 대한 적절한 서술로 바꿀 수 없습니다. … 현실에서는 폭발과 비폭발 사이의 중간이란 없으니까요.

EPR 논문 그리고 아인슈타인과 주고받은 편지에 자극을 받은 슈뢰딩거는 긴 논문을 작성하고, 1935년 말에 이 논문을 3부로 나눠 독일의 학술지 《자연과학 Naturwissenschaften》에 발표했다. 이 논문은 자신이 산파 역할을 한 양자 이론에 대한 슈뢰딩거 자신의 이해를 집대성한 것이다. 「양자역학의 현 상황」이라는 논문에서 그는 '얽힘' 그리고 고양이 '역설'이라는 두 개념을 세상에 내놓았다. 그러나 이 고양이 역설은 (EPR '역설'처럼) 실제로는 전혀 역설이 아니다. 이 논문은 존 트리머가 영어로 훌륭하게 번역해 1980년 《미국 철학학회 회보》에 게재했으며, 휠러와 주레크가 편집한 책 『양자 이론과 측정 Quantum Theory and Measurement』에서도 찾아볼 수 있다. 상자 속 고양이 실험은 오랫동안 수많은 변형이 등장하며 왜곡된 설명을 양산했다. 그러므로 (트리머가 번역한) 슈뢰딩거의 원본 버전으로 돌아가 이 문제를 명확히 정의하는 게 최선일 것 같다.

심지어 이런 터무니없는 사례도 설정할 수 있다. 고양이가 쇠로 만든 방에 갇혀 있다. 방 안에는 사악한 장치도 함께 들어 있는데(고양이가 건드리지 못하게 설치해야 한다), 이 장치는 가이거 계수기 안에 소량의 방사성 물질이 들어 있는 구조이다. 방사성 물질은 양이 워낙 적어서 어쩌면 한 시간 안에 원자 중 하나가 붕괴할 수 있다. 그러나 같은 확률로 붕괴하지 않을 수도 있다. 만일 원자가 붕괴하면, 계수기의 관이 방전되면서 순차적으로 해머가 풀려나고, 해머는 청산가리가 들어 있는 작은 플라스크를 깨뜨린다. 이 전체 계를 한 시간 동안 놔 두면, 원자가 붕괴하지 않은 동안에는 고양이가 살아 있다고 말할 수 있다. 첫 번째 원자가 붕괴하면 고양이는 독으로 죽을 것이다. 이때 전체 계의 ψ-함수는 살아 있는 고양이와 죽은 고양이(불편한 표현을 용서하시길)가 똑같은 비율로 섞여 있거나 스며들어 있는 상태로 표현된다.

이런 상황은 원래 원자 영역에 제한되었던 불확실성이 거시적 불확실성으로 전환되는 사례의 전형으로서, 직접적인 관측을 통해 해소될 수 있다.

다시 말해, 이후 20세기 동안 학교에서 널리 가르치고 수용되었던 (그러나 보편적이지는 않은) 양자역학 버전에 따르면, 고양이는 누군가 상자 안을 들여다봐서 그 관측 행위에 의해 '파동함수가 붕괴하기' 전까지는 살아 있으면서 죽어 있는 상태에 있다는 것이다(또는 살지도 않고 죽지도 않은 상태, 어느 쪽이든 마음에 드는 걸로 생각하면 된다). 그러나 방정식에는 파동함수의 붕괴에 관한 내용이 아무것도 없다. 기억하자. 이것은 전적으로 보어가 도입한 임시방편의 설명이며 실체적 근거는 전혀 없다. 슈뢰딩거의 사고 실험에서 얻어야 할 가장 중요한 단 하나의 메시지는 바로 이것이다. (그리고 강조하지만, 이 실험은 '머릿속에서만' 이루어진 것이다. 지금껏 그 누구도 실제 고양이에게 이런 짓을 한 적은 없다.) 1935년에는 이 '상자 속 고양이' 아이디어가 많은 사람의 관심을 끌진 못했다. 하지만 적어도 아인슈타인은 슈뢰딩거가 내놓은 퍼즐의 중요성을 충분히 인식했다. 슈뢰딩거는 논문을 발표하기 전 이 내용을 편지로 아인슈타인에게 설명했으며, 아인슈타인은 이렇게 답했다. "당신의 고양이는 이 이론의 특성을 평가하는 데 우리의 견해가 완전히 일치함을 보여 줍니다. 살아 있는 고양이와 죽은 고양이를 동시에 포함하는 ψ-함수는 실제 상황에 대한 서술로 용인될 수 없습니다."

파동함수 붕괴라는 개념의 부조리한 본질을 지적한 것에서는 슈뢰딩거가 옳았고, 양자 세상의 원리를 이해하는 데는 더 나은 방법들이 있다. 가장 흥미로운 방법은 훗날 슈뢰딩거가 거의 개발 직전까지 가기도 했다. 그러나 3부작 논문 발표 이후 몇 달 동안 에르빈은 마음속에 다른 문제를 품고 있었다.

옥스퍼드에서, 사랑을 담아

원래 ICI의 계획은 난민 과학자들이 2년이면 영구적으로 자리를 잡을 수 있을 것이라 가정하고 2년 한정으로 비상 자금과 임시 일자리를 마련해 주자는 것이었다. 이 혜택을 받은 과학자 중 일부는 2년 만에 무사히 정착했지만, 많은 이들은 그러지 못했다. 아르투어 마르히도 2년이 지나자 아내 힐데와 아기 루스를 데리고 인스브루크로 돌아가야 했다. 고향으로 돌아간 힐데는 몇 개월간 요양원에서 지내며, 냉혹한 옥스퍼드에서 슈뢰딩거의 두 번째 '아내'이자 사생아의 엄마로 살면서 입은 상처를 회복하는 데 집중했다. 한동안 적적했던 슈뢰딩거는 곧 위안을 찾았다. 부유한 유대인 집안이던 프란츠 봄과 한지가 베를린에서 살다가 나치의 위협을 피해 런던으로 건너온 것이다. 마침 편리하게도 런던에는 아니 슈뢰딩거가 이용할 수 있는 아파트가 있었다. 아니는 에르빈이 힐데와 함께 시간을 보내도록 두고 에르빈을 떠나 종종 이곳을 찾곤 했다. 덕분에 슈뢰딩거는 한지와 '함께 있을' 자유를 얻었고, 한지는 옥스퍼드를 자주 방문하게 되었다. 1935년 여름에는 에르빈과 한지가 함께 채널 제도로 휴가를 떠나기도 했다.

그러나 업무적으로는 썩 만족스럽지 못한 상황이었다. 슈뢰딩거는 특별 케이스라고 설득된 ICI는 그에게 2년간 자금 지원을 연장해 주겠다고 제안했지만, 연금 문제가 여전히 해결되지 않은 상태였다. 게다가 슈뢰딩거는 옥스퍼드 대학 사회에서 한 번도 편안함을 느낀 적이 없었다. 영국에 있는 동안 마드리드 대학교에서 받은 교수직 제안이 가장 솔깃했는데, 1936년 7월 스페인 내전이 발발하지만 않았어도 이 제안을 수락했을 것이다. 하지만 이 밖에도 잠시 제쳐 둔 또 다른 기회가 있었다.

오스트리아 그라츠 대학교에 공석이 생길 것이란 소문이 돌았다. 오스트리아는 슈뢰딩거의 모국이었으니 슈뢰딩거로서는 몹시 마음이 움직였다. 몇 가지 실질적인 특권만 보장된다면, 특히 스웨덴에 묻어 둔 저축을 그대로 두는 것이 허용된다면, 그라츠로 가도 좋을 것 같았다. 1935년 5월, 그는 아인슈타인에게 편지를 썼다.

내가 한곳에서 오래 못 견디는 사람이라 그런 건 아닙니다. 지금까지 나는 나치 독일만 아니면 어디든 대체로 만족했습니다. 이곳 사람들이 저에게 매정하거나 불친절하게 구는 것도 아닙니다. 그럼에도 불구하고 일하지 않으면서 다른 사람들의 호의에 의지해 살아가는 것 같은 느낌이 점점 강하게 듭니다. 처음 여기 왔을 때는 학생들을 가르칠 수 있겠거니 생각했지만, 이곳 사람들은 교육에 큰 가치를 부여하지 않습니다. … 지금 나는 여기 앉아서 존경받는 노신사[그라츠 대학 재임 교수]가 세상을 뜨거나 노쇠해지기만 기다리고 있습니다. 그래서 그들이 저를 그의 후계자로 삼을 수 있도록 말입니다.

그해 12월에 슈뢰딩거는 오스트리아를 방문했다. 순수하게 분위기를 보기 위해서였다. 그는 그라츠에 머물면서 빈에서 강연을 하고, 교육부 장관을 만나 그라츠 대학교 교수직의 가능성과 그의 특별 요구 사항에 대해 논의했다. 크리스마스 시즌이 되자 스키 여행을 간 김에 힐데와 루스를 만나 함께 시간을 보내고, 영국으로 돌아오기 전 잠시 짬을 내 베를린에서 막스 폰 라우에도 만났다. 그러나 그곳에서, 차근차근 진척되어 가던 오스트리아 귀환 계획은 또 다른 제안으로 인해 일시적으로 혼란에 빠졌다.

저명한 물리학자이자 바로 '그' 찰스 다윈의 손자인 찰스 다윈은 1935년 말 에든버러 대학교 교수직을 사임하고 케임브리지 크라이스트 칼리지 학장이 되었다. 에든버러 대학교에서는 그의 후임을 찾기 위한 위원회가 소집되었고, 1936년 5월에 슈뢰딩거가 최고 적임자라는 보고가 대학 이사회에 올라갔다. 위원회는 교수 선발 과정의 일환으로 슈뢰딩거를 에든버러로 초청했는데, 아직 케임브리지로 떠나기 전인 다윈이 그를 안내했다. 대학의 원로 교수 중 몇몇은 슈뢰딩거의 악명 높은 옷차림에 눈썹을 치켜올리기도 했다. 그는 늘 그렇듯이 알프스 하이킹 여행에나 어울릴 법한 옷을 입고 왔던 것이다. 어쨌든 영국 대학의 구직 면접에 입고 올 만한 복장은 아니었다. 그러나 위원회 사람들은 슈뢰딩거가 마음에 들었고, 내무성의 보증으로 슈뢰딩거가 영국 영주권을 취득할 수 있도록 정식 제안서도 넣었다. 급여는 1년에 1200파운드로 수수한 수준이었지만, 70세까지 정년이 보장되었고 연금 조건도 좋았다.

슈뢰딩거는 처음엔 스코틀랜드로 갈 생각에 한껏 들떠서, 한지에게 함께 가 준다면 이 제안을 수락하겠다고 말했다. 그러나 그녀가 이 초대를 받아들일 가능성이 전혀 없음을 그도 알았던 것 같다. 아마도 그래서 에든버러보다는 그라츠가 더 매력적으로 다가왔을 것이다. 이유가 무엇이든, 에든버러에 대한 슈뢰딩거의 열의는 점점 식어 갔고, 내무부의 결정은 차일피일 미뤄졌다. 그러던 중 오스트리아에서 공식적으로 제안이 왔다. 그라츠 대학교의 교수직과 빈 대학교의 명예교수직(그러나 보수는 있는)을 겸임해 달라는 제안이었다. 슈뢰딩거는 에든버러 측에 고향으로 돌아갈 기회를 놓치기 아깝다고 요령껏 말했다. 힐데와 아기 루스 그리고 한지와 가까이 지낼 기회도 놓치기 싫다는 말은 굳이 하지 않았다. 에든버러는 막판에 바람을 맞았지만 슈뢰딩거에게 매정하게 굴지는 않았다. 다윈의 후임은 막스 보른으로 결정되었고, (내무부의 승인을 받은) 보른은 1953년 은퇴할 때까지 대학과 원만한 관계를 유지하며 만족스럽게 지냈다. 슈뢰딩거는 계약된 1936년 여름까지 영국에 머물다 10월 1일에 행복한 마음을 안고 그라츠 대학교로 떠났다. 그러나 그는 정확히 2년 후, 훨씬 덜 행복한 마음으로 돌아올 것이었다.

10장
그곳으로, 그리고 다시 제자리로

돌이켜 보면 1936년에 오스트리아로 돌아온 슈뢰딩거의 결정은 절대적으로 잘못된 판단이었다.[1] 과거로부터 교훈을 얻지는 못할지언정 현재 상태만이라도 정확히 따져 보았어야 했다. 슈뢰딩거는 훗날 이때의 결정을 "전례 없는 바보짓"이라고 회상했다.[2] 물론 그는 고국에 돌아가고 싶었고 든든한 연금을 원했다. 그러나 1936년의 그라츠, 특히 그라츠 대학교는 다른 오스트리아 지역과 비교해 보더라도 나치즘의 온상이라 할 만했다. 그라츠 대학교의 물리화학 교수는 지역 나치당의 지도자였다. 학생 절반 이상이 당원으로 활동했고, 지역 신문들은 나치즘의 강성 지지자였다. 반유대주의가 만연했고, 수많은 오스트리아인이 아돌프 히틀러를 추종했

---

1 이 장의 내용은 월터 무어의 *Schrödinger: Life and Thought*를 바탕으로 한 것이다. 월터 무어는 슈뢰딩거와 함께 이 위기의 시대를 살았고, 헤르만 마르크와 한지 바우어를 포함해 지금은 고인이 된 인물들을 인터뷰했다.

2 Moore, *Schrödinger: Life and Thought*에서 발췌.

다. 그 자신도 오스트리아 태생이었던 히틀러는 오스트리아를 더 거대한 독일의 일부로 흡수하겠다는 욕망을 감추지 않았다. 너무나 많은 오스트리아인들이 이것을 그들이 바라 마지않던 오스트리아 제국의 부활로 여기고 있었다.

오스트리아 총리는 1932년부터 기독사회당의 엥겔베르트 돌푸스가 맡고 있었다. 나치당의 공식 명칭인 '국가사회주의당'과 마찬가지로 '사회당'이라는 이름은 다소 오해의 소지가 있다. 기독사회당은 주요 야당인 좌익사회민주당뿐 아니라 집권 세력에 위협으로 여겨지는 오스트리아 나치도 극렬히 반대했다. 1933년 3월 돌푸스는 의회 기능을 정지시켰고, 오스트리아는 무솔리니 치하의 이탈리아와 다소 비슷한 방식으로 파시스트 국가가 되었다. 당시 무솔리니는 최초의 파시스트 독재자로서 여전히 거대한 영향력을 미치고 있었고, 나치와 진짜 사회주의자들에 맞서는 돌푸스를 지지했다. 그러나 영국과 프랑스는 돌푸스를 회유하며 히틀러에 맞서 싸움을 걸지 말라고 조언했다. 돌푸스는 이 조언에 따르지 않았다. 대신 무솔리니의 격려에 힘입어 오스트리아 군대와 경찰을 동원해 1934년 2월 사회주의자를 무력으로 탄압했고, 수백 명의 활동가를 죽이고 투옥했다. 좌파의 위협이 무력화되면서 두려울 게 없어진 오스트리아 나치는 1934년 7월 25일 돌푸스를 암살하고 쿠데타를 시도했다. 그러나 이 시도는 실패로 돌아갔다. 무솔리니의 위협적인 반대를 무릅쓰고 개입하기에는 히틀러의 세력이 아직

약했기 때문이었다. 새로 총리가 된 쿠르트 슈슈니크는 무솔리니의 지원에만 기대어 오스트리아를 통치했다. 그러나 히틀러의 힘이 점점 세지고 이탈리아가 아비시니아 정복에 무모하게 휘말리면서 슈슈니크의 입지는 차츰 약해졌다. 1936년 슈뢰딩거 부부가 그라츠에 도착할 무렵, 오스트리아에는 불길한 조짐이 도사리고 있었다.

어둠 속의 휘파람

그라츠에는 슈뢰딩거 부부만 온 것이 아니었다. 10월부터 강의를 시작할 슈뢰딩거는 넓은 주택을 임차해 자리를 잡았고, 뒤이어 1937년 초에 힐데와 루스가 같은 주택 3층으로 이사를 왔다. 아르투어 마르히는 인스브루크에 남았다. 새해 전날 마흔이 된 아니는 주로 빈에서 머물며 어머니와 함께 시간을 보냈다. 하지만 아니는 루스의 생물학적 어머니보다 더 많은 '모성애'를 보이며 루스에게 애정을 쏟았던 것 같다.

    슈뢰딩거의 교수 취임 강연은 사람들의 기대처럼 희대의 걸작은 아니었고, 기본적으로는 노벨상 수상 강연의 재탕으로, 반은퇴 상태에 접어든 과학계의 위대한 노장에게 기대할 만한 수준이었다. 이 과학계의 위대한 노장은 교황청 과학 아카데미의 창립 멤버로 선출되는 새로운 영예를 얻어 1937년 1월 1일 바티칸 기념식에 참석했다. 슈뢰딩거와 함께 영예로운 자리에 오른 이들로는 보어, 디바이, 밀리컨, 플랑크, 러더퍼드가 있었다. 어느 면으로나 이제는 물리학계의 '젊은 변혁가'라고 보기 어려운 인물들이었다.

그라츠에서 슈뢰딩거가 수행한 연구도 확고한 명성, 종신 재직권, 보장된 연금을 손에 넣은 위대한 노장들이 열중할 만한 내용이었다. 그는 영국의 거장 아서 에딩턴Arthur Eddington, 1882~1944의 우주론 아이디어에 매료되었다. 에딩턴은 일반 상대성 이론을 영어권 국가에 소개하고 1919년 개기일식 때 별을 관측하여 아인슈타인의 이론을 검증한 사람으로 유명하다. 그는 과학 대중화에 위대한 업적을 남겼고, 일반 상대성 이론을 양자역학과 결합할 방법을 고민했다. 그러나 1930년대의 에딩턴은 일종의 과학적 노망이 들려 있었다. 당시 그는 우주론과 양자 이론을 결합한다고 주장하는 복잡한 가설을 제안했는데, 이 가설에는 (그가 '근본적 관계'라고 한 것의) 중요한 요소로서 우주에 존재하는 입자의 개수 N을 계산하는 내용이 포함되어 있었다. 누구도 그가 어떻게 이 가설에 도달했는지 이해하지 못했다. 그런데도 슈뢰딩거는 에딩턴의 가설을, 적어도 한때는, 진지하게 받아들였고, 1937년 10월 볼로냐 학회에서 에딩턴의 '이론'을 주제로 강연도 했다. 에딩턴과 오래도록 서신을 주고받으면서도, 슈뢰딩거는 왜 에딩턴의 '근본적 관계'에서 N이 실제로 N의 제곱근으로 나타나는지 결코 이해하지 못했다. 그 후 몇 년간 그는 우주의 양자 이론을 찾으려고 계속 시도했지만 사실상 시간 낭비에 불과했다.

그래도 교육은 훨씬 생산적이었다. 슈뢰딩거는 그라츠 대학교의 강의뿐 아니라 학기 중에 주 1일 빈에서도 강의와 세미나를 했다. 빈에 가는 날에 숙소로 쓸 아파트도 한 채 마련했고, 이곳에서 친구들을 만나 물리학과 정치 상황을 논하곤 했다. 그런 친구들 중 하나가 헤르만 마르크였는데, 마르크는 훗날 월터 무어와의 인터뷰에서 친구들 모임에 대해 이야기했다. 그는 당시 슈뢰딩거가 사회주의자라고 생각했고, 그라츠의 정치 상황에 강한 반감을 가지고 있었다고 회상했다. 슈뢰딩거는 가능한 한 나치의 영향력이 적었던 빈에 오래 머물고 싶어 했다. 친구들은 슈슈니크를 "중도 성향으로 온건"하지만 "히틀러의 적수"는 되지 못한다고 여겼다.

1937년 여름, 강의가 없는 동안, 슈뢰딩거는 빈에서 더 많은 시간을 보내며 친구들과 도나우강에서 수영을 하고 활기찬 파티에 참석했다. 마르크는 무어에게 이렇게 말했다. "행복한 시절이었어요. 하지만 사람들은 자기들이 지금 화산 위에서 춤추고 있다는 걸 몰랐죠." 어쩌면 알고 싶지 않았을 수도 있다. 어느 쪽이든, 당시 분위기는 오스트리아 제국이 저물어 가던 시절과 매우 유사했다. 힐데는 에르빈이 빈에 있는 동안에는 주로 그라츠에 머물렀다. 하지만 한지가 빈에 있었고, 슈뢰딩거는 한지와 함께 빈과 그 주위 지역에서 한껏 즐거움을 누렸다. 그러나 그 즐거움은 곧 사그라들 운명이었다.

가혹한 현실

히틀러가 감행한 첫 번째 수는 1938년 2월 슈슈니크에게 베르히테스가덴에 있는 켈슈타인하우스(일명 '독수리 둥지')로 오라고 통보한 것이었다. 슈슈니크는 위협적인 분위기에서 오스트리아 경찰 통제권과 외교권을 나치에게 강제로 넘겨야 했고, 그 대가로 독일은 오스트리아를 침공하지 않는다는 약속을 받았다(히틀러의 다른 약속들과 비슷한 신뢰성을 가진 약속이었다). 그러나 무사 귀환한 슈슈니크는 나치에 반대하는 도전적인 의회 연설을 했으며, 이에 반발해 그라츠의 나치 옹호론자들이 폭동을 일으켰다. 슈슈니크는 마지막 주사위를 던지는 심정으로 3월 6일에 오스트리아 독립에 대한 국민투표 실시를 제청했고, 그로부터 일주일 후 투표를 실시하기로 했다. 히틀러는 이에 대응하여 3월 12일에 오스트리아를 침공하라고 군대에 지시했다. 슈슈니크는 영국에 의지하려 했지만, 영국 외무장관 핼리팩스 경에게 누구도 도우러 오지 않을 것이라는 말을 들었다. 그러자 3월 11일 슈슈니크는 사임했다. 그리고 유혈 사태를 막기 위해 국민들에게 독일의 침공 또는 합병에 저항하지 말라고 당부했다. 그렇게 맞이한 3월 12일, 오스트리아에서는 한 발의 총도 발포되지 않았다. 히틀러는 3월 14일에 군중의 환호를 받으며 당당히 빈에 입성했다.

이후 유대인과 지식인에 대한 잔혹한 폭행이 이어졌다. 이전에 나치 정권 치하의 독일에서 일어났던 그 어떤 만행보다도 더 최악

슈뢰딩거는 그라츠 대학교 교수직 제안을 받고 오스트리아로 돌아왔지만(오른쪽) 그리던 고향은 안전한 학문적 피난처와는 거리가 멀었다. 1938년에 독일 군대는 아무런 저항 없이 국경을 넘었고, 총통 히틀러는 오스트리아 국민들의 환영을 받으며 오스트리아와 독일의 통합을 선언했다. 1938년 빈의 도시 풍경(아래).

이었다. 유대인에게는 물리적 폭력과 무자비한 약탈이 가해졌고, 합병 후 첫 며칠 동안 빈에서 약 7만 6000명이 체포되었으며 약 6000명이 공직과 교직에서 해고되었다. 이런 일이 벌어지는 동안, 오스트리아 가톨릭교회의 수장인 이니처 추기경은 성당에 나치의 만자기를 게양하고 합병을 축하하기 위해 교회 종을 울리도록 지시했다. 루터교 역시 합병 감사 예배를 올렸다.

그라츠는 나치가 득세하던 도시여서 빈보다는 상대적으로 차분한 분위기였다. 합병은 단순히 기존 상태를 더 공고히 했을 뿐이기 때문이다. 그러나 대학은 폐쇄되었다. 총장과 수십 명의 교원이 해고되었고, 유대인은 투옥되었다. 그들 중 운 좋은 소수만이 재산과 돈을 고스란히 남겨 둔 채 용케 다른 나라로 피신했다. 슈뢰딩거는 처음엔 직접적인 위협은 받지 않았던 것 같지만, 여행 제한령이 시행되면서 1938년 가을 옥스퍼드 방문 계획을 포기해야 했다. 슈뢰딩거의 영국인 동료들은 이런 상황을 전해 듣고 최악을 두려워했다. 4월 초에 막달렌 칼리지의 총장 조지 고든은 (당시 슈뢰딩거는 여전히 막달렌 칼리지의 펠로였다) 핼리팩스와 주 베를린 영국 대사를 통해 슈뢰딩거의 안위를 문의하기 시작했다. 그러나 친구들이 도우려고 노력하는 동안, 슈뢰딩거는 되려 상황을 더 복잡하게 만들고 있었다.

오스트리아에 계속 남기를 원한다면, 슈뢰딩거는 새로운 규칙에 따라 움직여야 했다. 나치는 새롭게 문을 연 그라츠 대학교의 총장으로 나치 일원인 한스 라이헬트를 앉혔다. 그의 첫 임무는 교원 중 누구를 남기고 누구를 '청소'해야 할지 결정하는 일이었다. 슈뢰딩거가 갑작스럽게, 그리고 (나치에게는) 모욕적으로 베를린을 떠났던 일이 다시 도마 위에 올랐고, 라이헬트는 슈뢰딩거에게 그의 심경 변화를 상세히 설명하는 반성문을 써서 대학 평의회에 보고하도록 조언했다. 슈뢰딩거는 반성문을 썼고, 나치는 이 글 전문을 3월 30일자 독일과 오스트리아의 모든 신문에 게재하도록 했다. 나치에게는 훌륭한 선전 성과였다. 이 글은 전문을 인용할 만한 가치가 있다.

> 온 나라에 가득 찬 환희의 기쁨 속에서, 마지막까지 올바른 길을 깨닫지 못한 탓에 오늘날의 이 기쁨을 온전히 누리면서도 깊은 수치심에 잠긴 사람이 있습니다. 고맙게도 우리는 독일이 전하는 참된 평화의 소식을 듣습니다. 기꺼이 바라는 모든 이에게 너그럽게 내밀어진 손을 맞잡고, 총통의 뜻에 따라 진정한 협력을 이루어 통합된 국민의 결정을 온 힘을 다해 지지할 수 있도록 헌신할 수 있다면 더없이 기쁠 것입니다.
> 두말할 필요도 없이, 고향을 사랑하는 늙은 오스트리아인에게 다른 입장이란 것은 있을 수 없습니다. 다소 거칠게 표현하자면, 투표함에 든 '아니요'가 찍힌 투표용지란 결국 국가적 자살이나 마찬가지인 것입니다.

여러분 모두가 이에 동의하도록 요청합니다. 이 땅에는 이제 더 이상 예전처럼 승자와 패자가 따로 있지 않으며, 모든 독일인의 공동 목표를 위해 쪼개지지 않은 전체의 힘을 모아 하나로 통합된 나라로 나아가야 합니다.

선의를 가진 나의 친구들은 나의 중요성을 과대평가하는데, 그런 그들에게 참회의 고백을 공개하는 것이 옳다고 여깁니다. 나 역시 너그러운 평화의 손길을 기꺼이 맞잡은 이들 중 하나입니다. 왜냐하면 나는, 책상 앞에 앉아 마지막까지도 내 조국의 참된 의지와 참된 운명을 잘못 판단했기 때문입니다. 나는 이 참회의 고백을 기꺼운 마음으로 즐겁게 하고 있습니다. 나의 이 글이 많은 이들의 마음에서 우러나온 말을 대변한다고 믿으며, 이 글을 씀으로써 나의 조국에 봉사하기를 바랍니다.

이 글에 언급된 '투표함'은 4월 10일 열린 국민투표의 투표함을 말한다. 합병 찬반 여부를 묻는 (나치의 관리 감독하에 치러진) 그날의 투표율은 99.73퍼센트였고, 용감하게 반대 의사를 표시한 사람은 고작 1만 1929명뿐이었다. 슈뢰딩거는 유대인 혈통인 한지를 더 이상 만나지 않았고, 자신이 보낸 연애편지를 모두 태워 없애 달라고 부탁했다.

슈뢰딩거의 반성문 보도가 영국에 전해지자, 친구들은 슈뢰딩거가 문자 그대로 총구 앞에서, 또는 그보다 더 악질적인 협박을 받으며 이 글을 썼을 것으로 생각했다. 하지만 고든은 티롤에서 스키 휴가를 즐기고 돌아온 막달렌의 연구원으로부터 슈뢰딩거를 우연히 만났던 얘기를 전해 듣고 크게 놀랐다. 슈뢰딩거는 여느 때처럼 봄방학을 즐기고 있었으며, 오랜만에 만난 동료와 긴 대화를 나눴다고 했다. 그는 슈뢰딩거가 나치 정권에서 무척 평화롭고 행복하게 지내는 것 같았고, 망명할 필요는 없어 보였지만 여전히 반유대 정책에는 강한 반감을 표했다고 전했다. 또한 오스트리아에서 옥스퍼드 출신을 만날 수 있다면 감사할 일이고, 과학 분야에서 자신의 국제적 입지를 강조하기 위해 할 수 있는 일은 무엇이든 도움이 될 것이라고 말했다고 했다. 더욱 놀라운 점은, 빈에서 있었던 유대인 대량 해고 사태로 인해 공석이 된 주요 교수직을 슈뢰딩거가 원하는 뉘앙스로 얘기를 하더라는 것이다. 그는 이제 그런 자리는 열혈 나치 당원들로 채워지리라는 사실을 깨닫지 못한 것 같았다. 그래도 그의 어수룩함이 재정 문제까지 영향을 미친 것 같지는 않았다. 슈뢰딩거는 스웨덴에 묻어 둔 돈이 오스트리아로 송금되지 않도록 주의를 기울였다.

평온해 보이는 일상은 1938년 4월까지였다. 4월 23일, 슈뢰딩거는 막스 플랑크의 80세 생일을 기념해 베를린에서 열린 학회에 참석했고, 그라츠로 돌아오는 길에 빈 대학교 명예교수직에서 해임되었음을 알게 되었다. 베를린의 동료들과 함께 생일 축하 파티에 참석했던 날 벌어진 일이었다. 그라츠 대학교 교수직은 유지했지만, 그라츠 대학교는 급속도로 나치에 장악당하고 있었다. 대학은 전쟁 무기 개발에 화학을 응용하고 SS 의무대원을 위한 훈련 과정을 개설하는 등 '중요한' 학과목 교육에 전념했다. 그러나 슈뢰딩거의 해직은 결과적으로는 그에게 좋은 일이었다. 수학을 사랑했던 아일랜드의 수상 에이먼 데벌레라는 더블린에 고등연구소를 설립하는 사업에 공을 들이고 있었다. 데벌레라는 슈뢰딩거가 곧 오스트리아를 떠나야 할 상황에 처했음을 전해 듣고, 더블린으로 불러오기 위해 중개인을 통해 그와 접촉하기로 마음먹었다.

5월 초, 독일의 외무장관 요아힘 폰 리벤트로프는 주 베를린 영국 대사에게 슈뢰딩거의 옥스퍼드 방문 허가가 승인되지 않을 것이라고 공언했다. 슈뢰딩거가 "반독일 활동을 재개할" 기회가 될 수 있기 때문이라고 했다. 한편 옥스퍼드 쪽에서는 슈뢰딩거의 "참회" 편지를 보고 나니 그를 부르는 게 맞는지 더 이상 확신할 수가 없었다. 그러나 데벌레라는 막스 보른과 스위스에 거주하던 슈뢰딩거 부부의 옛 친구 리하르트 베르 등을 통해 빈에 있는 아니의 어머니에게 메시지를 전했다. 슈뢰딩거 부부에게 더블린으로 오라고 제안하는 내용이었다. 아니는 친구인 베르 부부를 만나러 간다는 구실을 만들어 독일과 스위스 사이 국경 도시인 콘스탄츠로 여행을 갔고, 데벌레라에게 답장을 전달했다. 슈뢰딩거 부부는 더블린으로 갈 것이지만, 그들이 오스트리아를 무사히 빠져나가기 전까지 누구에게도 이 사실을 누설해서는 안 된다는 내용이었다.

　에르빈은 여전히 요지부동이었다. 주위 상황에는 눈을 감은 채 힐데와 함께 돌로마이트산맥으로 여름휴가를 떠났고, 8월 말에 그라츠로 돌아와 자신이 해고되었음을 알게 된 후에야 반강제적으로 행동에 나섰다. 그때도 처음에는 대수롭지 않게 여기고 대안을 논의하기 위해 "고위 관리"라고만 알려진 누군가를 만나러 빈에 갔다가 "당신의 외국행을 나라에서 허가하지 않을 것"이라는 관리의 무심한 말을 듣고 그제야 정신이 들었다. 그로부터 사흘 후, 슈뢰딩거 부부는 짐을 싸서 떠날 준비를 마쳤다. 누군가의 실수 때문에 아직 여권을 소유하고 있던 것이 천운이었다. 귀중품과 돈, 노벨상 메달까지 포함해서 재산과 소유물은 모두 남겨 두고 가야 했다. 그렇게 해서 9월 14일, 부부는 옷가지가 든 여행 가방 세 개와 주머니에 든 10마르크만 가지고 로마행 기차에 올라탔다.

불행한 귀환

아니 슈뢰딩거는 나치를 벗어나기 위한 부부의 여정을 회고했고, 그 내용은 문서로 기록되어 더블린 서고에 보존되어 있다. 그리고 나는 『슈뢰딩거의 고양이를 찾아서』를 쓰고 난 후에 윌리엄 매크리아로부터 또 다른 이야기를 들을 수 있었다. 1980년대 중반 서식스 대학교 교수였던 윌리엄 매크리아는 1936년부터 1944년까지 벨파스트 퀸스 대학교 수학과 교수로 지내는 동안 더블린을 자주 방문하며 슈뢰딩거와 교류했었다.[3] 그의 이야기에 따르면, 로마에 도착한 슈뢰딩거는 택시 기사에게 호텔에 가서 돈을 줄 테니 기차에서부터 짐을 운반해 준 짐꾼에게 팁을 주라고 부탁했다. 그리고 호텔에 가서는 수위에게 자신이 유명한 과학자이며 이탈리아의 저명한 물리학자 엔리코 페르미의 친구라고 소개하며 택시 기사에게 요금을 지불해 달라고 부탁했다. 그런 다음 호텔 프런트 직원에게는 페르미 교수가 부부의 숙박료를 내줄 것이라고 단언했다. 매크리아는 "그야말로 슈뢰딩거다운" 행동이었다고 말했다. 교황청 과학 아카데미 회원을 상징하는 사슬 휘장은 노벨상 메달과 함께 그라츠에 남겨 두고 와야 했지만, 교황청이 인정한 과학자라는 지위가 이탈리아에서 꽤 도움이 되었다. 전화로 호출을 받은 페르미는 호텔로 달려와 슈뢰딩거 부부에게 돈을 쥐어 주면서, 파시스트 이탈리아의 위협을 빠져나가기가 쉽지 않을 것이라고 귀띔했다(그 해가 끝나기 전 페르미 자신도 망명을 떠나야 했다). 또한 편지는 검열될 가능성이 크니 주의하라고 일렀다.

다행히, 빠져나갈 구멍이 있었다. 슈뢰딩거는 바티칸의 교황청 과학 아카데미 건물 안에서 린더만과 취리히에 사는 친구 베르 그리고 데벌레라에게 편지를 써서 자신이 로마에 있음을 알렸다. 무

---

[3] 우리가 이 대화를 나눴을 때, 매크리아는 클리브 킬미스터가 편집한 논문 선집 *Schrödinger*에 실을 논문을 준비하고 있었다.

솔리니는 바티칸을 주권국으로 인정하고 있어서, 바티칸에서 나가는 편지는 이탈리아 당국의 검열을 받지 않았다. 데벌레라는 당시 국제연맹 의장으로서 제네바에 머물고 있었기 때문에 연락을 취하기가 쉬웠다. 편지를 보내고 이틀 후, 슈뢰딩거는 교황청 과학 아카데미에서 아일랜드 대사관의 전화를 받았고, 가능한 한 빨리 이탈리아를 벗어나라는 권고를 들었다. 그날 오후 데벌레라와도 처음으로 직접 통화할 수 있었다. 데벌레라는 슈뢰딩거에게, 독일이 체코의 수데텐란트를 점령하면서 정치 상황이 격화되고 있으니 전쟁이 나기 전에 영국이나 아일랜드로 빨리 도피하라고 재촉했다.

아일랜드 대사관은 슈뢰딩거 부부에게 제네바행 기차의 일등석 티켓을 끊어 주었다. 당시 이탈리아에서는 현금 반출이 불법이었기 때문에 그들은 수중에 1파운드만 가지고 떠나야 했다. 이로 인해 예상치 못한 문제가 생겼다. 국경에서 기차가 정차하고, 슈뢰딩거 부부는 서로 분리되어 각자 짐가방 수색과 조사를 받아야 했다. 아니는 이 순간 "죽을 것 같은 두려움"을 느꼈다고 회상했다. 그러나 적어도 이번만큼은, 정치적인 문제가 아니었다. 일등석 티켓과 유럽 횡단 비자를 가진 사람들이 돈은 단 1파운드밖에 없다는 걸 출입국 관리가 이해하지 못했던 것이다. 그들은 부부가 짐가방에 귀중품을 숨겨 밀수를 하는 중이라는 합리적인 의심을 품었지만, 수색 과정에서 아무것도 나오지 않자 부부를 보내 주고 기차를 출발시켰다.

슈뢰딩거 부부는 제네바에서 데벌레라를 만났고, 단 사흘만 머문 후 프랑스를 거쳐 영국으로 건너갔다. 영국과 프랑스는 '우리 시대의 평화'를 가져다준다는 명분으로 체코 영토에 대한 독일의 요구를 수락하는 악명 높은 뮌헨 협정을 체결했다. 그 덕에 전쟁 위기는 일시적으로 잠재웠지만, 데벌레라가 몇 개월간 국내외 정치 활동에 몰두하면서 더블린 고등연구소 설립은 지연될 수밖에 없었다. 그동안 슈뢰딩거 부부는 다시금 갈 곳 없는 신세가 되었다. 1938년 10월 초에 그들은 옥스퍼드를 방문했고, 에르빈이 쓴 참회의 글로 인해 그곳 사람들과의 관계가 완전히 망가졌음을 절감했다. 심지어 에든버러 대학교 교수로 와 있던 막스 보른도 옥스퍼드의 동료에게 편지로 이런 말을 남겼다. "그런 깜찍한 글을 발표한 사람을 어떻게 믿을 수 있겠는가?"[4] 슈뢰딩거가 이 '깜찍한 글'을 쓸 때 정말로 순진한 마음으로 쓴 건지 아니면 그 이상의 다른 의도가 있었는지, 아마도 우리는 영영 알 수 없을 것이다. 그러나 자신과 가족에게 안정된 삶을 마련해 주는 것이 인생 최고의 목표였던 사람의 이미지와는 일치하는 모습이다.

슈뢰딩거 부부는 옥스퍼드의 친구 집에 머물며 불편한 2개월을 보냈다. 에르빈은 오스트리아를 빠져나와 런던에 머물던 한지를 만나러 가기도 했다. 그들은 그곳에서 불청객이었고, 임시직을 얻

---

4 Moore, *Schrödinger: Life and Thought*에서 발췌.

을 가능성조차 막막했다. 그러나 도움의 손길은 예기치 않은 곳에서 나타났다. 11월 중순, 새 연구소의 구성과 자신의 역할을 논의하기 위해 더블린을 방문했다가 옥스퍼드로 돌아온 슈뢰딩거는 벨기에에서 온 편지를 보고 안도했다. 새학기부터 헨트 대학교에 방문 교수로 와 달라고 제안하는 내용이었다. 그는 제안을 수락하는 답장을 보내고, 아니와 함께 1938년 12월 헨트로 향했다.

벨기에 막간극

슈뢰딩거는 벨기에에 머무는 동안 대학 강의 외에도 다른 대학의 방문객들과 더불어 물리학을 토론했고, 브뤼셀, 루뱅, 리에주로 강연 여행을 다녔다. 그가 새롭게 만난 사람 중 가장 중요한 인물은 루뱅의 조르주 르메트르Georges Lemaître, 1894~1966였다. 르메트르는 선구적인 우주론자인 동시에 서품을 받은 사제였고, 종종 '빅뱅의 아버지'라고 불리기도 한다. 우주가 뜨겁고 밀도 높은 상태로부터 팽창했다는 아이디어가 처음 나왔을 때 강력히 지지했던 사람이기 때문이다. 우주 팽창의 첫 번째 힌트는 그 유명한 우주의 적색이동이다. 우주 적색이동은 은하들이 빠른 속도로 서로에게서 멀어지고 있음을 보여 주는 현상인데, 불과 10여 년 전에 처음으로 발견되었다. 슈뢰딩거는 1939년 《네이처》에 발표한 논문에서 적색이동의 의미에 관한 논의에 자신의 의견을 더하며, 적색이동은 사실상 우주의 팽창으로 인해 발생한다고 결론 내렸다.[5] 그렇게 우주론에 관심이 생긴 슈뢰딩거는 우주론과 양자물리학을 하나의 분야로 통합시키고자 시도했다. 그는 주목할 만한 성공적인 결과를 내지는 못했지만, 1939년 10월에 과학 저널《피지카*Physica*》에 논문을 발표하면서 우주의 "확장에 따른 물질의 생성 또는 소멸"을 설명했다. 그가 발견한 효과는 우주가 일정한 속도로 팽창한다면 적용되지 않지만, 가속 팽창될 때는 중요하게 작용했다. 극초기 우주에 관하여 현재 '가장 유력한' 가설은, 우주가 급속히 가속하는 '급팽창' 단계를 거쳤으며, 이때 우주 안의 모든 질량-에너지가 생성되었다는 관점이다. 그리고 오랫동안 일정 속도로 팽창한 후 우주가 다시 한번 가속 팽창하고 있다는 사실이 최근 발견되었다.

사생활 면에서도 잠시나마 일이 잘 풀리고 있었다. 아르투어 마르히는 힐데와 루스를 벨기에에 데려다주고 인스브루크로 혼자 돌아갔다. 슈뢰딩거는 헨트 대학교로부터 첫 번째 명예박사학위를 받았다. 그러나 유럽의 정치적 긴장은 계속 고조되고 있었다. 독일이 1939년 9월 1일 폴란드를 침공하고 이틀 뒤 영국과 프랑스가 전쟁을 선언했을 때, 슈뢰딩거와 그의 가족은 여전히 벨기에에 머물고 있었다. 매크리아는 이렇게 말했다. "슈뢰딩거는 유달리 위험

---

5 에드윈 허블이 적색이동-거리 관계를 발견하자마자 대중들 사이에서, 심지어 학계에서도, 이 발견을 우주 팽창에 대한 증거로 즉시 인정하는 분위기였음을 암시한다. 그러나 실제로 빅뱅 이론이 널리 받아들여지기까지는 10년 이상 걸렸다.

을 잘 감수하곤 했죠." 헨트 체류 일정은 끝나 가고 있었고, 이제 그는 영국인들에게 '적국의 국민'이었다. 하지만 린더만(그는 그 참회의 글 때문에 분노하고 슈뢰딩거의 사생활을 혐오했음에도 불구하고) 그리고 데벌레라는 막후에서 함께 온갖 노력을 기울여 상황을 처리했고, 그 덕분에 슈뢰딩거 '가족' 전원이 영국을 거쳐 더블린으로 향하는 24시간짜리 비자를 발급받을 수 있었다. 그들은 1939년 10월 6일 더블린에 도착했다.

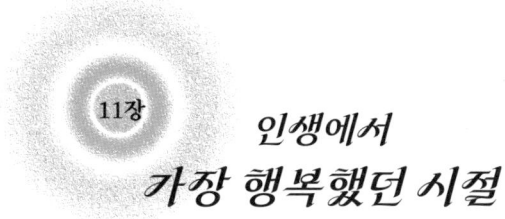

11장 인생에서 가장 행복했던 시절

슈뢰딩거는 이후 17년을 더블린에서 보냈다. 이것은 빈에서 보낸 어린 시절 이후 한 도시에서 가장 오래 산 기간이다. 그는 훗날 이 시기를 "인생에서 가장 행복했던 때"로 회상했다. 물리학에는 더 이상 중요한 결과물을 내놓지 못했지만(1939년에 이미 52세였으니 크게 놀랄 일은 아니었다) 뜻밖에도 생물학에 중대한 기여를 했고, 강연자로서도 명성을 쌓았으며, 평온한 사생활을 즐겼다. 그리고 한때나마 더블린 고등연구소를 세계 물리학의 주요 중심지로 만들었다. 그러나 20세기 초 아일랜드 정계에서 활약했던 거물 에이먼 데 벌레라가 없었다면 슈뢰딩거도 연구소도 그곳에 없었을 것이다.

'데브'

흔히 '데브'라는 애칭으로 알려진 데벌레라는 1882년 뉴욕에서 아일랜드인 어머니와 스페인인 아버지 사이에서 태어났다. 데벌레라가 세 살 때 아버지가 세상을 뜨자 소년의 가족은 아일랜드로 건너갔고, 그는 리머릭 카운티의 작은 집에서 외할머니의 보살핌을 받으며 독실한 가톨릭 신자로 자랐다. 데브는 더블린에서 수학을 전공했다. 또한 아일랜드어에 열정을 쏟았으며, 그에게 게일어를 가르쳤던 시네이드 플래너건과 결혼했다. 그러나 데브는 학자가 되는 대신 영국 통치에 저항하는 활동에 뛰어들었고, 1916년에는 더블린의 부활절 봉기에 가담했다. 무의미하고 폭력적인 '반란'은 대다수 아일랜드 국민의 지지를 얻지 못했으며, 도시 중심은 폐허가 되었다. 그럼에도 불구하고 영국은 이에 잔혹하게 대응하면서 봉기를 주도한 지도자들을 대부분 처형했다. 이들의 '순교' 때문에 아일랜드 국민들 사이에서 영국에 대한 반감이 더욱 증폭되었다. 실은 데벌레라도 사형 선고를 받았었다. 그러나 형이 집행되기 직전 아일랜드 상황에 놀란 영국 정부가 사형 집행을 중지하라는 지시를 내렸다. 그가 반란 지도자들 중 제일 마지막으로 항복하지 않았다면, 런던에서 새로운 지시가 도착하기 전에 총살당했을 것이다. 데벌레라는 영국의 교도소에 수감되었다가 미국이 1차 세계대전에 참전하면서 사면되었다. 복역 중에는 루이스 교도소에도 있었는데, 이곳에서 그는 독창적인 수학 논문을 쓰며 시간을 보냈지만 끝내 발표하지는 못했다.

이후 데벌레라는 공화주의 성향의 정당 신페인Sinn Féin의 지도

자로 정치 활동을 이어 갔다. 그러던 중 또 한 번 체포돼 투옥되었다가 탈옥해서 1920년대 초 아일랜드 내전에 참전했다. 이 내전은 1921년 영국·아일랜드 조약이 체결된 후, 완전한 독립을 추구하는 세력과 대영제국에 속하며 자치권만 원하는 세력이 충돌하면서 발생했다(아일랜드에는 자체적인 의회는 있었지만 권한이 제한적이었다). 이 아일랜드 내전도 다른 여느 내전과 마찬가지로 형제가 서로 맞서고 가족이 갈라서는 등 오늘날까지도 이어지는 씁쓸한 후유증을 남겼다. 결과적으로 데벌레라가 속한 공화당원들의 패배였고, 그는 또다시 수감자 신세가 되었다. 1924년 석방된 후 그는 폭력이 아닌 정치를 통해 독립된 아일랜드 공화국을 건설하겠다는 목표를 천명하며 새로운 정당 피어너팔Fianna Fail을 창당했다. 그리고 1927년, 데벌레라는 더블린 의회 '다일Dáil'의 의원으로 선출되었다. 1932년에는 피어너팔과 노동당이 더블린에서 연합 정부를 구성했고, 1937년에 드디어 데벌레라는 총리로서 (영국연방과 아직 완전히 단절하진 못했지만) 독립 국가인 아일랜드 공화국을 수립했다. 영연방 탈퇴는 1948년이 되어서야 이루어지는데, 뒤에서 이야기하겠지만, 이로 인해 슈뢰딩거가 왕립학회 회원으로 선출되는 영예를 얻는 데 약간의 문제가 생기기도 했다.

격변하는 정치 현장에서 활동하면서도, 데브는 두 가지 꿈을 품고 있었다. 하나는 아일랜드에 세계적인 이론물리학 기관을 세우는 것이고, 다른 하나는 아일랜드 고유의 언어를 부활시키는 것이었다. 1930년에 프린스턴이 고등연구소를 설립하고 아인슈타인을 초빙했을 때, 데벌레라는 이를 주목했다. 그리고 마침내 원하는 일을 실현할 수 있는 지위에 오르자 더블린에 켈트어 연구와 이론물리학 연구를 수행하는 두 개의 고등 연구 기관을 설립할 가능성을 따져 보았다. 신설 연구소를 우수한 연구 기관으로 만들기 위한 핵심은 최고의 물리학자를 모셔 오는 것이었다. 그것도 아인슈타인과 겨룰 만한 인물이어야 했다. 그래서 슈뢰딩거가 오스트리아에서 곤란한 상황에 처했다는 소식을 듣자 데브가 즉시 행동에 나섰던 것이다.

1938년에 피어너팔은 의회 다수당이 되었다. 많은 이들이 데브의 이상을 허영심쯤으로 여겼지만, 데브는 오래전부터 꿈꿔 온 프로젝트를 강행할 수 있는 지위에 올랐다. 해당 법안은 1939년 7월 6일 다일 의회에 제출되었으며, 다음과 같은 내용이 포함되어 있었다. "이 연구 기관들은 오로지 학문 발전에 전념할 것이며 … 이를 위해 해외에서 우수한 대학원생들을 유치할 것이다." 총리는 상원 의회 연설에서 비록 이런 법안이 시기적으로는 부적절해 보일 수 있겠으나, "인류의 복지를 증진하는 데 전쟁보다 더 나은 방법이 있다는 것을 보여 주는 행위"로 간주해야 한다고 말했다. 그러나 그런 데브마저도 유럽을 건너 거세게 몰아치는 변화의 바람에 휘말려야 했다. 다른 긴급한 사안에 우선순위가 밀리면서 이 법안은 1940년 6월 19일이 되어서야 법률로 제정되었다. 그 바람에 이론물리학과의 초대 교수인 슈뢰딩거는 그해 10월까지 기다려야 했다. 그러는 사이 슈뢰딩거는 약 1년에 걸쳐 천천히 더블린에 정착하면서 인맥을 쌓았고, 곧 그 지역의 유명 인사가 되었다.

정착

에르빈은 두 '아내' 그리고 이제 다섯 살이 된 루스와 함께 더블린 교외 클론타프에 자리를 잡았다. 바다 가까이에 있는 그 집은 한쪽 벽면이 옆집과 붙어 있고 퇴창이 달려 있는 전형적인 중산층 주택이었다. 처음에는 임차해서 살았지만 1943년에 에르빈은 1000파운드에 이 집을 샀고, 1956년 더블린을 떠날 때 2150파운드에 팔았다. 아니와 힐데는 한 주씩 번갈아 가며 집안일을 맡았다.

언뜻 생각해 보면 슈뢰딩거의 특이한 가족 구성은 옥스퍼드보다 가톨릭이 국교인 아일랜드에서 더 문제시되었을 것으로 추측할 수도 있다. 그러나 더블린 사람들은 적어도 공식적인 승인과 실제 행동 사이에 현저한 차이가 있었다. 그런 그들의 기질은 가톨릭 신자이면서 아일랜드 사람인 내 친구의 말로 잘 요약될 것 같다. "우린 주중에는 잡초 씨앗을 들판에 뿌려 놓고, 일요일엔 교회에 가서 그 씨가 열매 맺지 않게 해 달라고 기도하는 사람들이야." 매크리아에 따르면, '특이한' 가족 구성에도 불구하고 "슈뢰딩거와 그의 가족은 클론타프에서 편안함을 느꼈다"고 한다. 에르빈이 더블린에서 처음 사귄 친구 중 하나가 패디 브라운 주교라는 사실은 아일랜드 사람들의 '자유방임주의'를 분명하게 보여 주는 사례였다. 패디 브라운 주교는 세인트 패트릭 칼리지에서 예비 사제들에게 수학을 가르치는 교수였고, 브라운 주교의 형은 추기경이었다. 태생적으로 보수적인 환경에서 살아온 사람이었을 텐데도 브라운 주교는 슈뢰딩거에게는 최고의 아일랜드인 친구였다. 더블린에서의 삶은 평온했고, 아일랜드에서 '비상사태'로 불리던 2차 세계대전 시기에도 상대적으로 안전했다. 다만 전쟁 기간 내내 차(茶)를 구하기 어려웠고, 석탄과 석유도 점점 부족해져 1942년 이후 거리에서 개인용 자동차가 사라졌다. 슈뢰딩거는 자전거를 사랑하는 뚜벅이였으니 크게 문제 될 일은 없었다.

슈뢰딩거는 1939년 11월 더블린 유니버시티 칼리지에서 비공식적으로 강의를 시작했다. 더블린 사람들에게는 양자역학의 창시자 중 한 사람에게 직접 양자역학을 배우는 최초의 기회였으니, 강의실은 언제나 만석이었다. 슈뢰딩거는 양자 이론을 다각도로 해석하는 연구를 계속 이어 갔고, 그 결과물을 《아일랜드 왕립학회 회보》에 발표하기 시작했다. 1940년 4월 그는 아일랜드 왕립학회RIA의 임시 교수로 임명되었다. 연봉도 1000파운드에 달해 그의 재정 상황에 큰 도움이 되었다. 이곳에서도 그는 양자역학 강의를 했는데, 조금 더 고급 과정이었는데도 역시 강의실은 늘 가득 찼다. 그러던 5월, 그는 혼자 자전거 여행을 떠나기로 하고 골웨이에서 기차로 코네마라까지 갔다. 그러나 휴가가 시작된 지 겨우 이틀 만인 5월 10일에, 독일이 베네룩스 3국을 침공함으로써 '가짜 전쟁'(영국과 프랑스가 선전포고는 했지만 실질적인 전투 없이 진행되던 전쟁 —옮긴이)이 종료되었음을 알게 되었다. 이 소식을 접하자마자 그는 허둥지둥 서둘러 짐을 챙겨 더블린으로 돌아왔다.

결국 프랑스는 히틀러에게 함락되었지만, 암울한 전망으로 인한 자연스러운 우울감 말고는 아일랜드의 수도 더블린에서의 생활은 거의 달라진 게 없었다. 슈뢰딩거 부부는(에르빈과 아니만. 그래도 최소한의 관습은 지켜야 했으니) 패디 브라운이 자신의 별장에서 자기 누나네 가족과 함께 여름휴가를 보내자고 초대하자 기꺼이 수락했다. 그 집은 드넓고 거친 대서양을 바라보는 케리 카운티 딩글반도 끝자락에 있었다. 패디의 누나 마거릿에게는 세 아이가 있었는데, (1940년에 18세였던) 맏딸 모이라는 훗날 아일랜드의 정치가이자 저명한 작가인 코너 크루즈 오브라이언과 결혼했다. 둘째 셰이머스는 당시 열여섯 살이었고, 막내딸 바버라는 겨우 열두 살이었다. 에르빈은 바버라에게 마음을 빼앗겼지만 패디가 중간에 나서 엄중히 경고해 별다른 일은 일어나지 않았다. 심지어 그런 일이 있었음에도, 두 사람의 우정은 여전히 굳건했다.

더블린으로 돌아온 직후에 슈뢰딩거는 마침내 더블린 고등연구소Dublin Institute for Advanced Study, DIAS 소장이 되었다. 연봉 1200파운드로 총리 급여의 거의 절반에 달하는 액수였다. 이 자리 역시 유족 연금은 보장되지 않았지만, 그래도 슈뢰딩거가 살아 있는 동안에는 경제적 안정을 확보할 수 있었다. 그는 막스 보른에게 보내는 편지에서, "53세라는 나이로 외국 정부로부터 절대적인 안전(적어도 나 자신에 대해서는)을 보장받을 수 있다는 사실에 무한한 감사의 마음이 듭니다"라고 술회했다.

연구소는 메리온 스퀘어에 있었다. 연구소에서 걸어서 십 분 거리에 트리니티 칼리지 더블린TCD이 있었는데, 이곳에서 7월 3일 슈뢰딩거는 명예박사학위를 받았다. 그리고 7월 11일에는 아일랜드 국립대학교로부터 명예 학위를 받았다.[1] 이제 그는 TCD의 원로 교수 휴게실을 사용할 수 있는 권한이 생겼다. 외국인에게는 극히 드문 특권이었고, 슈뢰딩거도 이 권한을 소중히 여겨 종종 칼리지에서 점심을 먹곤 했다. 연구소는 패디 브라운이 의장인 위원회와 슈뢰딩거와 매크리아가 참여하는 이사회 주도로 10월 5일 공식적으로 문을 열었다. 매크리아는 나에게 이렇게 말했다. "1940년 10월 에이먼 데벌레라의 전화를 받았죠." 한창 전쟁 중일 때 중립국 원수에게 전화를 받은 것이 기뻤던 매크리아는 데벌레라의 제안을 수락해 이사회에 합류하기로 했다. 첫 회의는 11월 21일에 열렸다. 매크리아는 당시 아일랜드의 중립 정책은 확고한 것은 아니고

---

[1] 대학이 두 개인 이유는, 원래 트리니티 칼리지 더블린(TCD)은 개신교 신자를 위한 학교이고, 유니버시티 칼리지가 속해 있는 국립대학교는 가톨릭 신자를 위한 곳이기 때문이었다. 1960년대까지 TCD는 가톨릭 신자의 입학을 허용하지 않았다.

유연했으며, 아무 문제 없이 북아일랜드와 남아일랜드 사이를 오갈 수 있었다고 설명했다. 위원회가 내린 첫 번째 결정은 발터 하이틀러1904-1981를 조교수로 지명한 것이었다. 그는 망명한 독일 물리학자로 양자 화학의 발전에 핵심적인 기여를 한 인물이다. 매크리아가 "굉장한 아이디어"라고 말한 이 결정은 슈뢰딩거에게서 나온 것이 거의 확실했다. 이제 데벌레라의 오랜 꿈이 성공적으로 이루어질 바탕은 모두 준비되었다.

DIAS에서의 초창기

슈뢰딩거는 아일랜드 국민들에게 그야말로 "무한 감사"의 마음을 품고 있었고, 이는 열심히 연구해 연구소를 성공적으로 이끌겠다는 결심으로 이어졌다. 자신이 누리는 경제적 혜택이 아일랜드 납세자들이 부담하는 비용에서 온다는 것을 잘 알았으므로, 슈뢰딩거는 시민들이 보내는 편지에 일일이 답장하는 것을 원칙으로 삼았다. 심지어 미친 과학 '이론'을 주장하는 편지에도 성실히 답장을 보냈다. 더블린 고등연구소DIAS는 영국의 저명한 과학자들을(나치를 피해 영국에 정착한 망명 과학자들도 포함해서) 초대해 학회를 열 정도로 영향력이 강해졌고, 이 힘은 더블린의 다른 두 대학까지 확대되었다. 연구소의 연구자들은 대학에서 일반인을 상대로 대중강연을 열었다. 연구소에서 열린 첫 과학자 회합은(이때는 아일랜드

학자들만 대상으로 한 것이었다) 하이틀러가 조교수로 취임한 1941년 여름에 열렸다. 그러나 베를린에서의 전성기 시절처럼, 슈뢰딩거 부부에게는 열심히 일하는 것만큼이나 열심히 노는 것도 중요했다. 그들은 집에서 티파티를 열고 사람들을 점심 식사에 초대했다. 특히 에르빈이 언제나 용기를 북돋아 주며 아끼던 젊은 연구원들과 학생들을 자주 불렀다. 1940년 말, 더블린에는 대규모 오스트리아인 공동체가 생겨났는데, 그 구성원 중에 알프레트 슐호프라는 청년이 있었다. 그의 어머니는 힐데와 같은 학교를 다닌 동창생이기도 했다. 슈뢰딩거는 알프레드를 살뜰히 챙겼고, 전기 공학을 공부할 수 있게 학비를 지원해 주었다. 한편 에르빈은 가끔 친구들과 크리켓을 할 정도로 '현지화'되었다.

공연 문화에 대한 열정도 여전했다. 슈뢰딩거는 자신의 두 여인과 함께 자주 연극을 보러 갔다. 그들은 극장에서 연극 문화계 인사들과 교류하면서, 시인 패트릭 카바나, 배우 실라 메이와 그녀의 남편 데이비드 그린과 어울렸다. 데이비드 그린은 더블린 국립 도서관 소속 켈트학자였는데 나중에 DIAS 켈트학부에 합류하게 된다. 그러던 1941년 5월 31일 독일군의 폭탄이 우연히 더블린에 떨어져 30여 명이 사망하는 사건이 발생하면서, 더블린에도 전운이 감돌았다. 그러나 3주 후 히틀러는 소련을 침공하면서 스스로의 운명을 결정해 버렸다. 슈뢰딩거는 일기장에 이렇게 적었다. "두 악마[히틀러와 스탈린]가 전장에서 서로 맞부딪치는 것을 보다니, 이루

말할 수 없이 기쁘다." 그러나 그는 이 충돌의 결과가 오직 하나뿐임을 분명히 알고 있었다.

이듬해, 슈뢰딩거의 너그러움이 세상에 알려지게 된 작은 소동이 있었다. 아일랜드 유머 작가로 '마일스'라는 필명을 쓰는(이 이름으로 『세 번째 경찰관 The Third Policeman』이라는 탁월한 유머 소설을 썼다) 브라이언 오놀란이 쓴 칼럼이 신문에 게재되면서 찻잔 속 폭풍을 일으켰다. 슈뢰딩거는 이미 지식인들의 모임을 통해 마일스를 개인적으로 알고 있었지만, 마일스는 사정을 봐주지 않았다. 얼마 전 트리니티 칼리지에서 열린, 슈뢰딩거도 참여했던 토론회를 언급하며 마일스는 《아이리시 타임스》에 이런 글을 올렸다.

> 내가 알기로 최근에 슈뢰딩거 교수는 제1 원인(조물주)이 성립할 수 없음을 증명했다고 한다. 다시 말해 이 고등연구소의 첫 번째 결실은 이 세상에 신이 없음을 증명한 것이다. 이단과 신앙의 부정을 퍼뜨리는 행위는 고상한 학문과는 아무 상관이 없다. 조심하지 않으면 우리가 세운 이 연구소가 우리를 세상의 웃음거리로 만들 것이다.

이 도발적인 글에 연구소 위원회는 격하게 반응했고, 마일스에게 공식 사과를 요구했다. 그러나 슈뢰딩거는 위원회의 입장과는 거리를 두면서 위원회에 이런 글을 보내 입장을 표명했다. "나는 그 칼럼으로 인해 내가 화가 났다거나 저자의 사과문을 요청했다는 식의 진술을 포함시키는 것을 단호히 거부합니다. … 또는 그와 비슷한 잘못된 인상을 주는 그 어떤 형태의 말도 거부합니다." 슈뢰딩거는 마일스의 칼럼을 신경 쓰지 않았고 심지어 재미있어했던 것 같다. 그러나 위원회는 슈뢰딩거의 참여 없이 항의를 이어 갔고, 마일스가 연구소를 다시는 언급하지 않을 것이라는 신문사의 약속을 받아 냈다. 마일스와 에르빈은 계속 친구로 남았다.

이런 소동이 있은 직후인 1942년 여름, DIAS의 역사에서 훨씬 더 중요한 사건이 있었다. 첫 국제 학회를 개최한 것이다. '국제' 학회라고 하면 다소 과장된 면이 없지 않은데, 왜냐하면 50여 명의 참석자 대부분이 북아일랜드와 남아일랜드에서 왔기 때문이다. 아일랜드에서 가장 명망 있는 학자는 어니스트 월턴Ernest Walton, 1903~1995이었다. 워터퍼드 카운티에서 태어난 월턴은 케임브리지에서 존 콕크로프트John Cockcroft, 1897~1967와 함께 당시만 해도 선구적이던 '원자 으깨기' 실험을 수행했고, 당시에는 TCD의 펠로였다. 월턴은 아일랜드 과학자 중에서는 유일하게 자신의 연구로 노벨상을 받았다(1951년 콕크로프트와 공동 수상이었다). 그러나 가장 주목받는 강연자는 역시 디랙과 에딩턴이었다. 두 사람은 각각 짧은 강연을 맡아 발표했다. 당시 참석했던 매크리아는 이 행사가 전쟁 중에 "접하기 힘든 지적 즐거움"이었다고 회상했다. 에딩턴도 디랙만큼이나 내향적인 사람이었는데, 슈뢰딩거와 동료들이 마련한

아일랜드 총리인 에이먼 데벌레라의 집념으로 1940년 마침내 더블린 고등연구소가 문을 열었다. 슈뢰딩거는 연구소 소장으로 안전한 더블린에 정착했다. 공식 개소식 사진(위)을 보면 슈뢰딩거 옆에 막스 보른이 서 있고, 아일랜드의 대통령 더글러스 하이드는 휠체어를 타고 참석했다. 에이먼 데벌레라는 오른쪽 맨 끝에 서 있다. 1942년 여름에는 더블린 고등연구소에서 첫 국제 학회(아래)가 열렸다. 앞줄 왼쪽에서 세 번째가 디랙, 네 번째가 에이먼 데벌레라, 오른쪽에서 두 번째가 슈뢰딩거.

친밀하고 편안한 환경에서 두 사람 모두 긴장을 풀고 허물없이 대화를 나누는 모습이 놀라웠다고 했다. 매크리아는 슈뢰딩거가 언제나 완벽한 영어를 구사할 수 있으면서도 강연에서 의도적으로 비표준어를 섞어 가며 자신의 뜻을 전달하려 한다고 의심하곤 했다. 마치 애거사 크리스티의 에르퀼 푸아로처럼 말이다(그러나 푸아로의 이미지는 오히려 매크리아와 약간 닮았다). 그는 슈뢰딩거의 강의록이 언제나 '정통' 영어로 출간되는 게 대단히 유감스러운 일이라고 생각한다.

학회가 끝나자마자, 에르빈과 아니는 킬라니로 휴가를 떠났고, 돌아올 때는 가족이 한 명 더 늘어서 왔다. 휴가지에서 십 대 소녀 레나 린을 만났는데, 이 소녀를 루스의 보모로 고용해 더블린으로 데려온 것이다. 적어도 이번만큼은 액면 그대로 받아들일 수 있는 단순한 조치였던 것 같다.

연구소가 개관하고 첫 두 해 동안 슈뢰딩거의 개인 연구는 주로 맥스웰 전자기 이론의 의미 해석에 집중되어 있었다. 1943년부터 시작된 이 연구는 중력과 전자기의 통합 이론을 찾겠다는 (강박에 가까운) 집념으로 이어졌다. 결과적으로는 아무 결실 없이 끝났지만, 그는 일반 상대성 이론의 전문가가 되었다. 그런데 오히려 주요 과제에서 잠시 벗어나 느긋한 마음으로 시작했던 일이 나중에 훨씬 더 중요하고 영향력 있는 연구였던 것으로 판명 났다. 연구소 소속 연구원들은 매년 의무적으로 대중 강연을 해야 했다. 강연은

TCD와 유니버시티 칼리지에서 교대로 열렸는데, 1943년 2월에는 슈뢰딩거가 TCD에서 직접 세 번의 강연을 진행했다. 주제는 분자 (즉 유전자) 수준에서 일어나는 변화가 살아 있는 유기체의 신체 구조에 나타나는 변이를 유발하는 방식이었다. 슈뢰딩거는 의도적으로 이 강연에 '생명이란 무엇인가?'라는 도발적인 제목을 붙였다. 이 자리에는 데벌레라, 아일랜드 가톨릭교회의 원로들, 정치가, 외교관, 더블린의 지식인 엘리트들과 함께 수많은 일반인들도 청중으로 참석했다. 강연은 2월 5일에 시작해 3주 동안 금요일에 열렸지만, 인기가 높아서 400석 규모 강연장에 입장하지 못한 사람들을 위해 다음 월요일에 재차 강연을 열어야 했다.

이때의 강연과 강의록은 훗날 대단히 중요한 영향을 미치게 된다. 이 내용은 다음 장에서 자세히 다룰 생각이지만, 간단히 정리하자면 슈뢰딩거가 일반 대중에게 말하고 싶었던 주제는 염색체가 부호화된 메시지를 전달한다는 것이었다. 이 부호는 모스 부호, 또는 우리가 읽고 쓰는 글을 전달하는 알파벳과 크게 다르지 않다. 이 강의를 하고 얼마 되지 않아, 슈뢰딩거의 삶은 점점 더 복잡해졌다. 그리고 루스는 곧 두 이복 여동생을 얻게 되었다.

더블린에서 '가족'의 삶

1943년에 데이비드 그린과 실라 메이의 관계가 나빠지면서, 실라는 친구인 에르빈 슈뢰딩거에게 위안을 구하는 일이 점점 잦아졌다. 실라는 거침없는 성격의 다혈질이었고, 노동당원으로서 아일랜드 정치에 활발하게 참여했다. 결핵, 구루병, 영양실조가 만연한 더블린 빈민가의 상황을 개선하기 위해 관계 당국과 기나긴 싸움을 벌이기도 했다. 그녀는 아일랜드가 독립을 쟁취한 이래로 빈민가에 생긴 유일한 변화는 거리 이름이 영어에서 아일랜드어로 바뀐 것뿐이라고 씁쓸하게 지적했다. 슈뢰딩거도 그녀의 견해에 동조했지만, 사실 둘의 성향은 정반대였다. 활동가 실라와 사색가 에르빈은 서로 반대되는 매력에 끌렸다. 두 사람의 성적 교류는 1944년 봄에 시작되었다. 에르빈은 이때의 일을 일기장에 기록했다. "생명이란 무엇인가? 1943년에 나는 이렇게 물었다. 그리고 1944년, 실라 메이는 나에게 그 답을 주었다. 주님, 영광 받으소서!" 슈뢰딩거에게는 늘 그랬지만 이는 단순한 육체적 관계가 아닌 사랑이었다. 그의 펜 끝에서는 끊임없이 시가 흘러나왔다. 그해 7월 슈뢰딩거는 실라와의 만남을 위해 더블린 중심가의 아파트를 빌렸다. 그러나 둘의 정사는 대부분 비밀리에 진행되었다.

실라와 데이비드는 결혼한 지 5년이 넘었어도 아이가 없었다. 데이비드가 아이를 원치 않았기 때문이었다. 그러나 슈뢰딩거를 만나고 곧 실라는 임신을 했다. 에르빈도 처음에는 기뻐했다. "나는 더블린에서 가장 행복한 남자다. 어쩌면 아일랜드에서, 아니 유럽에서 가장 행복한 남자다." 그러나 월터 무어가 인상적인 문장으로 표현했듯이, "신비로운 성적 사랑의 결합은 오래가지 않았다. 임신 소식을 들은 에르빈에게 그 사랑은 더 이상 살아남을 수 없었다." 결국 그해 10월경, 슈뢰딩거는 실라에게 편지로 둘 사이의 관계는 끝났으며 데이비드에게 모든 걸 고백하라고 통보했다. 데이비드는 이 난장판 속에서 유일하게 품위를 유지한 사람이었다. 그는 1945년 6월 9일에 태어난 아이를 딸로 받아들이고 블라트나이트 니콜레테라는 이름으로 세례를 주었을 뿐 아니라, 나중에 실라와 이혼한 후에도 딸의 양육권을 얻어 자신의 딸로 키웠다.

실라가 임신 중이던 1945년 봄, 에르빈은 또 다른 젊은 여인을 만났다. 힐데와 함께 적십자 자원봉사자로 일하던 여성이었는데, 중립국 스웨덴을 경유해 오스트리아로 우편물을 보내는 일을 했다. 그녀는 케이트 놀란이라는 가명으로만 알려져 있는데, 그녀의 가족이 사생활 보호를 위해 그녀의 신원을 공개하지 않았기 때문이다. 케이트는 여러 면에서 실라와는 반대되는 인물이었다. 슈뢰딩거를 만났을 때 그녀는 스물여섯 살이었지만, 엄격한 가톨릭 집안에서 성장한 터라 지적 허세도 없고 성 경험도 없었다. 에르빈이 그녀의 저항을 무너뜨리는 데는 시간이 좀 걸렸다. 그러나 1945년 여름에 그는 마침내 해냈고, 임신한 케이트는 슈뢰딩거 부부의 입주 보모인 레나 린에게 자신이 도대체 어떻게 임신하게 되었는지 알 수가 없다고 털어놓았다. 슈뢰딩거가 저지른 수많은 '정복' 중에서도 특히 이번 일은 '진정한 사랑'이라는 말로 정당화하기가 가장 어려운 건이었다.

이 아기도 딸이었다. 아기는 1946년 6월 3일에 태어났고, 린다 메리 테레제라는 이름과 함께 슈뢰딩거의 영국계 가족의 성을 따라 러셀이라는 성을 받았다. 전통적인 가톨릭 신앙을 지켜 온 케이트의 가족은 케이트를 위해 엄마와 아이를 분리하는 데 동의했다. 린다는 슈뢰딩거 부부가 맡았고, 그들의 집에서 레나의 돌봄을 받으며 성장했다. 아기를 정식으로 입양하자는 얘기도 나왔고, 힐데와 루스가 인스브루크의 아르투어 마르히에게 돌아간 후에서 슈뢰딩거 가족은 거의 정상적인 가족의 분위기마저 띠었다. 그러나 1948년에, 레나가 린다를 유모차에 태워 산책을 나갔을 때 이를 본 케이트가 린다를 데리고 달아나 버렸다. 케이트는 최대한 에르빈에게서 멀어지기 위해 남아프리카로 이주했고, 에르빈은 이후 다시는 린다를 만나지 못했다. 그러나 그는 린다의 양육비를 지원해 주었고, 성인이 되었을 때를 대비해 린다 앞으로 1000파운드(그의 연봉과 맞먹는 액수)를 신탁했다. (이 이야기는 후속편이 있다. 그 내용은 이 책의 후기로 소개할 것이다.)

이런저런 일들을 겪으며 슈뢰딩거가 통일장 이론을 향한 헛된 탐구에 열을 올리는 동안, 나치 독일은 1945년 5월 7일 패망했다. 그리고 두 개의 핵폭탄이 일본에 떨어지면서 8월 15일 제2차 세계대전은 종식되었다. 슈뢰딩거는 자신들이 발견한 기술로 히로시마와 나가사키가 처참히 파괴되는 모습을 보고 다른 수많은 물리학자들과 함께 고통을 느꼈다. 이때 느꼈던 감정은 『생명이란 무엇인 가』를 쓰는 주된 동기가 되었다. 전쟁이 끝나 갈 무렵 하이틀러가 잠시 더블린 고등연구소 소장직을 맡았다가, 1949년에 다시 슈뢰 딩거가 소장으로 돌아오고 하이틀러는 슈뢰딩거의 뒤를 따라 취리 히 대학교의 교수가 되었다. 유럽 전역과 미국의 과학계가 평화를 회복하면서 슈뢰딩거는 다시 여행의 자유를 얻었다.

전후 시대

여행의 자유가 회복된 후 과학자 슈뢰딩거가 첫 번째로 얻은 혜택은 1946년 3월 파울리의 방문이었다. 프린스턴 고등연구소에 있던 파울리는 더블린을 방문하면서 입자 이론과 핵물리(적어도 당시에는 이 둘이 뚜렷이 구분되지 않았다)의 최신 발전 소식을 전했다. 방문객의 수는 점점 늘어 갔고, 그해 7월에는 에르빈과 아니가 영국에 갈 수 있었다. 케임브리지를 방문한 부부는 오랜만에 디랙을 다시 만났고, 에르빈은 혼자 런던으로 가서 한지도 만났다. 한지와 함께 닷새를 보낸 후, 에르빈은 아니를 다시 만나 스위스로 여행을 떠났다. 처음 들른 곳은 취리히였다. 이곳에서 에르빈은 물리 강연을 했다. 그런 다음 아스코나로 넘어가 '자연의 정신 The Spirit of Nature' 을 주제로 열린 철학 학회에 참석했다. 에르빈은 '과학의 정신'이라는 제목으로 강연했는데, 청중 가운데는 카를 융도 앉아 있었다.

"엄밀히 말해서 정신은 절대로 과학적 연구의 대상이 될 수 없다"는 메시지를 설파하기에는 아직 갈 길이 먼 것 같았다. 이 '정신'을 과학적으로 연구하기 위해 학자로서의 삶 대부분을 보냈던 융의 반응은 기록으로 남아 있지 않다.

1946년에 슈뢰딩거가 통계 열역학에 대해 쓴 짧은 책이 케임브리지 대학 출판부에서 출간되었다. 그가 더블린 고등연구소에서 했던 강의 내용을 엮은 책이었다. 그러나 이후 몇 년 동안 그의 주요 관심사는 통일장 이론을 탐구하는 것이었고, 나름 좋은 연구 결과를 얻기도 했다. 특히 1950년에 케임브리지 출판부를 통해 발표한 논문 「시공간 구조 Space-Time Structure」는 이후 수십 년간 학생들에게 일반 상대성 이론을 소개하는 표준 교재가 되었다.

다시 아일랜드 이야기로 돌아와서, 1947년 아일랜드 총선 기간 동안(이 총선에서 데벌레라의 당이 졌다) 고등연구소는 어려운 시기에 국가가 감당할 수 없는 값비싼 사치품이라는 비판을 받아야 했다. 그러나 연구소의 자금력도, 슈뢰딩거의 미래도 건실했다. 1948년 2월 17일, 슈뢰딩거 부부는 아일랜드 시민이 되었다. 그리고 같은 달에 '자연과 그리스인들'이라는 주제로 일반인 대상의 대중 강연을 열었고, 같은 내용으로 3개월 후 런던 유니버시티 칼리지에서도 강연했다. 슈뢰딩거가 런던에 머무는 동안, 한지는 슈뢰딩거에게 도예가인 루시 레이를 소개해 주었다. 이 여인은 이후 몇 년 동안 한지를 대신해 에르빈의 사랑을 받게 된다. 그러나 슈뢰딩거가 다시 아일랜드로 돌아온 후 개인적인 문제가 잇따르면서 평온했던 더블린 생활을 흔들어 놓았다.

아니에게 루스는 이제 친딸이나 다름없는 존재였기에, 루스가 인스브루크로 돌아가고 몇 달 동안 아니는 우울증을 앓았다. 에르빈의 무심한 행동도, 그의 관심이 새로 태어난 딸 린다에게 쏠렸던 것도 도움이 되지 않았다. 결국 그해 6월, 절박하게 도움을 요청한 것인지 아니면 진짜로 목숨을 끊을 마음이었는지는 알 수 없지만, 아니는 손목을 그었다. 그녀는 몇 주 동안 세인트 패트릭 병원에 입원해서 전기 충격 요법을 받았다. 당시에는 전기 충격이 정신적인 문제에 도움이 되는 통상적인 치료법으로 여겨졌다. 그러나 더블린에서 지내는 내내 아니는 반복되는 우울증에 시달렸고, 치료를 위해 몇 차례 자원해 입원하기도 했다. 설상가상으로 천식 때문에 스테로이드를 사용하면서 체중이 늘었고, 스스로 매력이 없다고 느끼면서 우울증은 더 악화되었다.

에르빈이 겪은 문제는 그보다는 한결 수월하게 해결되었다. 그는 양쪽 눈에 백내장이 생겨서 6월 29일에 (아니가 입원해 있는 동안) 오른쪽 눈 수술을 받았고, 왼쪽 눈의 백내장은 이듬해 제거했다. 두 번의 수술은 모두 성공적이었다. 그러나 첫 번째 수술이 끝나고 아니가 퇴원한 지 얼마 되지 않아 린다의 생모가 린다를 데려가 버렸다. 이런 일들이 아니에게는 영향을 미쳤는지 모르겠지만, 에르빈의 평정심을 흐트러트리지는 않았던 것 같다. 그는 8월에 한지와 함께 북웨일스로 휴가를 떠났고, 포트메리온에서 머물던 중 버트런드 러셀과 조우하기도 했다. 그리고 9월에는 '기본 입자'를 주제로 브뤼셀에서 열린 제8차 솔베이 학회에 참석했다. 더블린으로 돌아와서도 토요일이면 동료들과 함께 위클로산맥을 트레킹하며 보냈다.

1949년 5월에 슈뢰딩거는 뒤늦은 영예를 안았다. 아일랜드 왕립학회의 외국인 회원으로 선출된 것이다. 이것이 왜 이렇게 오래 걸렸을까? 다름 아닌 '정치' 때문이다. 1938년부터 1948년까지 독일 또는 오스트리아 시민은 왕립학회 회원이 될 자격이 없었다. 게다가 1948년 이전에는 영국 자치령에 거주하지 않는 외국인만 선출 자격이 있었다. 엄밀히 따지면 아일랜드는 1948년 새 아일랜드 정부가 들어설 때까지는 여전히 영국령에 속해 있었으므로, 이래저래 슈뢰딩거는 회원 자격을 얻을 수 없는 조건이었다. 왕립학회의 새내기 회원 슈뢰딩거는 1949년에는 과학 논문을 발표하지 않았지만(1923년 이래로 첫 '휴지기'였다), 얇은 시집 한 권을 출간했다. 물리학자로서의 명성이 아니었다면 이 시집은 결코 세상에 나오지 못했을 것이다. 슈뢰딩거의 시는 물리학자가 쓸 거라고 예상되는 모든 전형을 고스란히 보여 준다. 즉 음보와 운율 등 기술적으로는 모든 것이 다 정확하지만, 진정한 시가 전하는 감정의 떨림은 부족하다. 그보다는 오히려 같은 해 런던 BBC에서 '과학의 최전선 Frontiers of Science'이라는 제목으로 진행된 대담이 훨씬 더 재미있다.

녹음본은 지금도 보존되어 있어, 슈뢰딩거가 마음만 먹으면 완벽한 영어를 구사할 수 있었다는 매크리아의 말이 사실임을 확인할 수 있다. 1950년에 녹음된 두 건의 추가 대담은 BBC 유럽 서비스를 통해서만 방송되었다.

1951년의 첫 3개월 동안, 슈뢰딩거는 아르투어 마르히의 초청으로 인스브루크 대학교에서 한 학기를 보냈다. 오스트리아는 여전히 승리한 연합군에게 점령당한 상태였고 정치 상황도 복잡했지만(13장에서 자세히 설명하겠다), 인스브루크는 프랑스령이라 비교적 차분한 분위기였다. 이번 여행은 그저 옛 추억을 되살리는 이상의 의미가 있었다. 이제 열여섯 살이 된 딸 루스를 만날 수 있었기 때문이다(루스는 그가 아버지라는 사실을 1년 정도 후에 알게 된다). 슈뢰딩거는 빈에 들러 일반 상대성 이론에 관한 짧은 강연을 몇 차례 했고, 인스브루크 대학교에서 종신 교수로 부를 가능성이 있다는 얘기를 들었다. 결국 대학은 그를 위한 자리를 마련하지 못했지만, 그 후로도 몇 년 동안 슈뢰딩거는 종종 오스트리아를 방문했다. 여름에는 알프바흐 학회에 참석한 김에 휴가까지 보내곤 했다.

이후 더블린에서 지내는 동안, 슈뢰딩거는 막다른 길에 부딪혀 통일장 이론 연구를 거의 포기한 뒤로 주목할 만한 과학적 성과를 거의 내지 못했다. 그 대신 양자역학 해석의 기본 문제를 주제로 계속 강의를 하고 논문도 몇 편 썼다. 이러한 작업들은 대부분 과학적으로 노쇠한 그의 사소한 결과물로 치부되었고, 미래보다는 과거

지향적이며 느슨한 끝을 마무리하는 수준으로 여겨졌다. 그러나 이때의 결과물은 오히려 오늘날 시사하는 바가 크다. 그의 사고와 세상의 본질에 대한 깊이 있는 통찰을 담고 있는 말년의 연구는 재조명될 가치가 있다. 이 내용은 슈뢰딩거가 빈으로 돌아갈 때까지 있었던 몇 가지 사건을 간단히 정리한 후 짧게 설명할 것이다.

1952년 8월 에르빈은 65세 생일을 맞이했다. 티롤에서 휴가를 보내고 돌아온 그는 더블린에서의 새 학기 그리고 그해 12월 런던에서 열릴 양자역학 해석에 관한 학회를 기대하고 있었다. 양자역학의 옛 주역들이 다시 모여, 보어와 '코펜하겐' 친구들 그리고 반대 진영의 학자들이 벌이는 논쟁을 지켜볼 것이었다. 슈뢰딩거는 학회에 참석하기 위해 논문을 썼지만 발표할 기회는 없었다. 10월 말에 충수염에 걸렸기 때문이었다. 맹장이 터져 응급 수술을 받아야 했던 그는, 아마도 당시 신약으로 개발된 항생제가 아니었다면 목숨을 구하기 어려웠을 것이다. 그러나 육체적 건강은 이전 수준으로 영영 회복되지 못했고, 겨울마다 겪던 기관지염의 공격도 더 심해졌다. 그런데도 그는 파이프 흡연을 포기하지 못했다. 1954년에는 여름마다 늘 가던 티롤로 휴가를 갔지만 긴 산책길에 동행과 보조를 맞추기가 어려웠다. 주위 사람들의 권고로 의사를 찾아갔다가 심각한 폐기종과 고혈압 진단을 받았다. 증상으로 미루어보면 동맥경화증도 앓고 있었던 것 같다. 그때부터 술은 금지되고 흡연은 제한적으로 허용되었으며, 밤 9시 취침과 함께 하이킹도 금지되었다.

1952년 12월에는 하버드로부터 한 학기 동안 체류해 달라는 초청이 와서 연구소에 1954년 10월부터 12월까지 장기 휴가를 신청해 두기도 했다. 그러나 하버드는 일방적으로 날짜를 9월 25일부터 1955년 1월 말까지로 변경하고, 시험지 채점 같은 자잘한 의무 사항도 포함되어 있다고 알려왔다. 슈뢰딩거는 마음을 바꿨다. 슈뢰딩거가 더블린을 떠나서 가고 싶은 곳은 이 세상에 오직 한 곳, 오스트리아뿐이었다. 그리고 그는 1956년에 드디어 고향 오스트리아로 가게 된다. 이 이야기는 13장에서 다룰 텐데, 그 전에 그가 더블린에서 마지막으로 남긴 과학적 유산을 살펴보기로 하자. 이 이야기는 양자역학의 해석에서 출발한다.

다세계

슈뢰딩거의 세미나용 강의 노트와 더블린에서 말년에 작성한 미발표 자료들은 프랑스 파리 국립과학연구센터의 미셸 비트볼이 수집해 1995년에 책으로 출간했다. 그리고 일 년 후에 출간한 또 다른 책 『양자역학에 관한 슈뢰딩거의 철학』에서 비트볼은 슈뢰딩거 말년의 연구 이면에 깔린 철학을 탐구했다. 비트볼은 슈뢰딩거의 마지막 연구가 양자역학을 바라보는 슈뢰딩거 사고의 정점이며, 코펜하겐 해석과 아주 다르면서도 현대의 이해와 매우 가까운 견해를 제시하고 있음을 설득력 있게 서술하고 있다.

슈뢰딩거 사고의 바탕은 1952년 「양자 도약은 존재하는가?」라는 제목으로 발표된 논문에 잘 요약되어 있다. 그는 실험물리학에서 개별 입자로서 해석되어야 하는 현상은 아무것도 없다고 주장했다(구름 상자 안에서 전자가 남긴 점들의 궤적을 기억하자). 슈뢰딩거는 이렇게 말한다. "입자가 무엇인지 확신할 수는 없지만, '무엇이 아닌지'에 대해서는 [통찰을] 얻었다. 입자는 개별성을 지닌 단단하고 작은 사물이 '아니다'." 실험을 통해 얻은 데이터는 단순히 사건의 기록일 뿐이며, 그마저도 사건이 일어난 한참 후에 조사할 수 있다. 이 같은 추론은 슈뢰딩거 시대의 단순한 실험보다는 현대의 거대 강입자 충돌기 같은 기계 장비가 포함되는 실험에 더 맞는 말이다. 위치 A에서 전자를 보고, 시간이 흐른 후(단 몇 분의 일 초 후라도) 근처(아주 가까운 근처라도) 위치 B에서 전자를 본다면, 우리는 그 둘이 사실상 같은 전자인지 알 방법이 없다. 그리고 잘 정의된 궤적이나 잘 정의된 개별성 중 어느 것도 갖지 못한 입자는 입자가 아니다. 슈뢰딩거는 이렇게 주장했다. "입자는 영구적 개체가 아닌 순간적인 사건으로 보는 것이 낫다. 가끔 이런 사건들이 연쇄적으로 일어나면서 영구적 존재라는 환상을 주게 된다."[2]

이런 관점에서 보면 아인슈타인이 그토록 우려했던 원격 작용

---

2   Bitbol, *Schrödinger's Philosophy of Quantum Mechanics*에서 인용. 달리 표시가 없는 한, 이 장에서 인용된 슈뢰딩거의 다른 말도 출처가 같다.

의 문제도 단박에 제거된다. 별개이지만 서로 얽힌 두 입자, 즉 두 파동함수가 알 수 없는 기괴한 방식으로 상호작용을 벌인다고 생각하는 대신, 전체적인 계를 설명하는 하나의 파동함수를 생각해야 한다. '국소적 실재'의 측면에서 보면, 우리는 국소성을 버릴 때 실재를 지킬 수 있다.

이 주장의 핵심인 다음 단계는 앞에서 이미 설명한 바 있다. 방정식에는 파동함수의 붕괴를 요구하는 내용이 전혀 없다. 코펜하겐 해석은 '상자 속 고양이' 사고 실험에서 상자가 열리기 전까지는 파동함수 또는 상태가 중첩되어 있고, 그러다 상자가 열리면 계는 붕괴하고 단 하나의 상태만 '실재'가 된다고 설명한다. 왜? 슈뢰딩거는 그 이유를 물었다. 단지 보는 사람이 있다고 해서 이 중첩이 교란될 이유는 없다. 1935년에 그는 상태의 중첩이 "양자역학의 [고유한] 특성"이라고 말한 적이 있다. 그로부터 약 15년 후, 그는 이렇게 말했다. "파동함수가 어떨 땐 파동 방정식에 의해 제어되고 또 어떨 땐 파동 방정식과는 무관한 관찰자의 직접적인 개입으로 제어된다니, 이렇게 완전히 다른 두 가지 방식으로 제어된다는 건 그야말로 터무니없는 소리다."

그렇다면 양자역학에서 말하는 파동함수의 중첩에는 뭔가 이상한 점이 있다. 고전적인 파동은 중첩되었을 때 합쳐져 합성 파동을 만든다. 이 안에서 각각의 파동은 별개의 정체성을 유지하지 않는다. 따라서 파동역학은 고전 파동 이론과 근본적으로 다르며, 한때 기대되었고 지금도 종종 그렇다고 여겨지는 것과는 달리, 행렬역학보다 덜 급진적이라고 볼 수 없다. 1950년대 초 슈뢰딩거는 고양이 실험에서 두 상태는 모두 실재이며 상자가 열린 후에도 그 두 상태는 각각 실재로 남는다고 말하고 있다. 이 말이 담고 있는 놀라운 의미는 결국 모든 양자 상태가 실재라는 것이다. 이는 훗날 양자역학의 '다세계' 해석의 기본 바탕이다. 그러나 슈뢰딩거가 이것을 처음 생각해 냈다는 사실은 비트볼 이전에는 누구도 알아채지 못한 것 같다. 다음은 슈뢰딩거가 1952년 더블린에서 한 강연의 핵심 내용이다.

[양자 이론가가] 선언하는 결과는 거의 전부가 이런저런 사건이 일어날 확률에 관한 것이며, 대개는 무수히 많은 대안이 있습니다. 그게 단순한 대안이 아니라 모두 진짜로 동시에 일어날 수 있다는 생각은 그 이론가에겐 헛소리처럼 들리고, 그저 불가능한 일 같아 보이겠죠. 만일, 이를테면 15분 동안, 자연법칙이 이렇게 모든 대안이 다 실현되는 형태를 허용한다면, 우리 주변은 급속히 흐느적거리는 늪으로 변하거나, 형체 없는 젤리나 플라스마로 변하거나, 모든 윤곽선이 흐릿해지고, 우리 자신도 아마 흐늘흐늘한 해파리처럼 변하는 것을 보게 될 거라고 그는 생각할 겁니다. 그가 그렇게 믿는다는 건 참 이상하죠. 내가 알기로 그 이론가는 관찰되지 않는 자연이 실

제로 이런 방식으로, 다시 말해 파동 방정식에 따라 행동한다고 인정하고 있으니까요. 앞서 말한 대안이란 우리가 관찰할 때만 작용합니다. 물론 그 관찰이 꼭 과학적 관측일 필요는 없습니다. 그래도 이 양자 이론가에 따르면, 자연이 급속하게 젤리화되는 것을 막는 것은 오로지 우리의 인지 또는 관찰뿐이라고 합니다. … 이상한 결론이죠.

그러나 다세계 해석에서는, '젤리화'가 진행되는 대신에, 파동함수의 붕괴 없이 상자 속 고양이는 별개의 가지로 나뉜 세계(또는 분리된 두 세계)에서 두 상자 속의 두 마리 고양이가 된다. 한 고양이는 죽고, 다른 고양이는 산다. 그리고 여기에서 우주의 가능한 모든 양자 상태에 해당하는 실재의 분화된 여러 개의 가지, 즉 다세계가 등장하는 것이다. 다세계 해석은 우주 자체를 특정 상태로 붕괴시키려면 누가 우주를 관측해야 하는가라는 문제를 제거한다.

우주가 양자적 '선택'에 직면할 때마다 꾸준히 새로운 버전의 우주로 분열된다는 아이디어를 견딜 수 없었던 사람들은 이런 해석에 격렬히 반대하고 나섰다. 현재 그들의 반론은 극복되었지만(이 내용은 14장에서 설명할 것이다) 슈뢰딩거는 그 전에 세상을 떠났다. 그러나 말년에 한 연구 중에서 뜻밖의 주제가 널리 인정받는 것은 생전에 볼 수 있었다. 바로 생명의 본질에 관한 탐구였다.

12장 생명이란 무엇인가

슈뢰딩거는 평생에 걸쳐 유전遺傳에 관심을 보였다. 그는 식물학자인 아버지에게 생물학을 배웠고 학부생 시절에는 진화론 책을 열심히 읽었다. 당시는 그레고어 멘델Gregor Mendel, 1822~1884의 유전학 연구가 재조명되면서 널리 논의되던 시기였다. 영혼과 정신의 본질을 탐구하는 철학과 동양 종교에 대한 관심, 그리고 집단 무의식의 존재에 관한 의문은 그의 사상을 직조하는 구성 요소였다. 슈뢰딩거는 유전적 계통의 연속성을 일종의 불멸로 보았고, 언제나 아들이 없는 것을 아쉬워했다. 그래서 1943년 대중 강연을 할 기회가 생기자 생명의 본질과 유전에 대한 자신의 생각을 대중에게 알리기로 결심했다. 그는 막스 델브뤼크1906~1981가 동료들과 함께 쓴 논문을 출발점으로 삼았다. 델브뤼크는 슈뢰딩거가 베를린에 머물던 시절의 지인으로, 당시 카이저 빌헬름 화학 연구소에서 일하고 있었다. 따라서 두 사람은 1930년대 초에 델브뤼크의 연구에 대해 논의했을 것이다. 하지만 핵심 내용이 담긴 논문은 슈뢰딩거가 베를린을 떠난 후인 1935년에야 당시에는 그다지 유명하지 않은 저널에 발표되었다. 아마 슈뢰딩거는 1943년 2월 TCD에서의 강연 자료로 참고하기 위해 꺼내 보기 전까지는 이 논문을 들춰 보지 않았을 것이다.

오늘날에는 '누구나' DNA를 알고 있고, '유전 부호genetic code'라는 용어도 일상적으로 사용한다. 그러다 보니 1940년대에 델브뤼크가 제안하고 슈뢰딩거가 해석한 이 개념이 어느 정도 파급력을 지녔었는지 쉽게 상상이 되지 않을 것이다. 앞으로 이야기를 이어 나가기 전에, 당시 사람들보다 우리가 유전에 대해 훨씬 더 많은 것을 알고 있다는 사실을 인정하는 것이 우선이다. 그래서 슈뢰딩거의 책 『생명이란 무엇인가』가 세상에 끼친 영향을 전반적으로 설명하기 위해 먼저 현재 알려진 DNA와 유전 부호 그리고 유전에 대해 명확하게 파악하는 것이 좋을 것 같다.

생명 그 자체

DNA는 모든 생명체의 세포에서 발견되는 기다란 분자 사슬이다. DNA의 가장 중요한 특징은 긴 사슬을 따라 분자 안에 '염기'라고 하는 화학적 하위 단위가 배열되어 있다는 점이다. 염기들은 A, C, T, G의 문자로 표시된다. 이 네 종류의 염기로 이루어진 문자열은

'부호code'라고 불리는 형태로 정보를 전달할 수 있다. 나는 이 염기를 언어처럼 생각하는 걸 좋아하는데, 이 책에서 알파벳 스물여섯 개로 긴 문장을 만들어 정보를 전달하는 것과 비슷하다. 그런데 이 DNA 분자는 대개는 고립적으로 존재하지 않고, 하나의 긴 분자가 파트너 분자와 짝을 이루어 그 유명한 이중나선 구조를 이루고 있다. 나선 구조 안의 두 분자 사슬은 서로 똑같지 않고, 거울을 마주 보고 있는 것 같은 모습이다. 예를 들어 한쪽 분자 사슬에 A가 있으면 파트너 분자 사슬의 그 자리에는 T가 있다. 한쪽에 C가 있으면 파트너 분자에는 G가 있고, 반대로 G가 있는 곳에는 C가, T가 있는 곳에는 A가 있다. 따라서 적절한 환경에서(살아 있는 세포가 분열할 때를 말한다) 나선의 두 분자 사슬이 풀릴 수 있고, 각각의 가닥은 세포 내부에서 주변 화학 물질을 취해 알맞은 염기 간 결합을 만들어 새로운 짝 가닥을 스스로 구축할 수 있다. 그 결과 동일한 두 개의 이중나선이 만들어지고, 둘로 분열된 세포 각각에 복사본이 하나씩 들어간다.

정자나 난자 같은 성세포가 몸에서 만들어지는 과정은 이보다 약간 더 복잡하다. 이때는 한 가닥의 나선에서 DNA 조각이 잘려 나와 다른 조각과 이어 맞춰지고 그래서 자손은 부모와 약간 다른 유전 물질 배열을 물려받게 된다.

이 모든 일들이 중요한 이유는 DNA가 운반하는 부호 또는 언어가 단일 세포로부터 유기체를 구성하는 방법과 유기체의 작동 방법에 대한 지침을 담고 있기 때문이다. 이 부호 혹은 언어는 RNA라고 하는, DNA와 굉장히 비슷한 분자의 도움을 받아 살아 있는 세포 안에서 번역되고, 지침은 실행에 옮겨진다. 이 과정에서 DNA 이중나선의 한쪽이 풀리고, 관련된 부호 부분이 복제되어 단일 가닥의 RNA 분자가 만들어진다. 이 RNA '메시지'는 세포에서 아미노산이라고 하는 분자를 합성하는 데 사용되며, 아미노산들이 연결되어 단백질을 형성한다. 단백질은 몸에서 근육이나 머리카락 같은 구조를 이루기도 하고, 체내에서 촉매처럼 작용해 세포 내에서 진행되는 화학반응을 촉진하거나 억제하는 효소를 만들기도 한다.

단백질은 우리 몸에서 대단히 중요한 성분이다. 슈뢰딩거가 책을 쓰던 1940년대 초에는 단백질을 생명의 분자라고 여겼고, DNA는 단지 단백질 화학반응이 일어날 수 있는 일종의 발판일 뿐 반응 과정에 직접 관여하지는 않는다고 생각했다. 그런데 유전 정보가 염색체라고 하는 개체에 들어 있다는 사실이 알려졌다. 사람은 저마다 23쌍의 염색체를 가지고 있으며, 부모 각각으로부터 각 쌍의 한 쪽씩을 물려받는다(실제로 성세포가 만들어질 때 염색체가 반으로 분리되고, 다른 성세포와 결합해 새로운 배열을 만든다). 유전자는 염색체의 일부이며, 유전자의 변화(돌연변이라고도 한다)가 종의 개체 내부에서 변화를 일으키고, 이 바탕 위에서 진화가 일어날 수 있다. 그러나 한 개체에 의미 있는 변화가 생기려면 생명체의 분자에서(그 분자가 무엇이든 간에) 일어나는 변화는 얼마나 커야 할까? 슈뢰딩거의 호기심을 자극했던 1935년 논문에서, 델브뤼크와 동료들은 과일파리(초파리)에 엑스선으로 돌연변이를 일으킨 실험 데이터를 이용해, 분자의 한 곳에서 발생한 단 하나의 변화로도 돌연변이가 일어날 수 있다고 설명했다. 현대적인 용어로 설명하자면, DNA 나선에서 단순히 A가 G로 바뀌는 변화로도 돌연변이가 일어난다는 뜻이다. 이 드라마틱한 정보를 담은 과학 논문은 (슈뢰딩거가 주목한 후 점점 더) 인기가 높아지면서 재쇄를 거듭했고, 표지의 색을 따 '초록색 팸플릿'이라는 애칭으로 불리게 되었다.

그러나 슈뢰딩거의 『생명이란 무엇인가』가 초록색 팸플릿을 기반으로 작성되었다면, 델브뤼크와 동료들의 연구도 슈뢰딩거의 초기 연구를 기반으로 한 것이었다. 그들이 연구한 생물학 분야는 화학의 일부였고, 1930년대의 화학은 물리학, 그중에서도 양자물리의 일부였기 때문이다. 그리고 화학자들이 주로 활용했던 양자물리는 슈뢰딩거의 파동역학이었다.

양자화학

화학은 원자가 결합해 분자를 이루는 방식을 연구하는 학문이다. 서로 다른 원자들은 전자를 공유하며 결합한다. 예를 들어 수소 원자는 양성자 하나에 전자 하나로 이루어져 있는데, 두 수소 원자가 결합해 하나의 수소 분자를 만들면 두 개의 전자는 특정한 방식에 따라 두 양성자(원자핵) 모두의 주위를 돈다. 분자가 형성되는 이유는 원자 두 개가 각각 갖는 에너지 상태보다 분자를 이루었을 때 에너지 상태가 더 낮기 때문이다. 그런데 두 개의 전자가 어떻게 두 개의 양성자 주위를 돌 수 있을까? 이는 마치 두 어린아이가 부모 '주위'를 맴도는 것과 비슷하다고 할 수 있겠다.

이와 같이 전자 두 개가 한 쌍의 원자핵 주위를 에워싸는 방식의 전자 공유를 머릿속으로 그려 보면, 입자 개념보다는 파동 개념을 사용할 때 훨씬 더 시각화하기가 쉽다. 전자 공유는 전자가 가진 전기 전하가 어떻게 '번져 가는가'라는 의문을 제기하고, 이는 파동이 특정 위치에서 전자를 발견할 확률을 나타내며, 전자는 실제로 입자로서 존재한다는 보른의 해석으로 이어진다. 이것은 슈뢰딩거가 싫어했던 해석이었다. 그러나 화학의 관점에서 이런 문제는 철학자들과 양자역학 해석자들에게 넘겨주면 그만이다. 수소 원자가 결합하여 분자를 만들 때 일어나는 에너지 변화를 알고 싶었던 화학자들은, 슈뢰딩거가 파동역학을 발표하자 이 방정식을 사용해 에너지를 계산하는 방법을 찾고, 수소보다 더 복잡한 계로 넘어가서 어떤 원자 배열이 안정된 분자를 형성하는지, 원자 사이 결합은 얼마나 강한지를 예측하는 데 초점을 맞추었다.

슈뢰딩거의 파동 방정식을 바탕으로 하는 전자 (궤도) 결합 이론은 미국인 에드워드 콘던 Edward Condon, 1902~1974의 1927년 연구 그리고 발터 하이틀러와 프리츠 런던 팀의 연구를 통해 각각 독립적으로 개발되었다. 1927년 여름에 하이틀러와 런던은 취리히에 있었고, 슈뢰딩거와 대학에서 그리고 숲속 산책길에서 함께 토론하며 많은 도움을 얻었다. 훗날 훌륭한 양자화학자가 되는 라이너스 폴링1901-1994도 그해 여름 취리히에 있었지만 슈뢰딩거와는 만날 기회가 거의 없었다.[1] 하이틀러와 런던이 두 수소 원자와 하나의 수소 분자 간의 에너지 차를 계산했을 때, 그 값은 (이미 실험을 통해 알려져 있었던) 수소 분자를 분해할 때 필요한 에너지 양과 거의 같았다. 이는 대단히 극적인 발견이었다. 이 결과를 통해 분자 내 원자가 마구잡이로 배열된 것이 아니라 사실상 그런 배열이 에너지가 가장 낮은 상태이며, 따라서 가장 안정적인 배열임을 확인했기 때문이다.

이후 몇 년 동안 생물학의 화학적 기초를 완벽하게, 일관되면서도 무엇보다 정량적으로 설명해 낸 사람은 폴링이었다. 특히 그는 파동역학을 이용해 탄소의 화학적 거동을 설명했다. 탄소는 생명 활동에서 가장 중요한 원소로서, 그 중요성은 '탄소 화학'과 '유기 화학'이 동의어로 쓰인다는 사실에서도 확인된다. 폴링이 1939년 출간한 책 『화학 결합의 본질*The Nature of the Chemical Bond*』은 20세기에 가장 영향력 있는 화학 교과서로 자리 잡았다. 폴링은 "화학 결합의 본질을 연구하고 복잡한 물질 구조 규명에 이를 적용한" 공로

---

[1] Kilmister, ed., *Schrödinger*에 수록된 폴링의 기고문을 참고할 것.

를 인정받아 1954년에 노벨상을 받았다. 그러나 그의 연구는 책이 출간되기 한참 전부터 이미 막대한 영향력을 미치기 시작했으며, 실제로 화학 결합의 본질에 관한 연구는 1935년 무렵에 핵심 내용이 완성되었다. 초록색 팸플릿의 저자들이 개별 엑스선 광자가 나르는 에너지를 다양한 종류의 화학 결합을 끊는 데 필요한 에너지와 연관시킬 수 있었던 것도 이런 연구 성과 덕분이었다.

초록색 팸플릿

초록색 팸플릿에서 엑스선 실험을 소개하는 단원은 델브뤼크의 동료인 니콜라이 티모페예프 레솝스키가 썼지만, 이 실험의 '숨은 주역'은 팀의 막내인 카를 치머였다. 그는 실험 데이터를 활용해 돌연변이를 일으키는 에너지 양을 계산하고, 이 값을 양자화학으로 계산한 탄소 화합물의 결합 에너지와 비교해서, 엑스선 광자의 '일격'만으로도 돌연변이가 생길 수 있다는 결론을 내렸다. 이후 그의 계산에서 가정 일부가 틀렸음이 드러났지만, 다행히도 결론의 중심 내용에 영향을 미치지는 않았다. 이 실험의 결론은, 많아야 수백 개의 원자가 관련된 화학 변화로도, 다시 말해 하나의 분자 결합이 끊어지고 새로 결합하는 정도의 화학적 변화로도 유전적 돌연변이를 일으킬 수 있다는 것이었다. 이러한 사실은 유전자가 작은 버전의 세포처럼 복잡한 구조가 아니라 사실상 분자임을 말해 주는 최초의 증거 중 하나였다. 이 결론으로부터 델브뤼크와 슈뢰딩거는 유전 부호라는 개념을 떠올리게 되었다.

막스 델브뤼크는 1906년 베를린에서 태어나, 독일의 교육 체계 안에서 수학, 물리학, 천체물리학을 공부했다. 1930년에 박사학위를 받은 뒤에는 영국 브리스틀 대학교의 H. H. 윌스 물리학 연구소에 잠시 몸담았다. 그러다 닐스 보어와 함께 코펜하겐에서, 볼프강 파울리와 함께 취리히에서 연구했고, 베를린의 카이저 빌헬름 화학 연구소에 자리를 잡았다. 그는 양자역학의 발전과 함께, 화학을 거쳐 생물학으로 전공을 바꾼 최초의 물리학자 중 한 명이다. 사실 이런 경향은 제2차 세계대전 이후부터 본격화되었다. 델브뤼크는 1935년에 물리학자 리제 마이트너의 조수로 일했는데, 당시만 해도 생물학에 대한 관심은 부차적인 것이었다. 하지만 그로부터 30년 후, 그는 바이러스의 유전학 연구로 노벨상을 공동 수상하게 된다. 새로운 물리학이 생물학에 끼친 영향은 초록색 팸플릿에서 델브뤼크가 쓴 단원 제목에 깔끔하게 요약되어 있다. 그 제목은 '원자 물리학을 바탕으로 한 돌연변이 모형'이었다.[2]

델브뤼크는 1932년 코펜하겐에서 보어의 강연 '빛과 생명'을 들으며 이 연구의 직접적인 영감을 얻었다. 보어의 강연 내용은 이듬해 《네이처》에 발표되었다.

---

[2] 독일어 원문이 더 그럴싸하게 들린다. 'Atomphysikalisches Modell der Mutation(돌연변이의 원자 물리학적 모형)'.

생명의 존재는 설명할 수 없는 기본적 사실로 여겨야겠지만, 우리는 이러한 생명의 존재를 생물학의 출발점으로 삼아야 합니다. 이는 고전역학적 물리학의 관점에서는 비이성적 요소처럼 보이는 양자 작용이, 기본 입자의 존재와 함께 원자 물리학의 바탕을 형성하는 것과 비슷한 이치입니다. 생명의 독특한 기능은 결코 물리학이나 화학으로 설명할 수 없다는 주장은 … 원자의 안정성을 이해하는 데 역학적 해석은 불충분하다는 주장과 비슷합니다.

보어는 생물과 무생물 간의 차이를 설명하기 위해 신비로운 '생명력'을 끌어들일 필요는 없다고 강조했다. "살아 있는 유기체의 작용을 원자 현상을 분석하는 수준까지 들여다볼 수 있다면 무기물질의 성질과 다른 특징은 발견되지 않을 것이다." 생명체의 작용을 원자 수준까지 들어가 분석한다는 이 발상이 델브뤼크를 유전학의 길로 이끌었다. 그가 애초에 마이트너의 조수 일에 끌렸던 이유 중 하나가 바로 근처에 카이저 빌헬름 연구소가 생겨서, 분야를 넘나드는 연구가 가능했기 때문이었다. 1930년대 초 베를린은 생물학에 관심을 둔 물리학자에게는 이상적인 곳이었다.

델브뤼크는 초록색 팸플릿에서 분자가 하나의 양자 상태에서 다른 양자 상태로 전이되는 결과로서 유전적 돌연변이가 발생한다고 제안했다. 그리고 유전자가 한 세대에서 다음 세대로 특성을 전달하려면 대단히 안정적인 분자여야 함을 지적했다. 자연 선택의 작용으로 발생하는 희귀 돌연변이는 분자가 주위에서 에너지를 흡수할 때 발생할 수 있다. 예를 들면 단순히 열에너지의 작용이 분자를 흔들거나, 엑스선 또는 자외선 복사의 형태로 분자에 에너지가 추가되는 경우다(자외선으로 인한 돌연변이는 델브뤼크가 추측하고 한참 후에 입증되었다). 돌연변이는 양자 과정에서 유전 물질(그게 무엇이든)이 재배열되면서 발생한다. 다시 말해, 돌연변이는 하나의 안정된 구조를 갖춘 분자가 에너지 장벽을 넘어 다른 안정된 구조로 떠밀려 넘어가는 양자 과정이다. 그런데 도대체 이 유전자란 무엇인가? 아직 제대로 설명하기엔 너무 일렀고, 델브뤼크는 다음과 같은 글을 남겼다.

단일 유전자가 동일한 원자 구조의 반복으로 발생한 중합체인지 아니면 주기성이 없는 단순 구조인지, 이 의문에 대한 답은 열어 둔 상태이다. 또한 개별 유전자가 독립적인 원자들의 집합체인지 아니면 거대한 구조의 일부지만 대체로 자율적인 것인지, 다시 말해 염색체가 진주목걸이처럼 낱낱의 염색체들이 사슬로 이어진 것인지 아니면 물리화학적 연속체인지도 열린 문제로 남겨 두겠다.

중합체란 단순히 수많은 원자들이 끈처럼 길게 이어진 구조를 말한다. 델브뤼크가 유전자를 중합체 분자로 개념화한 것은 생명의 메커니즘을 이해하는 데 중대한 발전이었다. 그러나 그가 말한 "동일한 원자 구조의 반복"을 혼동해서는 안 된다. 원자 구조가 모두 똑같다면 아무런 정보도 전달하지 않는다. 마치 글자 AAAA…로 이어지는 글은 전달하는 정보가 전혀 없는 것과 마찬가지다. 그가 여기에서 말하려 했던 것은 몇 개의 동일한 단위가 다른 순서로 반복된다는 것이다. 마치 알파벳에서 몇 개의 동일한 글자들을 조합해 서로 다른 단어를 만드는 것과 비슷하다.

델브뤼크는 초록색 팸플릿으로 얻은 연구 성과를 인정받아 록펠러 펠로십(록펠러 재단에서 지원하는 연구 및 연수 프로그램—옮긴이)을 받고 1937년 캘리포니아로 갔다. 처음에 그는 패서디나의 유전학자 토머스 헌트 모건Thomas Hunt Morgan, 1866~1945과 함께 연구하기 위해 캘리포니아를 선택했지만, 1945년 미국 시민권을 취득하고 여생을 미국인으로 살았다. 캘리포니아에서 지내는 동안 라이너스 폴링과도 함께 연구했는데 둘이 함께 쓴 논문은 1940년 《사이언스》에 게재되었다. 이 논문에서 그들은 상보성 구조를 지닌 두 분자(상보성은 양자역학에서 빌려 온 용어지만, 의미는 '거울상 분자'와 동일하다)가 서로 나란히 놓일 때 특히 안정적인 배열을 형성한다고 설명했다. 그들은 세포의 작용을 연구하려면 최우선적으로 이 상보성 형태를 조사해야 한다고 말했다.

논문을 쓰던 당시 폴링과 델브뤼크는 영국 유니버시티 칼리지의 유전학자 J. B. S. 홀데인J. B. S. Haldane, 1892~1964의 연구 결과를 몰랐던 것 같다. 홀데인은 이렇게 말했다. "[유전자의 복제] 과정은 레코드판을 복제할 때 중간 단계로 음반의 원판을 사용하는 것과 비슷하다고 할 수 있다. 이 원판과 원본의 관계는 항체와 항원 사이의 관계와 비슷할 것이다."[3] 홀데인의 설명은 내가 앞서 얘기했던 내용, 즉 DNA가 세포 안에서 복제되는 과정, 또는 RNA를 이용해 DNA의 메시지가 번역되는 과정과 정확히 일치한다. 그리고 폴링과 델브뤼크의 제안과도 아름답게 일치한다. 그러나 슈뢰딩거가 『생명이란 무엇인가』를 쓸 때는 이런 제안들을 알지 못했던 것 같다.

슈뢰딩거 주제에 의한 변주곡

『생명이란 무엇인가』의 핵심은 양자역학적 근거를 제시하면서 초록색 팸플릿의 아이디어를 재해석한 부분으로, '델브뤼크의 모형에 대한 논의와 검증'이라는 챕터였다. 슈뢰딩거는 어떻게 수정란 같은 작은 물질 조각에 "앞으로 전개될 생명체의 발달 과정 모두를 포함하는 정교한 암호문이 들어 있을 수 있는가라는 의문이 종종 제기된다"고 운을 뗀다. 그리고 그것은 "원자의 개수가 그렇게 많지 않더라도 무제한에 가까운 배열을 생성할 수 있기 때문"

---

3   Max Perutz, in Kilmister, ed., *Schrödinger*에서 재인용.

이라고 답한다. 그는 그 예로 '슈퍼 모스 부호'를 제시한다. 점과 선으로 이루어진 일반적인 모스 부호와 달리 기호를 세 개로 늘리고 하나의 그룹에 최대 10개의 기호를 넣어 사용하면 "88,572개의 서로 다른 문자를 구성"할 수 있다. 기호가 5개고 그룹의 크기를 최대 25개 기호까지로 늘리면 구성할 수 있는 문자의 수는 372,529,029,846,191,405개에 이른다.

슈뢰딩거가 생물학자였다면 이런 예를 들었을지도 모른다. 1930년대 말, 생명체에서 발견되는 단백질은 모두 단 20개의 아미노산 단위가 배열되어 만들어진다는 사실이 발견되었다. 20개의 '알파벳'으로 '문자'를 배열하는 방법을 계산하면 약 24×10^{17}가지가 되는데(24 뒤에 0이 17개 붙는다), 이 말은 24×10^{17}개의 서로 다른 단백질이 존재할 수 있다는 의미이다. 이 무수히 많은 단백질 중 사실상 극소수만이 생명체 안에서 발현된다.

슈뢰딩거는 유전자가 '비주기 결정aperiodic crystal' 같다고 말했다. 소금을 비롯해 흔하게 볼 수 있는 결정 구조 물질에서는 동일한 기본 단위가 무한히 반복되며 완벽하고 규칙적인 패턴을 이룬다. 이런 결정 구조는 극소수의 정보만 전달한다. 슈뢰딩거는 유전자를 "라파엘로의 태피스트리"에 비유했는데, "라파엘로의 태피스트리는 단순하고 동일한 몇 개의 단위(몇 가지 색의 실)로 구성되지만, 지루한 반복을 보여 주는 대신 정교하고, 일관되고, 의미 있는 디자인을 드러낸다"는 것이다. 이 비주기 결정 개념은 근본적으로 델브뤼크가 말한 "동일한 원자 구조가 반복되어 발생한 중합체"와 같은 의미지만, 슈뢰딩거는 다른 비유를 들어 이 내용을 강조하고 싶었던 것 같다. 그리고 그는 분명하고 강력하게 메시지를 전달했다.

염색체 섬유의 구조를 '암호 각본code-script'이라고 부르는 의미는 결국, 한때 라플라스가 상상했던 전지적 정신처럼 모든 인과관계의 연관성을 곧바로 파악할 수 있는 전지적 지성이 있다면, 염색체 섬유의 구조만 보고도 알이 어떻게 발달할지, 적절한 조건에서 검은 수탉이 될지 얼룩무늬 암탉이 될지, 파리나 옥수수, 진달래, 딱정벌레, 쥐, 또는 여성이 될지, 알 수 있다는 것이다. 그리고 여기에 덧붙이자면, 난세포의 모양은 종종 놀라울 정도로 서로 비슷하게 생겼다.

그러나 단순히 '암호 각본'이라고 부르기엔 그 의미가 지나치게 좁다. 염색체 구조는 정보를 담고 있는 동시에 발달을 실행하는 데도 중요한 역할을 한다. 염색체의 구조는 법전이면서 법 집행 기관이다. 또 다른 비유로 건축사의 설계도이자 건설사의 기술이 하나로 합쳐진 것이다.

슈뢰딩거의 책은 유전 부호 개념을 널리 알렸다는 점에서도 중요하지만(부호가 어떻게 복제될 수 있는지를 전혀 설명하지 않았다는 점은 지적해야겠다), 생명이 '음의 엔트로피negative entropy'를 먹고 자란다는 개념을 도입했다는 점에서 특히 중요하다. 이 부분은 슈뢰딩거가 오랫동안 관심을 쏟았던 열역학과 관련된 내용이다. 열역학에서 닫힌계의 엔트로피는 항상 증가한다고 말한다. 그래서 처음엔 질서가 있던 계도 점점 무질서해진다. 생명은 분명히 그 반대 방식으로 작동한다. 생명은 무질서에서 질서를 만들어 내는 것처럼 보이며, 슈뢰딩거의 표현을 빌리면 "평형 상태로의 붕괴를 회피한다." 슈뢰딩거는 생명체가 질서 있는 상태의 음식을 섭취하여 주위로부터 '음의 엔트로피'를 취한다고 제안하는 것 같다. "물질대사의 핵심은 유기체가 살아 있는 동안 생성하지 않을 수 없는 엔트로피로부터 스스로를 자유롭게 하는 것이다."

제안하는 것 '같다'고 말한 이유는 슈뢰딩거의 책에서 유독 이 부분의 내용이 무척 혼란스럽고, 수많은 비평을 불러일으켰기 때문이다. 그의 말대로라면 이 음식 안에 있다는 음의 엔트로피는 애초에 어디에서 왔는가를 물어야 한다. 그러나 글은 혼란스러웠을지라도 슈뢰딩거는 올바른 방향을 가리키고 있었다. 생명체는 태양에서 오는 음의 엔트로피를 먹고 자란다. 태양계의 엔트로피는 열역학 법칙에 따라 전체적으로 증가한다. 지구 위 생명의 존재와 관련된 엔트로피의 작은 감소는 크게 보면 태양열이 우주의 차가운 곳으로 흘러가는 과정에서(이때 지구도 데워 준다) 어마어마하게 증가하는 엔트로피에 의해 상쇄된다. 여기에서 짚고 넘어가야 할 점은 지구가 열역학적 관점에서 보면 닫힌계가 아니라는 사실이다. 실제로 볼츠만도 1886년에 거의 같은 얘기를 했다. 그는 생물학적 유기체는 "뜨거운 태양으로부터 차가운 지구로 에너지가 전이하며 발생하는 엔트로피"가 필요하다고 언급했다.[4] 슈뢰딩거의 논의가 혼란스러웠는지는 몰라도, 그의 책이 마침내 세상에 나오자 '음의 엔트로피'라는 용어는 널리 유행하게 되었다.

출간 과정은 복잡했다. 슈뢰딩거가 강의 자료를 책의 형태로 제작하면서 '결정론과 자유 의지에 대하여'라는 제목의 에필로그를 추가했기 때문이다. 이 챕터에서 그는 동양 종교와 철학을 바탕으로 개인의 자아는 보편적 자아의 한 측면일 뿐이라는 자신의 견해를 피력했다. "이 결론의 의미를 간단한 단어로 설명하는 것은 대담한 짓이다. 기독교의 언어로 '그러므로 나는 전지전능한 신이다'라고 말하는 것은 신성모독이자 정신 나간 소리처럼 들린다." 그가 옳았다. 이 얘기는 당연히 신성모독처럼 들리고, 1940년대에 더블린에서 출간될 책에 이런 말을 싣는 것은 전혀 제정신이라고 볼 수 없었다.

놀랍게도 이 책은 조판 단계를 통과했다(이때는 금속활자를 하나하나 손으로 뽑아 배열해서 인쇄하던 시대였다). 그러나 카힐 앤 컴퍼니 출판사에서 조판 교정까지 마치고 나서 난리가 났다. 누군가 교정쇄를 읽고 격분해서(아마 패디 브라운이었을 것이다. 그는 슈뢰딩거의 강의

---

4 Max Perutz, in Kilmister, ed., *Schrödinger*에서 재인용.

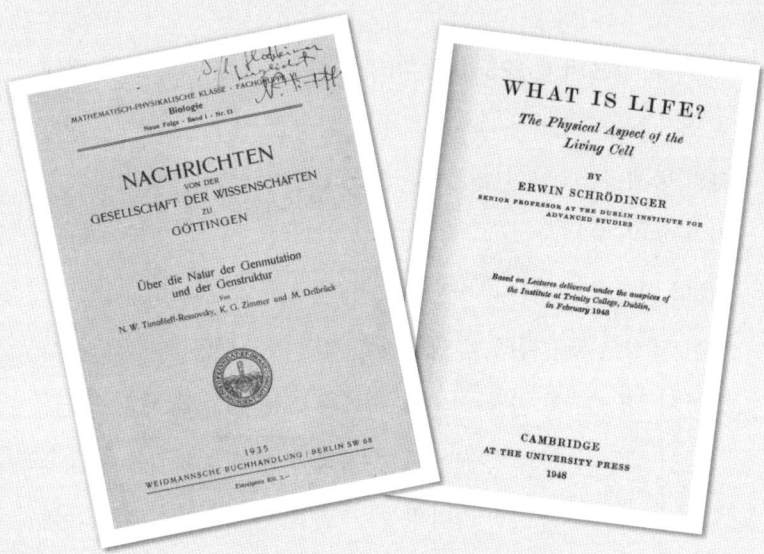

슈뢰딩거는 막스 델브뤼크와 동료들이 '초록색 팸플릿'(왼쪽)에서 제시한 아이디어를 바탕으로 『생명이란 무엇인가』(오른쪽)를 썼고, 유전 부호 개념을 널리 알렸다.

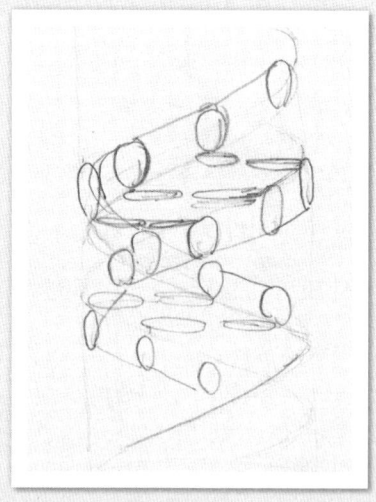 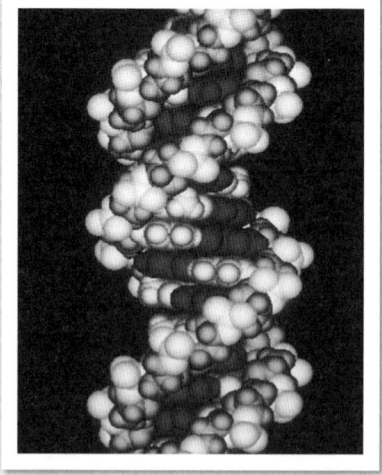

프랜시스 크릭이 그린 DNA 구조(왼쪽)와 현대 컴퓨터로 제작한 DNA의 이미지(오른쪽).

자료를 책에 적합한 문장으로 수정하는 작업을 돕고 있었다) 카힐 출판사의 이사인 존 올리리에게 에필로그를 보여 주었다. 올리리는 에필로그를 빼지 않으면 책 출간을 허락할 수 없다고 통보했고, 슈뢰딩거는 삭제할 수 없다고 버텼다. 조판은 그 길로 파쇄되었다. 그러나 결국 1944년에 에필로그를 포함한 완전한 형태로, 케임브리지 대학교 출판부에서 책이 출간되었다. 아이러니하게도 책을 위해서는 훨씬 더 잘된 일이었다. 영향력 있는 출판사 덕분에 더 많은 독자들이 책을 읽을 수 있었던 것이다.

이중나선

『생명이란 무엇인가』는 좋은 부분은 독창적이지 않고, 독창적인 부분은 좋지 않다는 비판을 받곤 했는데, 상당히 정확한 지적이긴 하다. 그러나 세상에 영향을 미치기 위해 꼭 독창적이어야 할 필요는 없다. 이 책은 분명히 영향력이 있었다. 이 말보다 더 이 책을 잘 표현하는 문구는 없을 것이다. "델브뤼크가 파악하고 있는 유전 물질을 보면, 생물은 현재까지 확립된 '물리 법칙'을 벗어나지 않으면서도, 지금까지 알려지지 않은 '다른 물리 법칙'을 포함할 가능성이 높은 것 같다. 이 미지의 법칙이 밝혀지면, 이전 법칙과 마찬가지로 물리학에 없어서는 안 될 요소가 될 것이다." 물리학의 새로운 응용에 대한 전망은 모든 세대의 물리학자들에게 희망적으로

다가왔다. 그들은 오래도록 이어진 전쟁에 지쳤고, 옛 물리학이 히로시마와 나가사키의 원폭 투하에 중대한 역할을 했다는 점에서 깊이 우려하고 있었다. 그런 그들에게 생명을 위한 연구는 죽음을 위한 연구보다는 훨씬 더 매력적이었다.

새로운 물리학에 대한 열정이 고조되고 슈뢰딩거의 영향력이 급증했음을 잘 보여 준 사례가 바로 미국 국립 과학 아카데미의 후원으로 1946년 가을 워싱턴 D.C.에서 열린 학술대회였다. 전쟁이 끝난 후 학회를 치를 여력이 갖춰지자마자 열린 행사였다. 학회의 주제는 '물리학과 생물학의 경계 문제'였고, 막스 델브뤼크는 개회 강연에서 『생명이란 무엇인가』가 그들을 하나로 모으는 자극제가 되었다고 소개했다. 물리학자들이 슈뢰딩거의 책을 읽고 생물학의 가능성에 눈을 뜨게 된 것은 어찌 보면 당연하다. 그러나 오늘날 돌이켜 볼 때 이 책이 생물학자들에게도 똑같이 지대한 영향을 미쳤다는 사실은 다소 놀랍게 다가온다. 1940년대는 폴링의 위대한 책이 출간되고 몇 년 되지 않았고, 전쟁도 겪었기 때문에, 화학 결합이나 열역학의 본질을 알고 있는 생물학자는 거의 없었다. 슈뢰딩거의 견해가 어떻게 확산되었는지는 이 책에서 상세히 다루기 어렵지만, DNA 구조를 발견한 공을 인정받은 두 과학자, 프랜시스 크릭과 제임스 왓슨에게 직접적인 영향을 미친 부분은 충분히 살펴볼 만하다.

1916년 노샘프턴 근처 마을에서 태어난 크릭은(2004년 사망) 나이로 치면 팀의 선배였다. 그는 런던 유니버시티 칼리지에서 1938년에 물리학 학위를 받고 졸업했지만, 박사학위 과정에 진학하려던 계획은 전쟁 때문에 중단되었다. 전쟁 당시(실제로는 1947년까지) 그는 해군성에서 음향 및 자기 수뢰水雷 설계자로 복무했다. 물리학을 생물학에 응용하는 문제에 처음 관심을 갖게 된 것은 슈뢰딩거의 책을 통해서였다. 그는 자신의 회고록 『열광의 탐구What Mad Pursuit』에서 이렇게 썼다. "나중에야 나는 그 책의 한계를 깨달았다. 다른 여느 물리학자들처럼 슈뢰딩거도 화학에 대해서는 아무것도 몰랐다. 그러나 그는 위대한 일들이 바로 코앞까지 다가왔음을 알고 있었고, 이를 자신의 책에서 분명하게 보여 주었다." 이 관심의 불꽃은 1946년 라이너스 폴링이 《화학 및 공학 소식》이라는 저널에 기고한 글로 인해 더욱 타올랐다. 1947년에 크릭은 스트레인지웨이스 연구소에 들어가 자기磁氣 입자가 세포 안에서 움직이는 방식을 연구하기 시작했다. 그리고 1949년, 서른셋이라는 늦은 나이에 캐번디시 연구소로 자리를 옮겨 단백질 엑스선 연구를 포함한 박사학위 연구를 시작했다.

크릭이 왓슨을 만난 곳이 바로 이 캐번디시였다. 왓슨은 1928년 시카고에서 태어나 시카고 대학에서 동물학을 공부했으며, 19세 때 대학을 졸업했다. 크릭은 물리학에서 생물물리학으로 진로를 바꾸었고, 왓슨은 생물학에서 생물물리학으로 변경했다. 왓슨도 학부생이던 1946년에 역시 슈뢰딩거의 책을 읽었는데, 이 책이 진로를 결정하는 데 영향을 미쳤다. 왓슨은 1984년 인디애나 대학교의 한 강연에서 이렇게 말했다. "슈뢰딩거의 『생명이란 무엇인가』를 읽은 순간부터, 나의 관심은 온통 유전자의 비밀을 알아내는 데 쏠렸습니다." 그리고 특유의 대담한 성격으로 이런 말도 했다. "솔직히 당시에는 물리학자들이 생물학자보다 더 똑똑했죠." 처음에 왓슨은 블루밍턴의 인디애나 대학교에서 초파리 연구로 박사학위 과정을 시작했지만, 곧 박테리오파지라고 하는 바이러스의 엑스선 연구로 주제를 바꾸었다. 그리고 1950년, 갓 받은 박사학위로 무장한 스물두 살의 왓슨은 코펜하겐으로 가서 박테리오파지를 좀 더 연구하다 1951년에 케임브리지 캐번디시로 옮겼다. 그곳에서 실험실을 함께 쓰게 된 크릭을 처음 만났다.

생물학적 분자가 나선 구조일 거라는 추측이 널리 퍼지기 시작하던 시절이었다. 1951년에 폴링 연구팀은 놀라운 내용을 담은 일곱 편의 과학 논문을 잇달아 발표했다. 논문에서는 (머리카락, 깃털, 근육, 실크, 동물의 뿔 등에서 나온) 수많은 단백질 구조를 알파 나선이라는 구조의 관점에서 설명한다. 당시에 염색체의 중요한 분자들이 DNA의 형태로 들어 있다는 사실은 분명히 알려져 있었다. 그중에서도 왓슨은 DNA 나선 구조를 찾는 폴링의 연구에서 영감을 받아, 단백질 연구를 하던 크릭을 DNA 나선 구조 연구로 끌어들였다. 나선 구조를 찾는 방법은 엑스선 결정학을 이용하는 것이었다. 하지만 크릭과 왓슨 모두 이 분야에는 전문 지식이 전혀 없었다. 그런데 런던 킹스칼리지의 로절린드 프랭클린Rosalind Franklin, 1920~1958이 정확히 이런 방식의 DNA 연구를 수행하고 있었다. 오늘날에는 잘 알려져 있지만, 크릭과 왓슨은 프랭클린의 핵심 데이터를 전혀 윤리적이지 않은 방법으로 얻어 냈고, 이 자료를 그 유명한 DNA 이중나선 모형의 기초로 사용했다.[5] 이 발견은 1953년 4월 25일자 《네이처》에 발표되었다(크릭이 박사학위를 받기 한 해 전이다). 두 사람은 이 연구의 공을 인정받아 1962년 노벨상을 수상하지만, 세상을 떠난 프랭클린은 이 영예를 함께 누리지 못했다 (사인은 암이었고, 아마도 엑스선 연구와 관련이 있었을 것이다).

크릭과 왓슨은 모두 DNA 분자(즉 유전자) 복제 방식을 이해하는 데 자신들이 발견한 내용이 중요하다는 사실을 잘 알고 있었다. 논문 말미에 그들은 이렇게 썼다. "우리가 가정한 [DNA 분자] 특유의 쌍 결합 방식이 유전 물질의 복제 메커니즘을 직접적으로 시사한다는 사실을 우리는 알고 있다." 그러나 DNA 구조의 발견, 그리고 DNA의 복제 방식에 대한 암시가 이 이야기의 끝은 아니었다. 염색체에서 유전자를 구성하는 DNA 분자 안에 정보가 어떻게 부호화되어 있는지, 그리고 유전자 안에 저장된 정보가 어떻게 전달되고 어떻게 세포의 작용을 통해 그 정보가 사용되는지에 관한 문제는 여전히 남아 있었다. 크릭은 DNA 부호를 해독하는 핵심적인

---

[5] 내가 쓴 책 『이중나선을 찾아서*In Search of the Double Helix*』 참고.

역할을 맡게 된다.

  슈뢰딩거는 『생명이란 무엇인가』가 1950년대에 영향력을 끼친 것을 기뻐했지만, 이 책에서 제시한 내용이 사실로 확인되는 것은 보지 못하고 세상을 떴다. 슈뢰딩거가 사망한 것은 크릭이 유전 부호를 해독했다는 소식이 알려지기 몇 달 전인 1961년 1월로, 그가 오랫동안 바랐던 고향 빈으로의 귀환 후 불과 5년 만의 일이었다.

13장 빈으로 돌아오다

오스트리아로 영구 귀환하려는 슈뢰딩거를 막아 세운 것은 히틀러의 독일에 맞서 함께 전쟁을 치렀던 서방 연합군과 소련 사이의 적대감이었다. 오로지 나치에 대항하겠다는 이유로 연합했던 서방 진영과 동방 진영은 곧 냉전에 휘말렸고, 어느 쪽도 상대에게 영토를 양보하려 들지 않았다. 독일처럼 오스트리아도 전쟁 후 미국, 영국, 프랑스, 러시아가 구역을 나누어 점령함에 따라 지역별로 쪼개졌다. 그리고 베를린처럼 빈도 비슷하게 쪼개졌다. 이 당시 상황은 영화 〈제3의 사나이〉에 생생히 그려져 있다. 독일은 1990년이 되어서야 통일되었으니, 그런 관점에서 본다면 오스트리아는 운이 좋았다. 그러나 1945년 패전 직후에는 운 좋은 나라라는 느낌은 전혀 들지 않았다.

어떤 면에서 전쟁 직후의 상황은 제1차 세계대전이 끝났을 때를 연상시킨다. 1946년에서 1947년으로 넘어가던 혹독한 겨울에는 식량 부족 사태와 거리 폭동이 발생했다. 1947년 5월에는 공산주의 쿠데타 시도가 실패로 돌아갔고, 1948년 2월에는 이웃 국가인 체코슬로바키아에서 공산주의자들이 정권을 장악하는 사태가 벌어졌다. 다음 차례는 오스트리아라고 예상한 소련의 지도자 이오시프 스탈린은 오스트리아 평화 조약 협상을 지연시켰다. 그러나 1948년과 1918년 사이에는 중대한 차이가 있었다. 1947년 5월의 쿠데타 시도 이후, 미국은 오스트리아에 엄벌을 가하는 대신 (마셜 플랜의 형태로) 원조를 쏟아 부었다. 공산주의의 확산을 막기 위해 방벽을 강화하려는 속셈이었다. 이러한 정책에는 한 가지 부작용이 있었다. 화해의 정신에 따라 소련 점령 지역 밖에 있던 나치 잔당들이 공직이나 학계에 잔류하거나 복귀하도록 허용되었다는 점이다. 유대인들은 거의 90퍼센트 가까이 죽거나 추방되었기 때문에 이런 혜택을 누릴 수 없었다.

이러한 배경에서 슈뢰딩거는 1950년대 초에 오스트리아를 정기적으로 방문했고, 빈에서 강의를 하기도 했다. 그 과정에서 그는 적어도 한 번은 소련 점령 지역에서 나올 때 국경 경비대에게 붙들려 곤혹스러운 일을 당했다(소련 점령 지역으로 들어가는 것은 쉬웠다!). 한편 아니의 우울증이 도지고 에르빈도 건강이 점점 나빠지면서, 어쩌면 더블린에서 생을 마감하게 될 수도 있겠다는 우울한 전망이 고개를 들기 시작했다. 그러나 1953년 3월 스탈린이 사망하고 니키타 흐루쇼프가 후임자가 되었다. 흐루쇼프는 오스트리아의 상황을 개선하면 잃는 것 없이 오히려 정치적으로 이익을 얻을 수 있다고 판단했다. 새 조약은 1943년 10월 모스크바 회담에서 영국, 미국, 소련의 외무장관이 서명한, '모스크바 선언'으로 알려진 협약에 바탕을 두었다.

선언 내용 중 오스트리아에 관한 부분에는, 독일과 오스트리아의 합병은 무효이며 나치 독일에 대한 승리 이후 자유 국가 오스트리아의 수립을 요청한다는 내용이 명시되어 있었다.

영국, 소련, 미국 정부는 오스트리아가 히틀러의 침략에 희생된 첫 번째 자유 국가이며, 독일의 지배로부터 자유로워져야 한다는 점에 합의한다.
세 정부는 1938년 3월 15일 독일이 오스트리아에 일방적으로 가한 합병이 무효이며 더 이상 유효하지 않다고 간주한다. 세 정부는 그날 이후 오스트리아에서 일어난 어떠한 변화에도 구속되지 않는다고 간주한다. 세 정부는 자유롭고 독립적인 오스트리아의 재건을 희망하며, 오스트리아 국민들이 스스로를 위한 길을 개척하고, 비슷한 문제에 직면하게 될 이웃 국가들과 함께, 지속적 평화의 유일한 근간인 정치 경제의 안보를 구현하기를 바란다.

흐루쇼프의 결정 이후에도 평화 조약 체결을 위해서 공들인 협상이 몇 개월간 이어졌으나, 1955년 5월 15일에 마침내 합법적으로 서명이 완료되었다. 이 조약은 공식적으로 7월 27일 효력이 발효되었으며, 11월 초에 점령군은 오스트리아 땅을 떠났다. 그 사이 슈뢰딩거는 그를 위해 특별히 마련된 빈 대학교의 교수직에 지명되었다. 그는 이 소식을 늘 떠나는 여름휴가 여행 중에 들었다.

더블린이여, 안녕

1955년 6월, 슈뢰딩거는 피사에서 열린 이탈리아 물리학회에서 강연을 했다. 아니도 동행했는데, 부부는 여름의 무더위를 피해 토스카나와 알프스에서 일주일간 머물렀다. 그들은 인스브루크에서 새로 장만한 피아트 2000을 타고 티롤로 넘어갔고, 노이스티프트에 머물던 7월에 빈 대학교에서 에르빈을 교수로 초빙한다는 사실을 공식적으로 확인받았다. 교수 임용은 1956년 1월 1일자로 명시되어 있었다. 은퇴까지는 겨우 2년밖에 남지 않았지만, 에르빈이 가장 중요하게 여기던 온전한 연금 수급 권한도 함께 부여되었다. 빈에는 그해 말까지만 이주하면 되었다.

경제 문제도 모두 해소된 만큼 슈뢰딩거는 비교적 심신이 건강한 상태에서 휴가를 즐길 수 있었다. 돌이켜 보면 특별히 아픈 곳 없이 보낸 휴가는 그때가 마지막이었다. 부부는 가르다 호수에서 2주를 보낸 후 언제나 사랑했던 알프바흐를 방문해 산 풍경을 감상했다. 그런 다음 더블린으로 돌아와 그들의 인생에서 마지막이 될 대규모 이사를 준비했다. 그러나 더블린에서의 이 기간이 마냥 행복하지는 않았고, 가을과 겨울 내내 상황은 나아지지 않았다. 돌아오자마자 아니는 추가 치료를 위해 그동안 다니던 병원에 열흘간 입원했다. 루스 마르히가 이사 준비를 도우러 왔으나, 에르빈은 정맥염이 도져 1월에 예정된 케임브리지 강연을 갈 수 없게 되었다. 그나마 에르빈은 회복되었지만, 아니는 새해에도 계속 치료를 받아야 했다. 아니가 퇴원해 집에 돌아오니 루스는 인스브루크로 돌아간 후였고, 에르빈은 심각한 기관지염에 걸려 있었다. 2월 11일 일요일, 에르빈은 다량의 수면제를 위스키에 타서 삼켰다. 이것이 우연이거나 사고일 가능성은 거의 없었다. 월요일 아침에 잠에서 깨지 않는 에르빈을 깨우던 아니는 결국 의사를 불러야 했다. 그는 주치의의 감독 아래 입원하지 않고 집에서 회복했지만, 그 주 토요일까지는 침대에서 일어나지 말라는 지시를 받았다.

더블린의 동료들 그리고 데브와 아일랜드 대통령을 포함한 유명 인사들이 주관한 파티와 공식 작별 행사는 슈뢰딩거의 회복에 도움이 되지 않았다. 지친 부부는 마침내 1956년 3월 23일 페리를 타고 아일랜드해를 건너면서 긴 여정을 시작했다. 그들은 런던에 들러 이틀을 묵고 인스브루크로 넘어갔지만, 오래 머물지는 않았다. 아르투어 마르히는 중병에 걸렸고 힐데는 정신이 너무 산만해서 도움이 되지 않았기 때문에 루스가 이들을 돌보느라 바빴던 것이다. 슈뢰딩거 부부는 28일에 곧장 차를 몰아 빈으로 떠났다. 빈에서의 환영 행사들도 진이 빠지기는 마찬가지였지만, 그래도 작별 행사보다는 활기찼다.

영웅, 집에 돌아오다

오스트리아가 낳은 최고의 과학자가 고향으로 돌아온 것은 두 가지 측면에서 의미심장했다. 그 자체로 1면 기사로 낼 만한 사건이었고, 2차 세계대전이 끝난 뒤 족히 10년이 지나서야 오스트리아 사회가 정상화되었다는 신호이기도 했다. 슈뢰딩거는 1956년 4월 13일 빈 대학교에서 '원자 개념의 위기'라는 제목으로 교수 취임 강연을 열었다. 강연장은 만석이었다. 슈뢰딩거는 실재의 본질을 논하고 파동-입자 이중성을 강조하는 코펜하겐 해석보다 자신의 파동 모형이 더 우월함을 강조했다. 지금까지 해 온 강연을 그대로 반복한 수준이었지만, 강단에 올라 전화번호부만 읽었어도 오스트리아의 과학자, 고위 공직자, 그리고 그의 귀환을 환영하는 옛 친구들은 기꺼이 박수갈채를 보냈을 것이다. 그 밖에 개인적으로 축하받을 일도 있었다. 루스 마르히가 1956년 5월 아르눌프 브라우니처와 결혼한 것이다. 루스는 곧 임신 소식도 알려 왔다. 에르빈의 첫 번째 손주였고, 출산 예정일은 1957년 2월이었다.

그러나 에르빈과 아니의 진정한 안식처는 좀처럼 찾기 어려웠다. 환영 행사가 이어졌지만 슈뢰딩거 부부는 뿌리를 내릴 수 없었다. 처음에는 편의성을 생각해서 물리학 연구소와 가까운 아틀란타 호텔에서 묵었다. 하지만 아니가 보기에 두 사람에게 1일 2식을 제공하는 숙박료로 하루에 2.5파운드는 너무 비쌌다. 결국 그들은 연구소에서 1킬로미터쯤 떨어진 파스퇴르가세 블록의 건물 3층에 있는 방 5칸짜리 아파트에 자리를 잡았다. 집세는 2000파운드가 넘었지만, 위치가 좋은 데다 엘리베이터도 있었다. 엘리베이터는 당시 에르빈에게는 필수품이나 마찬가지였다. 아파트에 입주하기 전 가구를 들여놔야 해서 이사가 조금 지연되었고, 이제는 정기 행사가 된 알프바흐에서의 여름휴가도 뒤로 미루어졌다.

슈뢰딩거의 강의 의무는 가벼운 편이었다. 그는 일주일에 두 번, 〈일반 상대성 이론〉과 〈팽창하는 우주〉 수업에 들어갔는데, 학생 수도 적고 형식도 자유로웠다. 이와 함께 매주 세미나를 열어야 했는데, 이 세미나는 "더블린에서와는 달리 수준 높은 유치원 수업 같았다."[1] 그러나 빈에는 더블린이 감히 따라올 수 없는 즐거움이 있었다. 특히 슈뢰딩거가 좋아하는 극장이 많았고, 산이 가까이 있었다. 물론 '산의 공기'가 정말로 에르빈의 건강에 이로웠을지, 아니면 심장과 폐에 문제가 있었던 그에게 고지대가 오히려 해로웠을지는 논란의 여지가 있다. 그해 슈뢰딩거는 학기가 끝나자마자

---

1 Moore, *Schrödinger: Life and Thought*에서 인용된 편지.

산으로 향했고, 알프바흐에서 아니와 함께 긴 여름휴가를 즐겼지만, 9월에는 병에 걸려 케임브리지 강연을 취소해야 했다. 이 강연은 이미 지난 1월에 한 번 연기되었던 것이었다. 이해 케임브리지 '타너 강연'[2]은 철학과 교수인 존 위즈덤이 슈뢰딩거의 강연록을 낭독하는 방식으로 진행했고, 강연 내용은 『정신과 물질 Mind and Matter』이라는 책으로 케임브리지 대학교 출판부에서 1958년 출간되었다. 이 책은 훗날 『생명이란 무엇인가』와 합쳐져 한 권의 단행본으로 나왔다. 초판은 1967년 출간되었고 현재도 계속 쇄를 거듭하고 있다.

『정신과 물질』은 생의 말년에 접어든 슈뢰딩거가 어떤 생각을 했는지 보여 준다는 점에서 의미가 있지만, 그 외에 특별히 주목할 만한 내용은 없다. 그는 관찰자가 없을 때 객관적 실재가 존재하는지에 관한 오래된 질문을 제기했고, 더 '고등한 동물'이 관찰하지 않으면 세상은 존재하지 않는 것인지 논의했다. 그는 이렇게 물었다. "관찰자가 없다면 세상은 텅 빈 벤치 앞의 연극인 걸까? 그 누구를 위해서도 존재하지 않는, 엄밀히 말해 아예 존재하지 않는 연극으로 남는 것일까?" 그는 그런 결론이 앞뒤가 맞지 않는다고 답했다. 의식은 어떤 식으로든 학습의 과정과 관련된다. 이때 말하는 '학습'에는 식물(또는 미생물)이 자신의 생태적 지위에 맞게 진화할

---

[2] 트리니티 칼리지에서 주관하는 일반인을 위한 공개 강연. — 옮긴이

때 환경에 대해 하는 '학습'도 포함된다. 이런 답을 제시하며 그는 애매한 논리에 빠진다. "우리는 종의 개체들이 하는 행동이 진화의 경향에 매우 중대한 영향을 끼치며, 따라서 일종의 가짜 용불용설을 가장한다는 사실을 발견한다."

슈뢰딩거는 이 과정이 인류라는 종의 진화에 불리한 영향을 미칠 수 있다고 우려한다.

이제 나는 대부분의 제조 공정이 점점 더 기계화되고 '바보화' 됨으로써 인간의 지능 기관이 전반적으로 퇴화하는 심각한 위험에 처하게 되었다고 믿는다. 수공예가 위축되고 생산 조립 라인의 따분하고 지루한 작업이 확산되면서 영리한 작업자와 둔한 작업자의 삶의 기회가 평등해지면, 좋은 두뇌, 영리한 손, 예리한 눈은 점점 불필요해지게 될 것이다. 실질적으로 지성이 낮아 지루한 작업이 더 쉽다고 여기는 이들은 대우받을 것이다. 그런 이들은 더 쉽게 번성하고, 한곳에 정착해 자손을 얻게 될 가능성이 높다. 그 결과는 재주와 재능에 대한 역선택으로 쉽게 이어질 것이다. …

우리가 발명해 낸 영리한 기계가 쓸모없는 사치품을 점점 더 많이 생산하게 놔두지 말고, 그 대신 인간이 지적이지 않고, 기계적이고, 인간을 '기계처럼 다루는' 작업의 부담에서 벗어나게 만들 기계를 개발할 계획을 세워야 한다. 사람이 하기에 지

나치게 고된 일을 기계가 대신하는 것이 옳다. 기계가 너무 비싸서 인간이 그 일을 대신해서는 안 된다.

옳은 이유에서 도출된 것 같진 않지만, 그래도 슈뢰딩거의 결론은 옳았던 것 같다!

슈뢰딩거는 실재의 본질에 대한 논의를 자세히 다룬 후, 고대 그리스 시대 이래로 우리는 물리학에서 "세상에 대해서 그럭저럭 만족스러운 그림을 얻기 위해 우리 자신을 그 그림에서 제외시키고 무심한 관찰자의 역할로 격하시키는 큰 대가를 치러야 했다"는 사실을 한탄했다. 또한 그는 카를 융이 옳았다면서, 과학은 "영혼의 기능이며, 모든 지식은 영혼에 뿌리를 두고 있다. 영혼은 모든 우주의 기적 중에서도 가장 위대하며, 세상이 객체로서 존재하기 위한 '없어서는 안 될 필수 조건conditio sine qua non'"이라고 융의 말을 인용해 말했다. 그리고 슈뢰딩거는 다음과 같이 결론 내렸다. "주체와 객체는 오직 하나다. 그 둘 사이의 경계가 최근의 물리학으로 인해 무너졌다고 말할 수 없다. 왜냐하면 이 경계는 애초에 존재하지 않았기 때문이다."

슈뢰딩거가 말하는 의식은 늘 그렇듯 한 개인의 의식이 아니라 집단의식이며, 우리 모두는 그 집단의식의 일부로서 참여하고 있다. 마지막 강연에서 그는 종교와 사후세계라는, 개인적으로 중요한 문제를 다루었다. 시간의 통계 해석에 바탕을 둔 그의 주장을 여기에서 자세히 설명하진 않겠지만, 70대 노인의 눈에 분명히 매력적이었을 결론은 이런 것이었다. "현 단계에서 물리 이론은 우리의 정신이 시간에 의해 파괴되지 않는다는 것을 강하게 시사하고 있다고 주장할 수 있으며, 그렇다고 나는 믿는다."

쇠퇴기

성인이 된 이후의 삶에서 슈뢰딩거를 가장 강하게 추동했던 동기 중 하나는 자신과 아니의, 그중에서도 특히 아니의 경제적 미래를 안전하게 보장해야 한다는 것이었다. 경제적 안정은 마침내 이루어졌지만, 그것 외에 이제 예순아홉이 된 슈뢰딩거에게 남은 것은 별로 없었다. "지금 내가 풍족하게 가진 것은 오직 돈뿐"이라고 그는 썼다.[3]

이런 우울한 말이 나오게 된 것은 무엇보다도 그의 건강이 계속해서 나빠졌기 때문이었다. 차갑고 습도 높은 빈의 겨울은 그의 심장과 폐를 악화시켰고, 뇌로 가는 혈류가 원활하지 않아 강의를 마치고 나오면 무척 피곤해졌다. 그는 간간이 혼란스러워하고 횡설수설하기도 했다. 그나마 강의를 할 수 있을 때 이 정도였다는 것이다. 아파트에서 연구소까지는 아니가 차로 데려다주고 데려오고

---

[3] Moore, *Schrödinger: Life and Thought*에서 발췌.

했지만, 겨울학기에 해야 할 강의의 절반도 할 수 없었다. 건강 상태가 괜찮을 때면, 슈뢰딩거는 아파트에 과학자 친구와 예술가 친구들을 불러 즐거운 시간을 보내곤 했다. 빈의 분위기도 마냥 좋지만은 않았다. 오스트리아는 이제 막 점령군에게서 벗어나 자유 국가가 되었지만, 1956년 11월 소련의 탱크가 헝가리의 봉기를 짓눌렀다는 소식이 전해진 뒤로 오스트리아가 다음 차례가 될 수도 있다는 두려움이 퍼지면서 사람들의 마음이 어두워졌기 때문이다.

12월에도 개인적으로 우울한 소식이 있었다. 이제 임신 7개월에 접어든 루스가 빈을 방문해, 아르투어 마르히가 후두암 말기로 살날이 얼마 남지 않았다는 소식을 전한 것이었다. 루스와 그녀의 새 신랑은 인스브루크에 남은 힐데를 위해 여러 가지 일을 처리해 주고 있었다. 슈뢰딩거 부부는 그들에게 돈을 좀 보내 어려운 시기에 근심을 덜 수 있게 도왔다.

그래도 돈은 '충분히' 있어서, 그런 우울한 분위기에도 불구하고 아니는 크리스마스 축제를 즐길 수 있었다. 그녀는 친구 엘리자베스 울만에게 편지를 보냈다.

12월 29일에 프리츠 제과점에 가는 건 얼마나 멋진 경험인지! 20년 넘게 영국령에서 살다 보면 그런 풍요로움은 이 세상 것이 아니라는 생각이 들지도 몰라. 그렇게 작은 상점에 제빵사를 주인님처럼 모시는 소녀 직원이 20명이나 서빙을 하고 있어! 상당히 비싼 곳인데, 대신에 구운 빵이라면 온갖 것이 다 있지. 크루아상, 롤, 소금빵, 퀴멜 빵, 사워브레드, 샌드위치 빵, 그리고 다양한 종류의 검은빵, 브리오슈, 밀크 스틱, 프레첼, 보스니악, 아, 여기에 여섯 가지 종류의 타르트도 빼먹으면 안 되지.

분명히 아니는 빵을 좋아했고, 이 빵 중 일부는 틀림없이 12월 31일 슈뢰딩거 부부가 마련한 친구들과의 만찬 테이블에 올랐을 것이다. 그러나 에르빈은 축제를 오래 즐기지 못했다. 그는 새해로 넘어갈 무렵 기관지염이 도져서 쓰러졌다. 상태는 심각했지만, 오레오마이신 덕분에 목숨을 건질 수 있었다. 이 약은 페니실린 이후로 개발된 최초의 테트라사이클린 계열 항생제로, 2차 세계대전 이후 출시된 신약이었다. 덕분에, 2월에 루스가 슈뢰딩거 부부 곁에서 아기를 낳으려고 빈에 왔을 때, 슈뢰딩거는 어느 정도 건강을 되찾았다. 실은 루스를 슈뢰딩거 부부에게 보낸 것은 루스의 남편 아르눌프였다. 아르눌프는 죽음을 앞둔 아르투어 마르히와 그 옆에서 힘겨워하는 힐데에게서 루스를 떼어 놓고, 혼자서 용감하게 모든 짐을 떠맡은 것이었다.

에르빈의 손자 안드레아스 브라우니처는 1957년 2월 28일 빈 대학병원에서 태어났다. 그리고 몇 주 후인 4월 17일에, 아르투어 마르히가 세상을 떠났다. 에르빈은 힐데에게 보내는 편지에서, 죽어 가는 사람이 그저 살아 있음 자체를 위해 수모를 견디며 며칠 수명을 더 연장하기보다는 아편의 도움을 받아 평화롭게 숨을 거둘 수 있어야 한다고 썼다. 그도 그 무렵 분명히 자신의 운명을 심사숙고하고 있었을 텐데도, 힐데에게는 이렇게 말한다. "나는 [나에게 남은] 몇 년이 무척 소중하오. 왜냐하면 세상은 정말, 정말로 아름다우니까."

그 몇 년은 몇 주가 될 뻔했다. 그해 5월, 인스브루크 근처 병원에서 천식 치료를 받던 아니는 호출을 받고 에르빈의 병상 옆으로 불려 갔다. 그는 심각한 폐렴으로 인해 죽음의 문턱까지 갔다가 새로운 항생제 덕분에 살아났다. 슈뢰딩거에게 투여된 항생제에는 페니실린, 스트렙토마이신, 테라마이신, 마그나마이신이 포함되어 있었다. 10년 전이었다면 그는 분명 죽었을 것이다. 그러나 그는 살아남았고, 그달 말에 고비를 넘겼다. 5월 31일에는 축하할 일이 또 하나 있었다. 그날 본Bonn에서 열린 시상식에서 독일의 최고 시민 훈장인 '푸르 르 메리테'[4]를 슈뢰딩거에게 수여한 것이다. 물론 그는 훈장을 받게 될 것을 한참 전부터 알고 있긴 했지만, 그래도 큰 영예였다. 친구인 리제 마이트너도 함께 훈장을 받았는데, 여성이 이 훈장을 받은 것은 두 번째였다.

---

4 영화 제목으로도 알려진 '블루 맥스(Blue Max)'가 이 명예 훈장의 군인 버전이다. 블루 맥스는 1차 세계대전이 끝나기 전까지 존재했다. ('푸르 르 메리테'는 '명예를 위하여'라는 뜻이다. - 옮긴이)

(위) 1956년 독일의 최고 시민 훈장을 함께 수상한 리제 마이트너와 슈뢰딩거. (아래) 리제 마이트너, 1960년경.

슈뢰딩거는 건강이 좋지 않아 빈 대학교에서 보낸 마지막 두 해인 1957년과 1958년에는 공식적으로 강의를 면제받았다. 그러나 몸 상태가 좋을 때면 가끔 물리학 연구소를 방문했고, 1958년 3월 오스트리아 물리학회와 화학-물리 학회가 공동 주관한 합동 학술대회에 참석하기도 했다. 그는 이곳에서 3월 26일에 생애 마지막 과학 강연을 했다. 이때 나이가 일흔이었다. 주제는 거의 35년 전에 뜨거운 이슈였던 에너지와 엔트로피 사이의 연관성에 초점을 맞춘 내용이었다. 이 강연에서 그는 에너지 보존법칙이 통계적 관점에서만 참이라고 주장했다.

 그러나 통계적이든 아니든, 엔트로피는 슈뢰딩거를 빠르게 따라잡고 있었다. 1958년 봄에 그는 정맥염이 발병해 괴로워하다 입원했고, 집으로 돌아온 후에도 오랫동안 침대에 누워 요양해야 했다. 그래도 다행히 여름휴가를 위해 알프바흐로 떠날 시기에 맞춰 건강이 회복되었다. 슈뢰딩거는 일흔한 번째 생일 다음 달인 1958년 9월 30일 공식적으로 은퇴했으며 빈 대학교의 명예교수로 임명되었다. 슈뢰딩거가 그토록 염원하던 안정된 노후를 즐길 시간은 이제 고작 2년 남짓 남았을 뿐이었다.

엔트로피의 승리

 은퇴 생활의 시작은 슈뢰딩거가 바라던 그대로였다. 빈에서 위대한 노장의 역할을 맘껏 즐긴 그는, 여름이 되자 평소처럼 아니와 함께 티롤로 떠났다. 슈뢰딩거는 그곳에서 4개월간 머물며 옛 친구들과 즐거운 시간을 보냈다. 그중에는 리제 마이트너도 있었다. 10월에 슈뢰딩거 부부는 이탈리아 남티롤 지역에서 가장 큰 도시인 볼차노에 머물렀다('아이스맨 외치'가 발견된 곳이기도 하다). 이곳에서 부부는 아름다운 산 풍경을 마음껏 즐겼지만, 가을에서 겨울로 넘어갈 무렵 에르빈의 기관지염이 재발했다. 건강이 상하면서 잠을 못 이루는 부작용이 생겼고, 그는 편지를 쓰며 불면의 긴 밤을 보냈다. 이때 쓴 편지 중 하나에서 특히 이 시기에 그가 양자역학을 어떻게 생각했는지 엿볼 수 있다.

이 편지의 수신인은 아일랜드의 저명한 수학자이자 물리학자인 존 싱John Synge, 1897~1995이었다. 싱은 1948년에 조교수로 더블린 고등연구소에 합류했고, 이후 평생 동안 연구소의 주도적인 과학자로 활동했다. 슈뢰딩거는 싱에게 보내는 편지에서 코펜하겐 해석을 (그가 보기에) 생각 없이 수용한 물리학자들을 전반적으로 책망했다. "극히 일부를 제외하고(이를테면 아인슈타인과 라우에 같은 사람들) 나머지 이론물리학자들은 다들 순수한 멍청이였고, 그중 나만 유일하게 제정신을 차리고 있었습니다." 그는 사람들이 파동-입자 이중성의 문제를 진지하게 여기도록 누차 노력했지만 원하는 성과를 내지 못했던 것은 동료들이 "내가 인생에서 거둔 '나의' 위대한 성공에 도취해서, '모든 것은 파동'이라는 견해를 고집한다고 믿었기 때문"이라고 불평했다.

그들이 볼 때 내가 노망이 들어 '상보성'이라는 놀라운 발견을 외면했다는 겁니다. 그래서 선의의 일반적인 이론물리학자들은 코펜하겐의 신탁을 널리 알리는 사람[닐스 보어]을 인정하지 않을 수도 있다는 걸 아예 못 믿는 거죠. … 그 사람이 정직한 사람이고 자신의 [아이디어의] 타당성을 진심으로 믿고 있다는 걸 내가 확신하지 못했다면, 나는 그것을 지적인 사악함이라고 불렀을 것입니다.

그의 생각이 이보다 더 명확하게 표현될 수는 없었을 것이다. 오늘날 코펜하겐 해석의 인기가 시들해진 것을 보았다면 슈뢰딩거도 분명 기뻐했겠지만, 그 대안으로 제시된 아이디어들도 마뜩잖기는 마찬가지였을 것이다.

싱에게 보낸 편지는 결국 양자역학에 대한 슈뢰딩거의 마지막 의견이 되고 말았다. 산맥의 기온이 내려가자, 에르빈과 아니는 이탈리아로 내려가 3주를 보낸 후 겨울을 피하기 위해 빈으로 돌아가기 전 만토바, 크레모나, 피아첸차, 파르마, 베로나를 거쳐 베네치아로 이동했다. 슈뢰딩거는 이제는 익숙해진 호흡기의 문제를 무심하게 견뎠지만, 1960년 봄까지 증상이 계속되자 단순한 기관지염이 아닌 것 같다고 느꼈다. 정밀 검사 결과 1920년대 초에 고생

했던 결핵이 재발한 것이었다. 이 무렵엔 적어도 결핵을 치료할 효과적인 약물이 있었지만, 그래도 여전히 치료를 위해 신선한 공기와 햇빛을 쐬라는 낡은 권고도 남아 있었다. 그래서 슈뢰딩거는 짐을 싸서 알프바흐로 향했다. 그곳에서 그는 생애 마지막 책의 후반부를 마무리했다. 이 책은 독일어로 『Meine Weltansicht(나의 세계관)』, 영어로는 『My View of the World』라는 제목으로 출간되었다.

  책의 앞부분은 슈뢰딩거가 플랑크의 뒤를 이어 베를린 대학교 교수가 되기 직전인 1925년에 쓴 형이상학, 베단타, 의식에 관한 에세이였다. '새로운' 내용 또한 실은 크게 새롭지는 않아서, 정신과 물질 사이의 관계에 대한 슈뢰딩거 자신의 생각을 다시 설명한 것에 가깝다. 즉, '실재란 무엇인가'라는 물음을 제기하고, "살아 있는 존재는 모두 서로에게 속해 있으며, 우리 모두는 사실상 단일한 존재의 구성원 또는 다양한 여러 측면이다. 이 단일 존재를 서양에서는 신이라 부르고, 우파니샤드에서는 브라만이라 부른다"는 믿음을 지지했다. 슈뢰딩거는 이렇게 말한다. "우리 모두가 결국 경험적으로 같은 환경에 있음을 발견하게 된다는 사실을 설명하기 위해 실재하는 물질 세계를 인정하는 것은 신비주의적이고 형이상학적이라고, 나는 단도직입적으로 주저없이 선언한다." 또한 이런 견해를 취하고자 하는 사람은 누구나 그렇게 할 자유가 있지만, "자신의 입장은 그런 '약점'으로부터 자유롭다고 가정하면서 다른 이의 입장을 형이상학적이라거나 신비주의적이라고 비난할 권리는 결코 없다"고 그는 덧붙인다.

알프바흐에서 '치유'의 시간을 보내는 동안, 슈뢰딩거는 친구와 지인들에게 편지를 많이 써서 보냈다. 양자역학의 주류 세력이라 할 수 있는 이들과 벌인 오랜 싸움을 생각할 때, 이 편지들 중 그의 오랜 스파링 파트너였던 막스 보른에게 보낸 편지는 특히 중요하다. 슈뢰딩거는 이렇게 말한다.

한 번쯤은 따끔하게 말씀드려야겠습니다. … 코펜하겐 해석이 사실상 보편적으로 수용되고 있다고 몇 번이고 주장하는 뻔뻔함, 그것도 아무런 단서도 없이, 오로지 당신의 말에 의존할 수밖에 없는 일반인들 앞에서조차 그렇게 주장하는 몰염치에 이제 저는 더이상 참을 수 없는 지경에 이르렀습니다. … 인류가 앞으로도 그렇게 오랫동안 당신의 어리석음에 굴복할 것이라고 확신하는 겁니까?

그로부터 불과 몇 년 후 코펜하겐 해석이라는 복음을 배우고, 그보다 훨씬 나중에 그 어리석은 본질을 인지한 나로서는, 1960년에 슈뢰딩거가 했던 이 말이 가슴 깊숙이 치고 들어옴을 느낀다!

11월이 시작될 무렵, 알프바흐에는 있을 만큼 있었다고 생각한 에르빈은 빈으로 돌아가기로 했다. 아니는 천식이 심해져 10월 20일 급하게 병원에 입원했다. 에르빈은 11월 9일 친구가 운전해 주는 자신의 차를 타고 아파트로 돌아왔다. 그는 스스로를 돌볼 수 없을 만큼 몸 상태가 좋지 않았고, 아니의 여동생과 아파트 건물을 관리하는 부부의 도움에 의존하며 힘겹게 지내다가 결국 12월 2일 병원에 입원했다. 바로 그 며칠 후, 회복된 아니가 퇴원해 집에 돌아왔다(그녀는 이후 4년을 더 살았다). 에르빈은 이제 집으로 가겠다며 퇴원을 요청했다. "나는 집에서 태어났으니 집에서 죽겠소." 그러나 상태가 몇 주 동안 급격히 악화되면서 그의 요청은 받아들여지지 않았다. 대신 아니가 문병을 와 병상을 지키며 그의 손을 잡아 주었다. 에르빈은 결국 1961년 1월 3일 아침에 자신의 방 침대로 돌아왔고, 다음 날 오후 6시 55분 세상을 떠났다. 사인은 단순히 노환으로 기재되었다. 그의 나이 일흔셋이었다.

슈뢰딩거는 알프바흐의 작은 교회 묘지에 묻어 달라고 부탁했었다. 그는 가톨릭 신자가 아니었기 때문에 처음에는 신부가 합리적인 이의를 제기했다. 그러나 슈뢰딩거가 교황청 과학 아카데미 회원이었음을 알고 결국 매장을 수락했다. 장례식은 1월 10일 일요일에 거행되었다. 슈뢰딩거는 떠났지만, 그의 과학적 유산은 지금도 살아 있다.

슈뢰딩거의 장례식은
티롤 알프바흐에서 거행되었다.
그는 가톨릭 신자가 아니었지만
교황청 과학 아카데미 회원
자격으로 알프바흐의 교회 묘지에
매장되었다. 묘비에는
양자 개체의 거동을 기술하는
'슈뢰딩거 방정식'이 새겨져 있다.

14장 슈뢰딩거의 과학적 유산

1960년 이후로 양자물리학에서 가장 의미 있는 발견은 EPR '역설'을 해결하고 양자 얽힘이('얽힘'은 슈뢰딩거가 만든 용어이다) 사실임을 실험적으로 확인한 것이다. 이것은 어쩌면 20세기 과학에서 가장 의미 있는 발견이라 해도 과언이 아닐 것이다. 이 발견으로 우리가 살고 있는 우주를 한층 더 깊이 이해할 수 있게 되었을 뿐만 아니라, 경제적·상업적 이익을 포함해 실질적인 이점도 생겨났다. 이 이야기는 슈뢰딩거처럼 코펜하겐 해석을 싫어했던 미국의 한 공산주의자로부터 시작되어, 책에서 읽은 것을 무작정 믿지 않았던 아일랜드 수학자를 거쳐, 모두가 불가능하다고 여겼던 것을 증명하기 위해 자신의 경력을 걸었던 프랑스 과학자의 실험실에서 클라이맥스에 도달한다.

숨은 실재 그리고 수학자의 실수

미국의 물리학자 데이비드 봄1917-1992은 코펜하겐 해석을 소개하는 책을 썼고, 이 책은 고전의 반열에 올랐다. 그러나 코펜하겐 해석에 대하여 그가 신중히 내린 결론은 이것이 터무니없는 헛소리라는 것이었다. 대신 그는 양자 세상을 이해하는 다른 대안을 발전시켰다. 그의 책 『양자 이론 Quantum Theory』은 1951년에 출간되었는데, 당시 봄은 악명 높은 반미활동조사위원회에서 조사를 받는 등 공산주의자로 의심받고 있었다. 그는 1942년 (미국과 소련이 동맹을 맺고 2차 세계대전에 참전했을 때) 잠시 공산당에 몸담았던 적이 있었지만, 조사 후 모든 '반미' 활동의 혐의는 벗었다. 그러나 당시의 광기 어린 분위기에 휘말려 프린스턴 대학교 조교수직에서 해임되었고, 책이 출간되고 얼마 되지 않아 추방당했다. 그는 브라질에서 잠시 일하다가 이스라엘과 영국 브리스틀 대학교를 거쳐 1961년에 런던 버크벡 칼리지에 정착했다.

코펜하겐 해석에 대한 봄의 우려는 책이 출간된 후 프린스턴에서 아인슈타인과 나눈 토론에서 비롯되었다. 봄은 개인적으로 혼란스러운 일을 겪긴 했어도 미국을 떠나기 전 두 편의 논문을 써서 1952년 초에 발표했는데, 내용은 양자역학을 이해하는 대안적 방법에 관한 것이었다. 이 방법은 근본적으로 1927년 루이 드브로이가 제안했던 파일럿 파동을 좀 더 철저하게 다듬은 버전이었다. 파일럿 파동 개념은, 보어와 동료들이 코펜하겐 해석에 반대되는 견해들을 무자비하게 깔아뭉개면서 한동안 부당하게 무시되었다. 코펜하겐 학파가 어찌나 철두철미하게 '깔아뭉갰는지', 봄은 논문을 쓸 때도 드브로이의 파일럿 파동 모형에 대해서는 아예 모르는 상태였다. 파일럿 파동 가설의 핵심은 전자 같은 개체가 실제 입자이며, 이 입자는 슈뢰딩거 방정식을 따르는 파동의 안내를 받는다는 내용이다. 앞에서 잠시 언급했듯이, 아주 정확하지는 않지만 바다 위에서 파도를 타는 파도타기 선수 비유로 이해해 볼 수 있다.

이 가설의 문제는 파일럿 파동이 각각의 입자를 도착점까지 안내하려면 각 입자의 궤적에 영향을 미칠 수 있는 것들을 그야말로 전부 다 (원칙적으로 우주 안의 모든 것을) '알아야' 한다는 것이다. 이것을 이른바 '숨은 변수'의 영향을 받는다고 한다. 만일 이 숨은 변수를 모두 안다면, 파동함수의 붕괴나 통계적 해석에 의존하지 않고 숨은 변수를 써서 전자를 비롯한 입자들의 양자 거동을 계산할 수 있다. 옥스퍼드의 물리학자 데이비드 도이치David Deutsch, 1953~ 의 말처럼 "비국소적인 숨은 변수 이론은, 쉽게 말하자면 어떤 영향이 시간과 공간을 가로질러 전파될 때 그 사이의 공간은 통과하지 않는다는 의미이다. 다시 말해 영향은 순간적으로 전파된다."[1]

코펜하겐 학파의 막강한 영향력 외에도, 1950년대 물리학자들이 숨은 변수 이론을 진지하게 여기지 않은 이유는 또 있었다.

---

1   Davies and Brown, *The Ghost in the Atom*의 인터뷰.

1932년, 헝가리 태생의 수학 천재 존 폰 노이만1903-1957이 책을 한 권 출간했는데, 내용 중에 숨은 변수 이론은 제대로 작동할 수 없다고 '증명한' 부분이 있었다. 당시에 폰 노이만의 천재적 능력은 절대적인 신뢰를 받았던 터라 수십 년간 이 증명에 의문을 제기한 사람이 없었고, 제대로 된 설명도 없이 여러 책에서 마치 복음처럼 널리 인용되었다. 그중에는 막스 보른이 1949년 출간한 『원인과 우연의 자연철학Natural Philosophy of Cause and Chance』도 있었다. 보른은 이 책에서 "비결정론적 설명을 결정론적 설명으로 변환해 주는 숨겨진 매개변수 같은 것은 도입될 수 없음"을 증명한 폰 노이만의 "뛰어난 책"을 칭송한다. 보른의 이 책을 감명 깊게 읽은 사람 중에는 이제 막 졸업을 앞둔 벨파스트의 대학생 존 벨도 있었다. 다만, 벨은 독일어를 몰랐고 폰 노이만의 책은 영어로 출간된 적이 없어서, 그는 폰 노이만의 증명을 정확히 이해하고 책을 썼다는 보른의 말을 그대로 받아들여야 했다.

1928년 벨파스트에서 태어난 벨은 "가난하지만 정직한" 가정에서 자랐다.[2] 존에게는 누나 둘과 남동생 하나가 있었는데, 집안 형편이 어려워 자녀들에게 고등교육을 시킬 만큼의 경제적 여유가 없었다. 하지만 어릴 때부터 존의 능력이 워낙 출중해서 그의 부모는 존에게만큼은 가능한 한 모든 기회를 다 주기로 결정했다. 존은

---

2   Bernstein, *Quantum Profiles*의 인터뷰.

일반인들보다 한 살 어린 열여섯 살 때 퀸스 대학교에 입학 허가를 받으면서 가족의 믿음에 보답했다. 그는 연구실 조교로 일하며 학업을 이어 갔고, 1948년에는 실험물리학으로, 문제의 보른 책을 읽었던 1949년에는 수학 전공으로 학사학위를 받았다. 학부생 시절 양자역학을 처음 접했을 때, 그는 격분했다. 훗날 그는 제러미 번스틴에게 말했다. "양자역학이 틀렸을 거란 생각까지는 감히 못 했지만, 그것[코펜하겐 해석]이 형편없는 헛소리란 건 알았습니다."

졸업 후 영국 원자력 연구소에 들어간 벨은, 1960년에 제네바의 유럽 입자물리 연구센터CERN로 옮겨 가 은퇴할 때까지 그곳에서 일했다. 그는 봄의 숨은 변수 이론에 관한 논문을 읽고 감명을 받았다. 그 무렵 그는 이미 폰 노이만의 '증명'에 의심을 품고 있었다. 벨은 훗날 이런 글을 썼다. "1952년에 나는 불가능이 실현되는 것을 보았다. 그것이 데이비드 봄의 논문 안에 있었다. 봄은 비상대론적 파동역학에 실제로 매개변수가 어떻게 도입될 수 있는지, 그리고 이 매개변수의 작용으로 어떻게 비결정론적 설명이 결정론적 설명으로 변환되는지를 명확히 보여 주었다."[3]

벨은 독일어를 할 줄 아는 동료에게 폰 노이만의 책에서 관련된 부분을 번역해 달라고 부탁했다. 그리고 그 즉시 폰 노이만이 어디에서 틀렸는지 알아보았다. 그러나 그 의미를 깊이 파고들 기회는

---

3   Bell, *Speakable and Unspeakable in Quantum Mechanics*.

좀처럼 나지 않았다. 그러던 중 1963년과 1964년에 안식년을 얻어 CERN의 업무를 잠시 쉴 수 있게 되자 스탠퍼드 선형가속기 센터와 미국의 여러 연구소를 방문했다. 폰 노이만의 실수는 실로 엄청났다. 그의 '증명'은 그가 세운 우스꽝스러운 가정 때문에 성립할 수가 없었다. 이는 어느 어린이 집단의 평균 키가 1.2미터라면 집단에 속한 어린이들의 키가 모두 1.2미터라고 말하는 것과 같은 실수였다. 만일 이게 말도 안 된다는 생각이 든다면, 독자 여러분은 제정신인 것이다. 벨도 그렇게 생각했다. 1988년에 그는 이렇게 말했다. "그 폰 노이만의 증명은, 실제로 제대로 이해하기만 한다면 순식간에 산산조각이 날 것이다! 그의 증명에는 아무것도 없다. 그건 단순한 오류가 아니라, 그냥 어리석은 소리다! … 그 내용을 물리적 특성으로 해석하면 더더욱 터무니없는 엉터리다. 내 말을 인용해도 좋다. 폰 노이만의 증명은 단순히 틀린 것이 아니라 어리석다!"[4]

그러나 폰 노이만이 틀렸다고 해서 반드시 봄이 옳다는 의미는 아니었다. 벨은 비국소성 논쟁의 근본인 EPR 사고 실험으로 돌아가 비국소성이 숨은 변수 이론의 기본적인 특징인지 여부를 확인하기로 했다. 이것은 1926~1927년의 양자 혁명 이래 양자 세상에 대한 우리의 이해를 심오하게 바꾸어 놓을 의미 있는 첫걸음이었다.

---

[4] 매거진 *Omni* 1988년 5월호 인터뷰. 당시에 벨은 몰랐는데, 폰 노이만의 논증 속 오류는 1935년 그레테 헤르만도 지적했지만 무시당했다.

벨의 부등식과 아스페 실험

벨은 봄이 1950년대 말 이스라엘에서 일할 때 동료 야키르 아하로 노프Yakir Aharonov, 1932~ 와 함께 고안했다는 EPR 실험 버전을 출발점으로 삼았다. 이 가상 실험에서는 운동량과 위치의 관점에서 생각하는 대신 스핀이라고 하는 양자 속성을 다룬다. 광자의 경우 이 스핀과 등가 성질인 편광을 이용한다. 약간 단순하게 설명해 보면, 양자 과정에서는 두 전자가 생성되어 각기 다른 방향으로 날아가는 상황이 생길 수 있는데, 이때 두 전자의 스핀 합은 0이다. 따라서 전자 하나가 위 스핀을 가지면 다른 전자의 스핀은 아래가 된다. 물론 스핀은 어느 방향에서든 측정될 수 있기 때문에(예를 들어, 수평이나 수직, 또는 그 사이 어떤 각도든) 추가적인 가변 요소는 더 있다. 어쨌든 만일 한 전자의 스핀이 어느 한 방향으로 측정되면, 다른 전자의 스핀은 그 방향과 정확히 반대 방향일 것임을 알 수 있다.

그런데 다른 전자는 앞에 언급한 전자의 스핀을 어떻게 알 수 있는가? 언뜻 떠오르는 생각은, 애초에 두 전자의 스핀이 결정되어 있어서 서로 스핀 방향이 반대인 상태로 각자의 여행을 떠난다는 것이다. 그러나 좀 더 정밀한 실험을 통해 이 같은 가능성은 제거된다. 한 전자의 스핀이 한쪽 방향으로 측정되어야 다른 전자의 스핀이 다른 방향으로 측정된다면 상황은 그렇게 단순하지 않다. 측정된 스핀들 사이의 관계는 양자역학에 따라 잘 정의된 통계적 방식으로 예측할 수 있지만, 그 예측은 '일반 상식'과는 일치하지 않는다. 벨은 이 둘의 상관관계를 계산했고, 그 결과 국소적 실재와 숨은 변수를 바탕으로 한 이론의 예측과 양자역학의 예측 사이에 차이가 있음을 발견했다. 그는 이것을 벨의 부등식Bell's inequality이라 불리는 관계식으로 표현했다. 이 부등식이 뜻하는 바를 요약하자면, 만일 국소적 실재가 성립한다면 실험으로 결정된 어떤 수의 집합은 다른 수의 집합보다 반드시 작아야 한다는 것이다. 일상생활에서 예를 들면, 빨간 머리 남자의 수가 남자와 여자의 총합보다 반드시 적어야 한다는 진술과 비슷하다고 할 수 있다. 그러나 만일 양자역학이 옳고 국소적 실재가 성립하지 않으면 벨의 부등식은 위배된다. 다시 말해 이 세상 남자와 여자를 모두 합한 수보다 빨간 머리 남자의 수가 더 많다고 하는 것과 같다.

"나는 이 방정식을 머릿속에 넣었다가 약 일주일 만에 종이 위로 끄집어냈어요." 훗날 벨은 폴 데이비스에게 이렇게 말했다. "그러나 그 전주까지만 해도 이 모든 질문들을 깊이 곱씹고 있었습니다. 그리고 지난 몇 년 동안에도 그것에 관한 생각이 내 머릿속에서 계속해서 맴돌고 있었고요."

벨은 아인슈타인, 포돌스키, 로젠이 처음 설명했던 상황과는 달리 자신의 가설은 실험을 통해 검증될 수 있음을 알고 있었다. 따라서 EPR 논쟁은 철학의 영역에서 벗어나 실험실로 들어오게 되었다. 그는 이런 결과를 설명하는 논문에서 이렇게 썼다. "관련된 측정을 실제로 할 수 있다고 상상하기 위해 거대한 상상력을 동원할 필요는 없다." 그러나 유명하지 않은 저널에 실린 탓에 이 논문도, 또 이 특별한 주장도 알아주는 사람이 거의 없었다.

이런 중요한 이론적 발견은 적어도 《피지컬 리뷰》정도는 되는 저명한 저널에 실렸어야 했다. 그러나 《피지컬 리뷰》는 잘 알려진 대로 게재되는 논문의 매수에 따라 비용을 청구했다. 벨의 논문은 겨우 6페이지짜리였지만, 당시 브랜다이스 대학교의 방문 교수로 있다 보니(안식년 여정 중 거쳐간 곳이었다) 남의 학교에 비용을 지불해 달라고 요청하기가 조심스러웠다. 그래서 비용 없이 논문을 실어 주는 《피직스 *Physics*》로 보냈다. 불행히도 이 저널은 비용도 없고 독자도 없었다. 그렇게 5년이 흐른 후, 벨은 존 클라우저의 편지를 받았다. 버클리 대학교의 물리학자인 클라우저는 벨의 논문을 읽고 벨의 부등식 위배 여부를 검증하기 위해 실험을 수행하기로 했다. 벨은 이런 열정적인 답장을 보냈다.

> 양자역학이 전반적으로 거둔 성공을 고려하면, 그런 실험의 결과를 의심하기가 저로서는 쉽지 않습니다. 그러나 이러한 중요한 개념을 직접적으로 검증하는 실험이 실제로 수행되고 그 결과가 기록되기를 바랍니다. 예상치 못한 결과가 나와 세상을 뒤흔들 확률도 언제나 조금은 있으니까요![5]

---

5   Aczel, *Entanglement*에서 인용.

그리고 1972년, 클라우저와 동료들은 실험을 통해 (실제로는 전자 대신 광자를 사용했다) 실제로 양자역학의 예측과 일치하고 국소적 실재에는 반하는 결과를 얻었다고 보고했다.

결론은 흥미로웠지만, 그 실험 결과가 확정적인 증거는 되지 못했다. 실험에서는 광자 한 쌍만 사용된 것이 아니라 광자 빔beam을 썼고, 사용한 검출기는 광자 빔 중 극히 일부의 광자만 검출할 수 있었다. 그러니 검출되지 않은 다른 광자들은 제각기 다양한 방식으로 행동해 다양한 결과를 낳았을 수도 있었다. 클라우저의 실험은 마지막 결론이라기보다 앞으로의 방향을 가리키는 지시봉이었다. 실험이 수행되었다는 자체만으로도 엄청난 성과였으며, 다른 연구자들도 자극을 받아 문제를 개선하기 위해 여러 가지로 시도했다. 가장 눈에 띄는 성공을 거둔 사람은 프랑스인 알랭 아스페1947- 였다. 그는 학위를 받은 후 3년간 카메룬으로 자원봉사를 떠나(프랑스 국가 봉사제도의 일환) 3년간 아이들을 가르치면서, 여가 시간에는 양자물리 책을 열심히 읽었다. 그중에는 EPR 역설과 그 의미를 설명한 책도 있었다. 1974년 프랑스로 돌아온 아스페는 파리 쉬드 대학교 박사학위 연구 주제로 벨 부등식의 실험적 검증을 선택했다. 연구 계획을 논의하기 위해 제네바로 벨을 만나러 갔을 때, 벨의 첫 번째 질문은 "종신 재직권이 있나요?"였다. 다시 말해 해고의 위험은 없는지를 물은 것이었다. 아스페가 종신 재직권과는 거리가 멀다고, 자신은 아직 박사학위 과정 학생이라고 대답하자,

벨은 대답했다. "아주 용감한 분이군요."⁶ 벨은 아스페에게, 이 어려운 실험에 도전했다가 실패하면 학위도 못 따고 물리학계에서 자리를 잡을 전망도 없이 인생 종 치게 될 거라는 뜻을 전하고 싶었던 것이다. 그러나 생각보다 오래 걸리긴 했어도, 아스페는 결국 목표를 달성했다.

이러한 실험에서 중요한 특징은 광자 빔 A를 측정할 때 무작위 수의 집합이 생성된다는 것이다. 광자 빔 B를 측정할 때도 무작위 수의 집합이 생기고, 따라서 그 숫자만 봐서는 광자 빔 A에 대한 정보를 얻을 수 없다. 그러나 두 집합을 나란히 놓고 수들을 비교하면 둘 사이의 상관관계를 알 수 있다. 즉, 광자 빔 B로부터 얻은 '답'은 동시에 광자 빔 A에서 던진 질문에 따라 달라진다. 이는 빔 A가 빔 B와 아무리 멀리 떨어져 있어도 상관없이 성립한다. 하지만 실제로 두 집합을 비교하려면 유일한 방법은 통상적인 방식으로(즉 빛보다 한참 느린 속도로) A에서 B로 정보를 전달해야 하기에 상대성이론과 충돌할 일은 없다.

실험의 초기 버전에서는 허점이 있었을 수도 있다. 실험은 얽힌 광자들이 제각각 다른 방향으로 날아가 서로 다른 두 검출기 세트를 통과하도록 설계되었다. 그러나 실험 장치 전체가 미리 고정되어 있었기 때문에, 이것이 실험의 결과를 결정했다고 주장할 수 있

---

6   Aczel, *Entanglement*에서 인용.

었다. 즉 실험의 각 부분을 연결하는 '유령 같은 원격 작용'이 필요 없었다는 얘기다. 아스페는 실험 통계를 크게 개선함과 동시에, 실험의 허점을 없애기 위해 새로운 장치를 고안했다. 광자 빔을 측정할 때 사용하는 편광 필터의 설정을 실험 중 광자가 날아가는 동안에 무작위로 변경할 수 있게 만든 것이다. 두 측정 장치의 간격이 13미터였으므로, 신호가 빛의 속도로 13미터를 가로지르는 데 걸리는 시간보다 짧은 시간 동안 필터의 전환이 이루어져야 했다. 빛이 13미터를 가로지르는 시간은 약 43나노초다(1나노초는 10억분의 1초). 그리고 실제 실험에서 필터의 전환은 10나노초마다 이루어졌다. 이렇게 해서 광자 B가 도착하는 순간 검출기 B는 검출기 A의 설정이 무엇인지 '알' 방법이 없게 되었다. 아스페는 이렇게 설명했다.

> 이 실험이 보여 준 것은, 먼저 실험 결과가 벨의 부등식을 위반한다는 사실이고, 동시에 양자역학의 예측과 일치한다는 점입니다. 그러므로 우리는 양자역학이 여전히 아주 좋은 이론이라고 추정합니다. [그러나] 이런 종류의 실험에서도 어떤 메시지나 유용한 정보를 빛보다 빠르게 보내는 것은 여전히 불가능합니다.[7]

---

7   Davies and Brown, *The Ghost in the Atom*의 인터뷰.

이런 실험이 계속해서 개선될 때마다 아스페가 옳았음이 재차 확인되었다.

아스페의 실험 결과는 1981년과 1982년에 발표되었고, 그는 1983년에 박사학위를 받았다. 양자역학의 타당성을 결정적으로 확인하고 국소적 실재 이론의 마지막 남은 중요한 구멍을 닫은 이 실험을 접하고, 나는 『슈뢰딩거의 고양이를 찾아서』를 쓰기로 마음먹었다. 1984년에 출간된 이 책에서는 양자물리학의 발전을 역사적 관점에서 서술해 보았다. 나는 "어떤 메시지나 유용한 정보를 빛보다 빠르게 보내는 것은 여전히 불가능하다"는 증거를 눈으로 확인한 것이 기뻤다(지금도 기쁘다). 그러나 일부 재야의 물리학자들은 여전히 양자 얽힘이 메시지를 빛보다 빠르게 보낼 수 있다고 믿고 이를 증명하기 위해 엉뚱하면서도 정교한 실험을 거듭했다. 그들은 결국 틀렸지만, 이런 시도에 자극을 받은 연구는 양자 암호와 순간 이동 같은 색다른 분야의 연구로 이어졌다.

양자 암호와 복제 불가능성 정리

얽힘을 이용해 메시지를 빛보다 빠르게 전송하는 방법을 탐구했던 사람들 중에는 닉 허버트라는 미국인 물리학자도 있었다. 그는 1967년 스탠퍼드 대학교에서 박사학위를 받았지만 학계에 자리를 잡지 못하고 다양한 직업을 떠돌면서 캘리포니아 버클리 대학교의 마음 맞는 학자들과 함께 틈틈이 양자물리를 탐구했다. 허버트가 설계한 빛보다 빠른(초광속) 신호 전송 체계는 그다지 눈여겨볼 내용은 없지만 한 가지 중요한 부분이 있다. 이 실험의 성공은 광자의 정확한 사본, 즉 '복제품'을 만드는 것에 달려 있었다. 허버트의 논문은 폴란드 태생의 미국인 물리학자 보이치에흐 주레크 Wojciech Zurek, 1951- 의 눈에 띄었고, 주레크는 허버트의 논리에서 결함을 찾아냈다. 그는 윌리엄 우터스와 함께 '단일 광자는 복제될 수 없다'는 것을 증명했고, 이 문장을 논문의 제목으로 써서 1982년 10월 《네이처》에 발표했다. 첫 문장은 이렇게 시작된다. "광자가 복제될 수 있다면, 초광속 통신의 가능성에 대한 그럴싸한 주장을 제시할 수 있을 것이다." 초광속 신호 전송의 가능성은 배제되었지만, 이 '복제 불가능성 정리'는 양자 얽힘을 실용적으로 사용해 해독 불가능한 암호를 만드는 방법, 즉 양자 암호를 만드는 길을 열어 주었다. ('복제 불가능성 정리'는 네덜란드의 물리학자 데니스 딕스도 독자적으로 발견했다.)

양자 암호 문제에 접근하는 방법은 몇 가지가 있지만, 이 방법들은 모두 난수亂數 '열쇠'를 사용하는 코드 시스템에 의존한다. 아래 설명은 내가 쓴 책 『슈뢰딩거의 새끼 고양이와 실재 탐색』에서 발췌한 내용이다.

내가 설명하고 싶은 암호 유형은 스파이 소설에 자주 등장하는 익숙한 것이다. 암호를 사용하는 두 사람(암호학자들은 이 둘을 늘 '앨리스'와 '밥'이라고 부르곤 한다)은 각각 동일한 난수 목록, 이른바 '난수책'을 가지고 있다. 이 난수책은 전화번호부만큼 두꺼울 수도 있다. 이제, 메시지를 보내는 사람은 메시지를 숫자로 변환한다(그냥 간단하게 A를 1, B를 2, 이런 식으로 할당할 수도 있다). 그리고 난수책에서 아무 페이지나 하나를 선택한다. 그런 다음 선택한 페이지에 있는 숫자들을 메시지의 글자에 해당하는 숫자 아래에 옮겨 적고 두 숫자를 더한다. 이렇게 암호화된 메시지를 난수책의 쪽수 정보와 함께 전송하면, 정보를 받은 편에서는 같은 난수책에서 암호화된 신호를 추출해 원래 메시지를 복원한다. 이 암호 체계는 제1차 세계대전 때 이 방식을 개발한 미국인 길버트 버넘의 이름을 따 '버넘 암호'라고 한다. 가끔은 '일회용 난수책'이라는 애칭으로 불리기도 하는데, 스파이들의 난수책이 한 장씩 뜯어낼 수 있는 형태로 되어 있어서 한번 쓴 페이지는 파기하기 때문이다(난수책에서 동일한 페이지의 난수를 여러 번 사용하면 패턴이 반복되어 암호가 해독될 가능성이 있다).

버넘 암호는 암호를 가로챈 사람이 똑같은 일회용 난수책을 가지고 있지 않는 한 깰 수 없다. 문제는 스파이들이 작전을 수행할 때 이에 관심이 있는 제삼자가 난수책을 입수할 가능성이 매우 높다는 것이다. 설상가상으로 제삼자가 난수책 사본을 가지고 있어도 정작 암호 사용자들은 이 사실을 몰라 암호가 해독된 사실 자체를 알지 못하는 최악의 상황이 벌어질 수도 있다.

양자물리학은 이 두 문제를 모두 방지할 방법을 제시한다. 암호화된 메시지 자체를 비밀로 유지할 필요도 없다. 열쇠에 해당하는, 양자 채널로 넘어오는 정보가 없으면 어차피 무용지물이기 때문이다. 열쇠는 길게 나열된 무작위 숫자들인데, 이제 필요한 것은 앨리스가 밥에게 이 열쇠를 해독 불가능한 방식으로 전송하는 것이다. 상황을 간단히 하기 위해, 이 난수 열쇠가 이진수로 되어 있다고 하자. 이진수는 주로 컴퓨터에서 사용하는 0과 1로 된 코드다. 따라서 열쇠는 '켜짐/꺼짐'처럼 양자택일로 표시되는 어떤 신호 체계로든 전송될 수 있다.

뉴욕 요크타운 하이츠에 있는 IBM연구센터 소속 찰스 베넷과 동료들은 편광을 사용해 이 암호 체계를 구현할 수 있음을 보였다. 앨리스는 밥에게 광자 흐름을 보낸다. 이 광자는 미리 합의된 두 방향의 필터(수직-수평으로 된 십자 필터와 이것과 45도 각도를 이루는 대각 필터) 중 하나를 통해 전송되며, 각각의 광자는 수직(대각 필터인 경우는 45도) 또는 수평(대각 필터인 경우 135도) 방향으로 편광된다. 이때 각 광자의 편광 방향은 무작위로 선택할 수 있다. 밥은 들어오는 광자의 편광을 측정하는데, 각 측정마다 검출기를 합의된 방향 중 한쪽으로만(십자 또는 대각 중 하나로만) 맞출 수 있다. 이 역시 무작위 선택이다. 결과적으로 밥은 매 측정마다 검출기를 기준으로 수직(이진수 1) 또는 수평(이진수 0) 편광에 해당하는 '답'을 얻게 된다. 이제 밥은 앨리스에게 각각의 측정에서 검출기를 어떤 방향에 맞췄는지 알리고, 앨리스는 밥에게 그중 어느 것이 광자를 보낼 때의 필터 방향과 일치하는지를 알려 준다(이 대화는 이메일로 할 수 있다). 그 다음 밥과 엘리스는 밥이 '잘못' 선택했던(필터 방향이 일치하지 않았던 경우의) 편광 측정을 모두 폐기한다. 그러면 1과 0으로 이루어진 숫자열, 즉 이진수 코드로 된 그들의 보안 열쇠만 남게 된다. 이렇게 설명하면 꽤 지루한 과정처럼 들리지만, 실제로 이런 암호 체계를 사용하는 사람은 지루한 일을 컴퓨터에게 대신 시킬 수 있다.

이 기술에서 가장 매력적인 점은, 앨리스와 밥이 사용하는 코드를 제삼자가 알아내려면 양자 통신 채널을 '도청'하고 광자가 지나갈 때 광자의 편광을 측정하는 것 말고는 다른 방법이 없다는 것이다. 그런데 광자의 편광을 측정하면 그 행위로 인해 편광이 바뀐다! 광자는 복제될 수 없고 원래 상태를 그대로 유지할 수도 없다. 도청자가 측정된 광자를 복제하여 그것을 다시 밥에게 보낸다 해도, 광자의 편광 방향은 무작위화되어 있을 것이다. 밥과 앨리스는 암호의 표준 기법을 사용해서 이러한 간섭 사실을 알 수 있는데, 이를테면 전체 열쇠를 공개하지 않고 매 다섯 번째 또는 일곱 번째, 또는 특정 자릿수의 문자를 비교하는 식으로 외부 간섭을 확인할 수 있다.

현재 옥스퍼드 대학교 교수인 폴란드 태생의 물리학자 아르투어 에케르트Artur Ekert, 1961~ 는(베넷과 협업했던 사람이기도 하다) 같은 결과를 낼 수 있는 다른 방법을 발견했다. EPR 실험을 변형해 필요한 무작위 숫자열을 얻는 방법이다. 먼저 EPR 광자들이 서로 반대되는 방향으로 발사된다. 광자들은 적절히 얽혀 있지만 아직 측정되지는 않은 상태다. 그런 상태로 빛줄기 하나는 앨리스에게, 다른 하나는 밥에게 날아간다. 앨리스와 밥은 각각 광자의 편광을 측정하는데, 앞에서와 같이 미리 합의된 방향 중에서 임의의 한 방향으로 설정된 검출기를 사용한다. 두 사람은 이제 평범한 공중 통신 채널을 사용해 검출기의 측정 방향을 서로 공유한다. 단, 측정 결과는 알리지 않는다. 마지막으로, 그들은 검출기의 방향이 일치하지 않았던 측정 결과를 폐기하고, 두 사람의 검출기가 같은 방향으로 정렬되었을 때의 측정 결과로 보안 열쇠를 구성한다. 물론 EPR 광자쌍은 측정되면 서로 편광 방향이 반대가 되므로, 밥이 1을 얻으면 앨리스는 0을 얻고, 반대로 밥이 0을 얻으면 앨리스는 1을 얻는다. 그리고, 이번에도 역시, 광자가 밥과 앨리스에게 도착하기 전 누군가 양자 통신 채널을 '도청'하려고 하면, 광자의 편광은 흩어져서 도청 사실이 밝혀질 것이다. 여기에서 에케르트의 변주 방식을 설명하는 이유는, 이것 때문에 그와 존 벨의 기억에 남을 만한 만남이 성사되었기 때문이다. 당시 벨은 옥스퍼드를 방문 중이었고 에케르트는 그냥 대학원생이었다. 벨의 강연이 끝나고, 에케르트는 벨을 잠시 만나 자신의 아이디어를 설명할 수 있었다. 벨은 놀랐다. "지금 이게 실제로 구현될 수 있다고 말하는 건가요?" 벨이 물었다. 에케르트는 그럴 수 있다고 말했다. 벨은 대답했다. "음, 믿기지

않는 얘기로군요."⁸

지금까지의 내용이 다 믿기지 않고 말도 안 되는 얘기처럼 들릴 수도 있다. 그러나 『슈뢰딩거의 새끼 고양이와 실재 탐색』이 출간되었던 1995년에 이미 베넷과 동료들은 실제로 이런 식으로 작동하는 시스템을 구축했다. 물론 시제품에서 암호화된 메시지는 겨우 30센티미터 거리만큼 전송되었을 뿐이다. 그러나 그건 이 암호 시스템을 데스크톱 컴퓨터로 제작했기 때문이었다. 나는 1995년에 이렇게 썼다. "원칙적으로 광자는 편광 상태의 변화 없이 수 킬로미터의 광섬유를 통해 전송될 수 있다. 그리고 또 기억해야 할 사실은, 존 로지 베어드가 세계 최초로 텔레비전 전송기를 제작했을 때 그는 그림 하나를 2~3미터 떨어진 곳까지 전송한 게 다였다."

이후 양자 암호학자들은 언제나 내 기대를 넘어섰다. 2004년, 슈뢰딩거의 고향인 빈에서 안톤 차일링거[1945-]가 이끄는 물리학자 팀은 데이터 보안을 지키며 양자 암호화 기술을 사용해 세계 최초로 전자 은행 송금을 수행했다. 이것은 한 사람의 주머닛돈을 다른 사람 계좌로 이체하는 간단한 수준이 아니라, 주요 은행과 시장실 간의 공적 자금을 이체하는 본격적인 작업이었다. 2007년 스위스 의회 선거 때는 제네바에서 실시한 전자 투표의 보안을 유지하기 위해 양자 암호화 기술이 사용되었다. 아마도 머지않아 양자 암호

---

8   Gilder, *The Age of Entanglement*에서 인용됨. (특히 '믿기지 않는 얘기로군요'라고 말하는 벨의 부드러운 아일랜드 억양을 상상하며 읽어 보자.)

화 기술은 인터넷을 통해 일상적으로 전송되는 정보의 보안을 지키는 방법이 될 가능성이 크다. 그리고 전송되는 것이 반드시 정보일 필요는 없다.

양자 순간 이동과 고전 정보

양자 순간 이동 역시 '복제 불가능성' 정리를 이용하지만 방식은 약간 다르다. 하나의 광자(또는 다른 양자 개체)는 복제될 수 없지만, 첫 번째 광자가 변하더라도 (또는 변했기 때문에) 광자가 가진 성질은 모두 두 번째 광자로 전달될 수 있다. 사실상 두 번째 광자는 첫 번째 광자가 되는 것이다.

얽힘과 원격 작용은 양자 순간 이동 기술의 핵심이다. 이 내용 역시 찰스 베넷이 제안했으며, 1993년 《피지컬 리뷰 레터스》에 발표되었다.

우리가 생활하는 고전적인 세상에서는 사물의 복제본을 먼 거리로 보내는 행위가 일상적으로 이루어진다. 순간 이동과 가장 비슷한 사례가 팩스 기계다. 이 장치는 도착지에서 복사본을 인쇄하고 원본은 출발지에 아무 손상 없이 그대로 남는다는 추가적인 장점도 있다. 신문과 책도 그 안에 담긴 정보만 따지면 쇄를 거듭하며 근본적으로 동일한 복제본을 수십만 부 이상 찍어 낼 수 있다.

그러나 양자 수준에서 복제는 난관에 봉착한다. 첫째는 단순히 디테일에 대한 의문이다. 불확정성 원리를 생각하면, 예컨대 종이 한 장 안에 든 모든 원자 내부의 세부 사항을 다 알 수가 없고, 심지어 종이에 인쇄된 잉크 분자의 정확한 위치도 알 수 없다. 그러니 팩스로 전송된 '사본'은 단지 원본의 근사치에 불과하다. 이뿐만 아니라 양자 수준에서 사물을 스캐닝하면 사물의 양자 상태가 바뀐다. 그런데 바로 이 명백한 문제 때문에 양자 순간 이동이 가능해진다! 양자 수준에서는 양자계의 사본을 만드는 데 필요한 정보를 얻더라도 원본은 파괴될 것이다. 이것은 팩스 기계보다는 과학소설에 나오는 순간 이동("나 좀 전송해 줘, 스코티."[9])에 더 가깝다.

고전적인 정보는 복사될 수 있지만 빛의 속도나 그보다 느리게만 전송될 수 있다. 양자 정보는 복제될 수 없지만, EPR 실험에서처럼 때로는 한곳에서 다른 곳으로 순간적으로 전송되는 것처럼 보인다. 베넷과 동료들은 이러한 계의 고전적 특성과 양자적 특성을 혼합해 순간 이동 장치를 고안했다.

순간 이동으로 사물을 전송하려는 두 사람이 있다. 이 둘을 앨리스와 밥이라고 하자. 초보자용 순간 이동에서, 전송해야 하는 사물은 특정 양자 상태에 있는 전자 하나다. 실험이 시작될 때, 앨리스와 밥은 각각 상자 하나씩을 받는다. 각 상자 안에는 얽힌 전자 쌍 중 하나가 담겨 있다. 다시 말해 EPR 실험에서 편광이 측정되지 않

---

[9] 영화 〈스타트랙〉의 대사.—옮긴이

은 광자를 전달받은 것과 같은 상황이다. 그런 다음 두 사람은 헤어져 우주 반대편으로 여행을 떠난다. 몇 년이 흐른 후, 앨리스는 다른 입자를 밥에게 보내고 싶어진다. 이를 위해 앨리스가 할 일은 '새' 입자를 그녀의 얽힌 입자와 상호작용하게 두고, 그런 다음 상호작용의 결과를 측정하는 것뿐이다. 이렇게 하면 앨리스의 얽힌 입자의 상태가 확정되면서 변화하고, 그 순간 밥이 가지고 있는 얽힌 입자의 상태도 똑같은 방식으로 즉시 확정되면서 변화한다.

밥은 아직 이 사실을 모른다. 지금 그는 우주의 반대편 어딘가에 있기 때문이다. 그래서 앨리스는 이제 밥에게 메시지를 보내야 한다. 라디오 전파를 쏘거나, 밥이 매일 아침 읽는 신문에 광고를 싣거나, 무슨 방법을 쓰든 밥에게 측정 결과를 알려 준다.

이 메시지는 고전 정보만 담고 있어서, 앨리스는 신문이든 라디오 방송이든 원하는 대로 얼마든지 복제본을 만들어 보낼 수 있다. 결국 밥은 이 메시지를 받게 될 것이다. 앨리스가 가진 두 입자 사이의 상호작용에 관한 정보를 알게 된 밥은, 이제 자신이 가진 얽힌 입자를 보고 그 정보를 사용해 입자의 현재 상태에서 자신의 원래 입자의 영향을 '뺄' 수 있다. 그러면 밥에게 남은 것은 정확히 앨리스가 그에게 보내고 싶었던 입자의 사본이 된다. 앨리스는 밥이 어디 있는지 모른 채로, 그에게 직접 말하지 않고도 입자를 전송했다. 세 번째 입자의 원본은 앨리스가 측정을 수행했을 때 파괴되었으므로(다른 양자 상태로 변환됨), 밥이 가진 입자는 하나 남은 고유한 입자가 된다. 밥은 이 입자를 고전적인 메시지와 원격 작용의 조합으로 자신에게 전달된 원본이라고 당당히 주장해도 된다.

베넷은 이 과정에서 그 어떤 물리 법칙도 위배된 것이 없으며, 빛의 속도보다 느린 전송만 허용한다는 점을 강조한다. 왜냐 하면 밥은 자기가 가진 입자를 제대로 풀기 위해 앨리스의 '고전적' 메시지가 필요하며, 만약 입자를 너무 일찍 관측하면 입자의 양자 상태가 바뀌어 올바른 방법으로 입자를 풀 기회를 잃게 될 것이기 때문이다. "앨리스의 측정은 다른 EPR 입자를 변화시키고, 이로 인해 누군가 그녀의 측정에서 나오는 고전적 정보를 이용해 원래 들어간 상태의 완벽한 사본을 만들 수 있게 되지만, 이 과정은 순간적으로 일어날 수 없다."[10] 어느 농담꾼의 말처럼, 이것은 "순간 이동이긴 하지만, 우리가 아는 그런 순간 이동은 아니야, 짐."(《스타트랙》 대사의 패러디-옮긴이) 한편 실험가들은 1995년 이래로 이 아이디어를 구현하는 상당히 거대한 규모의 실험을 진행했다. 하지만 아직 우주의 한쪽 끝에서 다른 끝으로 갈 정도는 아니다.

실험실 규모에서(약 1미터 정도) 최초로 성공한 양자 순간 이동 실험은 1997년에 차일링거 팀이 인스브루크에서 수행했다. 그러다 곧 광섬유를 사용하면서 이동 범위가 수백 미터로 확장되었고, 2004년에는 여러 팀이 전체 원자의 상태를 부분적으로 순간 이동

---

10 *Science News*, 10 April 1993에서 인용.

시키는 실험을 진행했다.[11] 2010년 5월에는 중국인 과학자 팀이 공기 중으로 레이저 빔을 보내는 방식으로 16킬로미터 거리의 양자 순간 이동에 성공했다고 《네이처》에 보고했고, 얽힌 광자를 위성에 실어 쏘아 올린 후 궤도에서 지구로 순간 이동시키는 실험 계획을 수립했다고 밝혔다(하지만 자금은 확보하지 못했다). 그러나 이런 아이디어들도 얽힘의 가장 중요한 실용적 응용에 비하면 빛이 바랜다. 이 응용에서도 양자 암호와 양자 순간 이동에 필요한 동일한 기술을 사용한다. 그 응용이란 바로 양자 컴퓨터를 말한다. 과학이 기술로 응용되는 여느 발전과 마찬가지로, 양자 컴퓨터의 개발도 옥스퍼드에서 존 벨이 했던 말처럼 '믿기지 않는' 가능성이다.

양자 컴퓨터와 다중우주

나는 양자 컴퓨터 발전의 배경을 『다중우주를 찾아서 *In Search of the Multiverse*』에서 자세히 설명했다. 그러나 양자 공학을 깊이 파고들지 않더라도 이 놀라운 의미는 충분히 이해할 수 있다. 현대 전자 컴퓨터의 핵심은 이진 부호를 사용해 연산을 수행한다는 것이다. 이진 부호는 0과 1이 길게 이어진 띠라고 생각할 수 있고, 실용적인 차원에서는 켜짐과 꺼짐 중 하나를 선택할 수 있는 스위치를 배

---

11 자세한 내용은 차일링거의 책 *Dance of the Photons*에 설명되어 있다.

열한 것이라고 생각해도 좋다. 각각의 '켜짐/꺼짐' 단위는 비트라고 하며, 8비트가 1바이트다. 컴퓨터의 성능은 그 '두뇌' 안에 든 바이트의 개수로 표현된다. 요즘은 아주 평범한 랩톱이나 스마트폰도 수 기가바이트 수준의 연산을 한다. 양자 컴퓨터의 핵심은 각각의 스위치, 즉 각각의 비트가 파동함수의 붕괴 없이 상태의 중첩으로 존재할 수 있다는 점이다. 그래서 켜짐과 꺼짐이 동시에 있을 수 있다(1과 0을 동시에 저장한다는 의미다). 결정적으로 이런 스위치들(또는 저장소들)은 서로 얽힐 수 있어서, 이른바 큐비트qubit 한 쌍은 둘 다 상태 1에 있거나 둘 다 상태 0에 있다고(또는 하나가 상태 1에 있으면 다른 하나는 상태 0에 있다고) 확신할 수 있다. 큐비트 각각은 어느 것도 상태 0에 있는지 상태 1에 있는지 알 수 없더라도 말이다. 원리적으로 각 큐비트는 하나의 원자이거나 편광된 광자일 수 있다. 그러나 아직 실제 실험에서는 몇 개의 원자로 이루어진 분자를 큐비트로 사용하며, 각각의 정보 비트는 수십억 개에 달하는 동일한 분자에 똑같이 복제되어 저장된다.[12]

  이러한 양자 컴퓨터의 성능은 말 그대로 일반 컴퓨터보다 지수함수적으로 더 크다. 큐비트 n개를 사용하는 양자 컴퓨터는 비트 n개를 쓰는 일반 컴퓨터보다 2^n배만큼 강력하다. 예를 들어, 2개의 큐비트를 쓰는 양자 컴퓨터는 4비트 전자 컴퓨터와 동급이고, 4큐

---

12 많은 수의 큐비트에 정보를 저장하고 평균값을 이용하면 큐비트 하나에 오류가 생겨도 전체적으로는 오류를 줄일 수 있다.—옮긴이

비트 양자 컴퓨터는 16비트 컴퓨터와 동등하다. 그리고 큐비트를 10개 쓰는 양자 컴퓨터는 1024, 즉 1킬로비트를 쓰는 전자 컴퓨터와 동등하다.[13] 중요한 점은 현재 소규모 양자 컴퓨터가 실제로 제작되어 예상대로 작동하고 있으며, 얽힘을 포함한 양자물리학의 규칙에 따라 동작한다는 사실이 확인되었다는 사실이다.

양자 컴퓨터 분야에서 가장 극적인 성공 사례는 2011년 5월 캐나다의 한 상업 회사인 D웨이브시스템이 128큐비트 양자 컴퓨터를 방위산업체인 록히드 마틴에 판매했다고 발표한 것이었다. 이 컴퓨터는 8큐비트 유닛 16개가 연결되어 있다는 사실만 알려져 있고, 상업적 이유로 세부 사항은 기밀이라 그 컴퓨터가 정확히 어떻게 작동하는지는 외부에 알려지지 않았다. 그래서 과학자들 중에는 이 컴퓨터가 정말로 순수하게 양자 원리에 따라 작동하는 것이 맞는지 의심하는 사람도 있다. 그러나 뭔가가 있는 것은 분명하다. 록히드 마틴 사람들은 바보가 아니고, 제품을 구매하기 전 장치 검토에만 1년을 보냈다. 그리고 설령 이것이 '고작' 8큐비트 유닛만 순수한 양자 프로세서로서 작동한다는 사실이 밝혀진다 해도(이미 이와 비슷한 소형 프로세서가 여러 실험실에서 제작되어 작동하는 것이 확인되었으므로 이 내용을 의심할 이유는 없다), 이는 우리가 실재를 이해하는 방식의 핵심을 찌르며, 곧장 슈뢰딩거의 세계관으로 돌아가게

---

[13] 고작 100개의 큐비트로 1267×10^{27} 비트와 맞먹는 성능을 기대할 수 있다.

만든다.

양자 연산 이론의 선구자인 데이비드 도이치는 이렇게 물었다. 양자 컴퓨터상에서 진행되는 연산은 어디에서 수행되고 있는 것인가? 파동함수의 붕괴는 없다는 점을 기억하자. 이는 슈뢰딩거의 고양이 사고 실험에서 상자가 열리기 전과 정확히 같은 상황이다. 그러므로 두 가능성 모두 실재한다. 8큐비트를 사용하는 양자 컴퓨터가 256비트를 사용하는 기존 컴퓨터와 동등하다면, 그것은 프로세서의 가능한 양자 상태 각각에 대응하는 256개의 개별 컴퓨터가 서로 다른 256개의 우주 안에서 연산을 수행하고 있기 때문이다. 그렇다. 과학소설에서 말하는 바로 그 '평행 우주'다. 컴퓨터들은 문제를 함께 연산하고, 풀고, 답을 공유한다. 도이치는 이렇게 말한다. "물리 법칙이 우리에게 알려 주는 내용이 그런 것이다. 원자 규모에서는 여러 개의 우주가 있고 고양이 규모에서는 단 하나의 우주만 존재할 수는 없는 일이다."[14]

그렇다고 해서 우리가 컴퓨터를 실행시킬 때 우주가 어떤 식으로든, 앞서 든 사례에서는 256개의 복제본 우주로 '쪼개진다'는 의미는 아니다. 다중우주 개념을 설명하자면, 이전부터 256개의 우주는 존재해 왔고 이 우주들은 연산이 수행되기 전까지는 서로 동일하다. 그러다 각 우주 안에서 동일한 실험자들이 같은 실험을 수

---

14 Brown, *Minds, Machines and the Multiverse* 참고.

행하기로 각각 결심한다. 그들은 모두 동일하기 때문에 이것은 크게 놀랄 일은 아니다. 이렇게 '붕괴 없는' 상황은 슈뢰딩거가 1952년에 제안한 내용과 매우 비슷하다(11장 참고). 그러나 양자역학의 '다세계 해석'이 일반인들에게 알려진 것은 그보다 몇 년 후 미국의 물리학자 휴 에버렛1930~1982의 제안을 통해서였다. 그는 (불행히도) 슈뢰딩거의 초기 연구에 대해 알지 못했고, 다세계 해석을 현실이 여러 갈래로 반복적으로 '갈라지는' 과정으로 보았다. 내가 볼 때 다중우주 개념은 양자 컴퓨터의 작동 이유를 만족스럽게 설명하는 유일한 방법이며, 이 다중우주 개념에서 가장 중요한 점은 슈뢰딩거가 주장했던 내용, 즉 파동함수는 결코 붕괴하지 않으며, 모든 현실은 동등하게 (그리고 언제나) 실재한다는 사실이다. 여기에서부터 슈뢰딩거의 또 다른 거대한 관심사로 이어진다.

양자물리학과 현실 세계

코펜하겐 해석의 가장 큰 문제는, 설사 파동함수의 붕괴라는 개념에 만족한다 해도, 양자 세상과 고전적인 일상 세계 사이의 경계선을 어디에 그어야 할지 알 수 없다는 데 있다. 고전적인 사고 실험에서 파동함수 붕괴를 일으키고 고양이의 생사를 결정하려면 인간의 의식이 필요하다고 암묵적으로 가정한다. 그러나 고양이 스스로도 충분히 자신의 생사를 결정할 수 있지 않을까? 붕괴에 관해서

라면 개미도 붕괴를 일으킬 수 있지 않을까? 로봇은 어떨까?

존 벨은 1990년 《피직스 월드》에 보낸 기고문에서 이 내용을 아름답게 표현했다. "어떤 물리계가 '측정자'의 역할을 할 수 있는 자격은 정확히 무엇일까? 이 세상의 파동함수는 단세포 생물이 등장할 때까지 수천 년 동안 [양자] 도약을 기다렸을까? 아니면 박사학위를 소지한 더 자격 있는 물리계[인간]가 나타날 때까지 그보다 더 오래 기다려야 했나?" 벨이 귀류법으로 제시했던 표현을 일부 과학자들은 그대로 인용해 비유적으로 사용하기도 한다. 스티븐 와인버그1933-2021는 2010년 11월호 《사이언티픽 아메리칸》과의 인터뷰에서 이렇게 말했다. "우주는 거대한 슈뢰딩거의 고양이와 같을지도 모릅니다. 고양이가 살아 있을 때 고양이는 자신이 살아 있다는 걸 알죠(우주에서 일어나는 일들을 기록하는 과학자들이 있을 때입니다). 하지만 다른 상태에서는, 고양이는 아무것도 모릅니다(무슨 일이 일어나는지 관찰하는 과학자가 없는 것이죠)." 이것은 코펜하겐 해석을 논리적 극단까지 밀어붙인 표현이다. 곧 우주는 우리가 여기에 존재하며 관찰하기 때문에 존재한다는 것이다. 그러나 나는 이 문제에 있어서는 벨의 편이다. 그런 생각이 정말로 보여 주는 것은 코펜하겐 해석이 앞뒤가 맞지 않는다는 사실이다.

의식 있는 관찰자의 역할을 제거하여 이 문제를 해결하려는 시도는 다세계 해석 외에도 여러 가지가 있었다. 최근 몇 년간 유행했던 것은 '결깨짐decoherence'이다. 결깨짐 아이디어에 따르면, 원자 같은 단일 양자 개체는 중첩 상태로 존재할 수 있지만, 이 개체가 많은 수의 원자로 이루어진 거시 물체와 얽히면 계의 복잡성으로 인해 양자 중첩의 '결이 깨진다'. 거시계에 있는 원자들 사이에서 이루어지는 어마어마한 양의 상호작용에 묻혀 개별 양자 개체를 설명하는 정보가 사라지기 때문이다. 좀 더 단순히 설명하자면, 결깨짐은 고립된 양자 개체 같은 것이 없기 때문에 발생한다. 모든 것은 외부 세상과 얽혀 있으니까. 내가 볼 때 이 얘기는 좋게 말하면 코펜하겐 해석의 변주고, 나쁘게 말하면 의미 없는 헛소리다. 단일 원자는 양자 상태로 존재할 수 있지만 내 책상은 그럴 수 없다면, 그 경계선을 어디에 그을 수 있단 말인가? 그럼 원자 두 개는 양자계를 형성할까? 실험해 보니 형성되는 것이 확인되었다. 그럼 원자 몇 개가 모여야 결깨짐이 생길까? 셋? 열일곱? 42? 이것은 슈뢰딩거 고양이 퍼즐에서 규모만 줄였을 뿐 내용은 정확히 똑같다.

그러나 결깨짐 아이디어는 슈뢰딩거의 철학에 따라 세상을 보는 또 다른 방식을 제안한다. 결깨짐 지지자들은 외부에서 내부를 바라보면서 얽힘이 양자 세상을 고전적으로 만든다고 주장한다. 그러나 내부에서 외부를 바라보면, 얽힘이 고전 세상을 양자적으로 만든다고 말하는 것도 똑같이 타당하다. 그리고 최근 몇 년간 실험가들은 거시계에서 작동하는 양자 효과, 특히 얽힘의 사례를 점점 더 많이 발견하고 있다. 이걸 보면 '외부 세계'는 없는 것 같다.

이 연구의 선구자 중 하나는 옥스퍼드 소속 물리학자 블라트코

베드랄Vlatko Vedral, 1971~ 이다. 그는 《사이언티픽 아메리칸》 2011년 6월호에 여러 증거를 요약해 발표했다. 21세기가 시작되고 첫 10년 동안, 다양한 연구자들이 다량의 물질 샘플에서 얽힘을 연구하는 실험을 진행했다. 초기 연구 중에는 결정체를 자기장으로 조정하는 실험도 있었다. 샘플 결정체의 원자들은 매우 빠르게 자기장에 맞춰 정렬했는데, 이는 얽힘의 도움이 없었다면 불가능했을 속도였다. 이런 초기 실험들은 열운동으로 인한 원자의 진동에 따른 간섭을 피하기 위해 거의 절대영도(-273℃)에 가까운 낮은 온도에서 진행되었다. 그러나 2010년 말에는 0℃보다 훨씬 높은 온도에서도 여러 종류의 얽힘 실험이 수행되었다.

거시계의 얽힘에 관하여 지금까지 가장 인상적인 증거는 철새 연구에서 나왔다. 일부 조류 종에서, 새의 눈에 포함된 분자 안의 전자 두 개가 얽힘 쌍을 이루는 것이 발견되었다. 이 분자가 빛에 노출되면 얽힌 전자들은 자기장에 민감해진다. 실험 결과, 이것이 시각에 영향을 끼치는 과정의 화학적 성질을 변화시킨다는 사실이 확인되었다. 아직 결정적으로 증명된 것은 아니지만, 광수용체의 화학적 성질이 변화하여 새의 뇌 안에서 자기장의 이미지가 생성된다는 것이다. 이 말은 곧 새는 자기장을 볼 수 있다는 얘기다.

생명체 내에서 얽힘이 작용한다는 또 다른 증거는 광합성에서도 확인된다. 베드랄은 이렇게 말한다. "이제는 다수의 입자들이 저절로 고전적 방식으로 행동한다고 수긍하는 건 불가능하다. …

실험 결과를 보면 그런 과정이 작동할 여지는 거의 남아 있지 않다. … 고전물리학이 어떤 규모로든 다시 돌아오리라고 생각하는 물리학자는 이제 거의 없다." 그리고 "우리 인간 같은 거시 사물이 양자적 림보 상태에 있다는 사실의 의미는 참으로 충격적"이라고 덧붙였다.

거시 세계와 양자 세계 사이에 경계가 없다면, 파동함수의 붕괴는 없고 모든 것은 다른 모든 것과 얽혀 있다면, 결국 물리학자가 바라보는 세계관은 슈뢰딩거의 베단타적 실재관과 크게 다르지 않은 것이다.

후기

양자 세대

2011년 여름, 나는 이 책의 본문을 완성한 후 테리 루돌프를 그의 사무실에서 만나 양자물리학의 기본 바탕을 토론했다. 사무실은 임페리얼 칼리지 12층에 있었다. 창밖으로 펼쳐진 런던 풍경이 무척이나 아름다웠다. 토론을 시작하기에 앞서 테리는 나에게 이곳에 오기까지의 머나먼 여정을 들려주었고, 할아버지에 대해 알게 된 순간 느꼈던 놀라움을 얘기해 주었다.

1973년 짐바브웨에서 태어난 테리는 남아프리카의 정치적 혼란 속에서 어린 시절을 보냈다. 그의 직계 가족은(그에게는 남자 형제 하나와 여자 형제 둘이 있다) 1979년 말라위로 이주했지만, 할머니는 짐바브웨에 남았다. 테리는 할머니를 한두 번 만나긴 했지만, 그 시절 아프리카 남부를 여행하는 것은 그의 말대로 "보통 어려운 일이 아니었다." 그는 1979년 이후 "할머니에 대한 기억은 대부분 편지를 통해 쌓인 것"이라고 했다. 루돌프 가족이 1980년대 중반 호주로 이주했을 때도 할머니는 짐바브웨에 남았고 10년 후 세상을 떠났다.

호주의 십 대 소년답게 테리는 공부보다 운동에 (특히 스쿼시에) 관심이 많았고, 전문 운동선수가 되겠다는 희망을 안고 공부를 해야 할 시간까지도 훈련에 쏟아부었다(하루에 최대 6시간까지도). "꽤 경쟁력 있는 선수였어요. 아마 지금도 그럴걸요." 테리는 이렇게 자랑했다. 그토록 운동에 열정을 보였음에도, 그는 1993년에 수학과 물리 전공으로 퀸즐랜드 대학교를 졸업했다. 물리를 선택한 이유는 그게 가장 어려운 과목 같아 보여서였다. 그러나 테리의 아버지가 (지금은 은퇴한) 화학자이자 교사였으니, 과학 전공을 선택하는 데 어느 정도 영향이 있었을 것이다. 학부 과정 마지막 주에, 테리는 양자물리학의 기반에 자리한 난해함에 매료되었다. 졸업 전 마지막 강의의 주제는 벨의 부등식과 아스페의 실험이었다. 이날 얽힘과 비국소성 개념을 처음 접한 그는 (다른 친구들과 마찬가지로) 처음에는 믿을 수가 없었다. 그는 이 논증의 허점을 찾으려고 2주를 보냈다. 시험공부도 접고 그 문제에 몰입하는 바람에 기말시험에서 낙제할 뻔하기도 했다. 결함을 찾는 데 실패한 그는 이거야말로 진짜 어렵고 심오한 문제이며, 이걸 이해하기 위해 노력해 볼 가치가 있다고 믿었다. 그 전까지만 해도 그는 물리학이 너무 쉬워서 재미가 없다고 생각했었다.

이 새로운 집착이 낳은 논문은 1994년 퀸즐랜드 대학교 우등 학위를 안겨 주었다. 테리는 졸업 후 1년 정도 넓은 세상에 나가 경험을 쌓아 보기로 했다. 어머니의 이복언니인 루스 브라우니처가 오스트리아에 살고 있으니, 유럽 여행 중에 이모 집에 들르면 좋겠다고 자연스럽게 계획을 세웠다. 테리의 어머니는 이제 테리에게 할아버지에 대해 말해 줄 때가 되었다고 생각했다. "평소처럼 같이 아침을 먹고 있었어요. 어머니는 무심히 이렇게 말씀하시더군요. '네가 알아야 할 게 하나 있어. 에르빈 슈뢰딩거가 네 외할아버지다.'" 이제 막 첫 논문을 쓴 스물한 살 미래의 양자물리학자는 이 말에 엄청난 충격을 받았다. 그는 나에게 이렇게 말했다. "당신의 책[슈뢰딩거의 고양이를 찾아서]을 읽을 때만 해도 그분이 할아버지인 줄은 꿈에도 몰랐는걸요!"

갭이어gap year 동안 테리는 오스트리아의 가족을 만났고, 캐나다의 요크 대학교에서 박사학위를 받았다(1998년 취득). 그리고 토론토 대학교, 빈 대학교(이곳에서 안톤 차일링거와 함께 연구했다), 벨 연구소를 거쳐 2003년 임페리얼 칼리지에 자리를 잡았다. 현재 그는 제어양자역학 박사 훈련 센터의 부소장으로, 양자 이론의 기초를 연구하는 영리한 학생들을 가르치고 있다. 물론 양자 컴퓨터 같은 실용적 응용에도 관심이 있다. 테리는 이제 슈뢰딩거의 손자라는 사실을 편하게 받아들이고 있다. 호들갑을 떨지도 않고 불편하게 여기지도 않는다. 그러나 할아버지의 전기는 절대 읽지 않는 것을 원칙으로 삼는다(이 책도 포함해서). 의식적으로든 무의식적으로든 할아버지의 영향을 받고 싶지 않아서다. "저는 스스로를 의심하고 싶지 않아요." 테리 루돌프는 주관이 뚜렷한 사람이고, 자신의 배경에 대해 스스럼없이 이야기해 주었지만 나와 정말로 하고 싶은 이야기는 양자 현실에 대한 것이라고 했다. 이 점은 나도 동감이었다.

그의 연구에서 특히 나의 호기심을 자극한 부분은 얽힘, 열역학 그리고 시간의 흐름에 관한 내용이었다. 볼츠만의 연구를 깊이 파고들었던 슈뢰딩거가 살아 있었다면 분명 뛰어들었을 법한 주제였다. 테리 루돌프와 동료 데이비드 제닝스는 '얽힌 다자계'(여러 계가 서로 얽힌 상태-옮긴이)에서 시간의 화살이 무엇을 의미하는지 결정하기 어렵다고 주장했다. 그들은 소량의 큐비트로 계를 구성해 아이디어를 테스트해 보았는데, 이 계에서는 엔트로피 감소라는 관점에서 시간이 거꾸로 흐르는 것처럼 보일 수 있었다. 이 단순한 실험을 넘어, 그들은 우주론을 전공한 내가 특히 관심을 가질 만한 분야로 나아갔다. 그들은 초기의 밀도 높은 우주에서는 극한의 조건들 때문에 "무작위적인 물리적 상호작용이 기존에 있던 상관관계를 활용할 수 있었고, 그 결과 우주의 초기 상태에 가까워질수록 열역학적 시간의 화살이 점차 사라지는 효과를 낳았을 것"이라고 추측했다.[1] 다시 말해 빅뱅의 순간에는 시간이 없었다는 것이다!

그러나 테리가 참여한 가장 중요한 연구는-그리고 이 책과도 가장 관련성이 높은 부분은-아인슈타인과 봄이 옳았을 가능성에 관한 것이다. 그리고 양자역학으로는 불완전하게 설명되지만, 근본적인 '실재'가 존재한다는 것이다. 테리는 이렇게 말한다. "저는 상당히 보수적인 물리학자입니다. 제가 속한 이 커뮤니티에는 다

---

1 *Physical Review* E, Vol. 81 (2010), p. 061130.

세계 같은 것을 믿는 사람들이 많아요. 하지만 저는 다른 선택이 없다는 걸 확신하기 전까지는 그런 걸 받아들일 준비가 되어 있지 않습니다." 그는 또한 할아버지의 영향을 전혀 받지 않고 그 자리까지 왔지만, 코펜하겐 해석을 거부했던 슈뢰딩거의 견해에 공감한다. 이론 자체에 관심이 있는지, 아니면 양자 컴퓨터 같은 실용적 응용 분야에 관심이 있는지를 묻자, 테리는 이렇게 답했다. "주로, 이론 자체에 관심이 있어요. 하지만 양자역학은 단순히 추상적인 수학 이론이 아니고, 현실에 영향을 미친다는 점을 인지하고 있습니다. 이건 중요한 포인트예요. 양자역학은 실체에 관한 학문입니다. 의식이니 관찰자니, 그런 것들을 다루는 학문이 아니고요. 저는 아인슈타인이 중요한 점을 잘 짚었다고 생각해요. 양자역학은 불완전합니다. 뭔가 더 깊은 것이 있다고 확신해요."

그렇다면 실제 상태와 양자 상태가 일대일로 대응되는지를 묻지 않을 수 없다. 이는 아인슈타인과 슈뢰딩거가 편지를 주고받으며 토론했던 내용이기도 했다. 다른 말로 하면, 두 개의 (또는 그 이상의) 양자 상태가 동일한 하나의 실제 상태와 연관될 수 있을까? 또는, 반대로, 두 개의 (혹은 그 이상의) 실제 상태가 동일한 양자 상태로 서술될 수 있는가? "어쩌면 양자역학은 실제로 일어나는 모든 걸 다 포착하지는 않는 것 같아요." 테리는 말한다.

실제 상태를 알면, 양자 상태가 무엇인지 추론할 수 있을까요?

추론할 수 없다면, 현실의 여러 다양한 요소들이 하나의 양자 상태와 관련될 수도 있습니다. 뿐만 아니라, 현실의 동일한 요소가 두 개의 양자 상태와 관련될 수도 있지요. 따라서 하나의 양자 상태에 대응하는 실제 요소들의 분포를 얻을 수 있고, 여러 개의 양자 상태에 대응하는 실제 요소의 분포도 얻을 수 있습니다. 이 두 분포는 겹칠 수 있으므로, 실제 요소 중 일부는 두 양자 상태 모두와 관련될 수 있어요. 이런 실제 요소에 대해서는 어떤 양자 상태가 적용되는지 확신할 수 없지요. 이 겹치는 포인트들은 어떤 의미로는 분명히 규정되지 않습니다. 따라서 실재에 대한 서술은 애매해질 수밖에 없습니다.

이런 유형의 겹침을 허용하는 양자역학의 수학적 서술은 오랫동안 발견되지 않았다. 그러나 과학사에서 흔히 보던 고전적인 발전 사례처럼, 테리는 오랜 시간을 들여 그런 겹침이 불가능하다는 것을 증명하려 시도하다가 결국 효과적인 예를 하나 찾아냈다.

이 예는 한 가지 이상한 특징이 있습니다. 이것은 근본적으로 분리 불가능성을 지니고 있어요. 결코 상호작용한 적 없는 두 계가 있다고 해도, 계 A의 모든 것과 계 B의 모든 것을 각각 아는 것만으로는 이 두 계가 미래에 어떻게 행동할지 예측하기에 충분하지 않습니다. 분포가 겹치는 이론들은 근본적으로 분리 불가능성이 있습니다. 이것이 얽힘입니다. 그러나 일반적인 의미로서의 얽힘은 아니지요.

테리는 여전히 이 발견의 의미를 이해하려 노력 중이다. 지금 당장은 단지 수학적 증명일 뿐이다. 그러나 그가 발견한 것은 숨은 변수 이론 계열의 이론 전부를 배제하는 것처럼 보인다.

이는 양자역학의 기반이 여전히, 또는 '또다시', 과학계의 가장 영민한 지성들을 끌어들이는 하나의 사례일 뿐이다. 오늘날 젊은 세대들은 양자 정보 이론에서 영감을 얻는다. "저는 그중에서는 제일 늙은 축에 속해요." 테리가 말한다. "요즘 젊은 친구들은 열정이 넘치고, 해석이니 뭐니 하는 오래된 논쟁에서 자유롭죠. 그 친구들은 실용적 응용을 연구하고 있습니다. 수많은 연구에서 성과를 거두고 있지만, 그런 소식이 전부 다 알려지는 건 아니거든요. 생기 넘치는 분야예요."

이 책의 결말로 이보다 더 나은 이야기가 또 있을까? 슈뢰딩거는 언제나 아들을 원했고, 유전 계통의 연속성을 일종의 불멸로 여겼다. 그가 자신에게 이런 훌륭한 손자가 있다는 걸, 그리고 그 손자가 양자역학의 최전선에서 활발히 연구하고 있다는 걸 알았다면 분명히 기뻐했을 것이다.

옮긴이의 글

솔직히 고백한다.

처음 슈뢰딩거 전기 번역 얘기가 나왔을 때 솔깃했던 이유는, 다른 무엇보다, 슈뢰딩거의 화려한 사생활을 체계적으로 들여다볼 좋은 기회라고 생각했기 때문이다.

아, 물론 나도 잘 안다. 슈뢰딩거는 양자역학의 탄생에 결정적인 역할을 한 사람이다. 그의 이름을 딴 고양이 사고 실험은 물리학을 비롯해 거의 모든 분야에서 상징적 개념으로 인용되고 있다. 생물학에도 지대한 영향을 미쳐 DNA의 발견에 상당한 지분을 가지고 있다. 유명한 물리학자 이름을 대 보라고 하면 적어도 열 명 안에는 들 만큼 대중적인 인지도도 높다. 그러나 양자역학 얘기가 궁금하다면 굳이 슈뢰딩거의 전기가 아니어도 다른 책을 보면 된다. 양자역학을 친절하게 설명해 주는 책은 차고도 넘친다. '굳이' 슈뢰딩거의 전기를 읽으려는 사람들이 기대하는 내용은 따로 있을 것이다. 양자역학 얘기 말고 다른 거.

처음엔 그렇게 반쯤 장난스러운 마음으로 시작한 작업이었다. 그러다 슈뢰딩거가 단순한 바람둥이를 넘어 여러 여성에게 씻을 수 없는 상처를 남겼다는 사실을 알게 되었고, 그의 전기를 출간하는 게 과연 바람직할까 싶은 생각이 잠시 들었다. 전기라는 장르는 아무래도 주인공을 일정 부분 미화하는 경향이 있기 마련이고, 특히 어릴 때 위인전을 읽고 자란 세대라면 전기의 주인공을 자연스럽게 훌륭한 사람으로 바라볼 수도 있으니 말이다. 그러나 엄밀히 말해 과학자는 위인이 아니다. 그들은 과학 분야에서 성과를 남긴 사람들이지 반드시 우러러보며 존경해야 하는 대상은 아니다(물론 훌륭한 인품을 가진 과학자도 있겠지만). 과학자의 일대기를 조명하는 작업은 그들의 인간적인 결함을 덮어 주기 위한 것이 아니라, 당시의 시대적 맥락 속에서 그들이 이룬 성과의 의미를 되짚고 이를 통해 지금 우리 시대의 과학을 더 잘 이해하기 위한 것이다. 슈뢰딩거가 양자역학의 탄생과 발전에 지대한 영향을 미쳤고 과학사에서도 중요한 자리를 차지하고 있는 만큼, 그가 선인이든 악인이든 그의 공과를 정확히 평가하는 전기는 분명 나름의 가치가 있을 것이다.

다행히 나의 염려가 무색하게, 전기 작가인 존 그리빈은 객관적이고 엄밀한 필치로 슈뢰딩거의 생애를 충실히 풀어 나간다. 읽다 보면 작가도 화가 나지 않았을까 싶은 대목도 간간이 있었지만, 그는 최대한 개입을 자제하고 독자에게 최종 판단을 맡겼다. 나 역시 번역에서 작가의 객관적 관점을 그대로 옮기려 노력했다. 다만 일하다 말고 나도 모르게 단전에서부터 치밀어 오르는 상욕을 여러 번 내뱉고, 가끔은 끓어오르는 분노를 함께 나눌 상대가 주위에 없음을 한탄하며 SNS에 울분을 토하기도 했다는 정도만 밝히기로 하자.

그리고 뜻밖에도, 처음엔 그다지 관심 없었던 (그렇다. 앞에서 고백했듯 나는 속물적인 번역가다) 20세기 초 물리학 이야기가 깊은 여운을 남겼다. 인류가 처음으로 양자역학을 마주하게 된 그 시절에 과학자들이 경험한 혼란과 갈등은 지금으로서는 상상하기 쉽지 않다. 사실 나만 해도 파동-입자의 이중성이라든지 중첩, 얽힘 같은 개념이 이제는 너무 익숙해져서 더 이상 경이롭거나 신기하게 느껴지지 않는다. 그러나 당시 유럽의 과학자들은 그동안 쌓아 온 경험과 지식으로는 도저히 설명할 수 없는 여러 양자 현상을 처음 접하면서 그야말로 세상이 무너지는 듯한 충격을 받았을 것이다. 신이 전지전능하려면 이 세상 모든 것은 절대적이고 완벽한 인과법칙 위에 세워져 있어야 한다. 그런데 우주가 확률이라는 불안정한 기반 위에 아슬아슬하게 세워져 있다는 이론이 등장하고, 그 이론의 끝이 결국 '신의 부재'로 이어질 수 있다는 사실이 드러나자, 이를 받아들이기가 결코 쉽지 않았을 것이다. 그래서 어떤 과학자는 이 사실을 어떻게든 자신의 신념에 맞게 재해석하려 했고, 어떤 이는 아예 부정하려 들기도 했다. 집집마다 놓인 고화질 TV에까지 양자역학 파생 기술이 스며든 현대의 관점에서 보면 도대체 이걸 가지고 뭐 이렇게까지 호들갑인가 싶기도 하겠지만, 인류가 처음 마주한 낯선 지식을 두고 깊이 고민하고 씨름하던 그들의 모습은 오늘날에도 여전히 많은 것을 시사한다.

특히 AI의 발전을 실시간으로 목도하고 있는 지금, 슈뢰딩거와 20세기 과학자들의 고민은 한층 더 생생하게 다가온다. 사적 이익을 추구하는 기업이 개발을 주도하는 AI 기술에 대하여, 우리는 20세기 물리학자들만큼 치열하게 고민하고 있을까? 인간이 만들어 내는 기술이 인류의 삶을 어떻게 바꿀지, 그 의미와 파생될 결과를 충분히 성찰하고 있을까? 집단 지성의 힘을 믿고 싶은 마음은 간절하지만, 산업혁명 이후 인류가 보여 준 어리석은 선택과 헛발질을 떠올리면 낙관이 큰 만큼 드리워진 두려움의 그늘도 짙어지는 것 같다.

  슈뢰딩거의 모든 면을 옹호할 마음은 전혀 없지만, 낯선 현상과 마주했을 때 끝까지 의심하고 질문을 제기하며 그 의미를 깊이 탐구했던 자세만큼은 과학자의 교본과도 같았다고 생각한다. 그리고 그런 자세야말로 감당 못 할 속도로 새로운 기술이 쏟아져 나오는 이 시대에 꼭 필요한 덕목일 것이다. 인간 슈뢰딩거와 과학자 슈뢰딩거를 분리해서 바라보는 것은 쉽지 않지만, 그렇게 할 수 있다면 그의 일생으로부터 여전히 많은 것을 얻을 수 있으리라 믿는다. 독자 여러분은 이 책을 어떻게 읽으실지 궁금하다.

에르빈 슈뢰딩거 연표

1887년	8월 12일, 오스트리아-헝가리 빈에서 탄생.
1898년	빈 1구에 있는 제국로얄아카데미 김나지움 입학. 1906년 졸업.
1906년	빈 대학교 입학, 수학과 물리학 전공.
1910년	6월, 빈 대학교에서 박사학위. 학위 논문은 「습한 공기 중에 있는 절연체 표면의 전기 전도에 관하여」.
	포병대에 자원 입대, 1년간 장교 훈련받으며 군복무.
1912년	빈 대학교 프란츠 엑스너의 조교로 물리학과 학생들의 실험 실습 담당.
1914년	1월, 26세의 나이로 빈 대학교 프리바트도젠트가 됨. 교수 자격 심사 논문은 「유전체의 동역학, 녹는점, 초전기(pyroelectricity) 및 압전기에 관한 연구」.
	6월 28일, 오스트리아-헝가리 제국의 왕실 후계자 프란츠 페르디난트 대공이 사라예보에서 암살당함. 곧이어 제1차 세계대전 발발.
	7월, 포병장교로 입대.
1915년	10월과 11월, 포병대 사령관 대행으로 교전 지휘, 군인 공로 메달 받음.
1916년	5월, 중위로 임명됨.
1917년	빈으로 전출되어 대공포 장교들 대상으로 기상학 강의.
1918년	11월 11일, 1차 세계대전 휴전. 12일, 오스트리아 공화국 선포.
1919년	12월 24일, 아버지 루돌프 슈뢰딩거 빈에서 사망.
	3월, 오스트리아 봉쇄 해제.
	체르니우치 대학교에서 강사 자리를 제안받지만 정치 상황으로 불발됨.
	이 시기에 비트겐슈타인과 쇼펜하우어를 공부하고, 인도의 베단타 철학에 몰두함.
1920년	색각 이론 관련 연구 결과를 논문으로 발표.
	빈 과학 아카데미로부터 하이팅거상(Haitinger Prize) 수상.
	3월 24일, 아네마리 베르텔과 결혼.
	4월, 예나 대학교에서 임시직 교수로 근무하다가 10월부터 슈투트가르트 공과대학 부교수로 재직.

1921년	4월 12일, 외할아버지 알렉산더 바우어(빈 공과대학 화학과 교수) 빈에서 사망.
	여름학기부터 브레슬라우 대학교(현 브로츠와프 대학교) 이론물리학 정교수.
	9월 12일, 어머니 게오르긴 슈뢰딩거 빈에서 사망.
	10월, 취리히 대학교 이론물리학 정교수로 부임. 1927년 9월까지 재직.
1922년	결핵 치료를 위해 아로사에서 9개월간 요양하며 2편의 논문 발표.
	12월, '물리 법칙이란 무엇인가'라는 제목으로 뒤늦은 교수 취임 강연.
1925년	하이젠베르크와 보른, 요르단이 행렬역학 발표.
1926년	1월부터 6월까지(출판일로는 3월부터 9월까지), 파동역학에 관한 여섯 편의 논문을 시리즈로 발표.
	1월 27일 《물리학 연보》에 도착해 3월에 출판된 시리즈의 첫 논문 「고유값 문제로서의 양자화」에서 슈뢰딩거 방정식으로 알려진 파동 방정식을 제시함.
	9월, 파동역학 전체 내용을 포괄하는 「원자와 분자의 역학에 대한 파동 이론」을 써서 12월 《피지컬 리뷰》에 영어로 게재.
	1926년 12월부터 1927년 3월까지, 미국 여행.
1927년	8월, 막스 플랑크의 후임자로 베를린 대학교에 부임.
	10월, 제5차 솔베이 학회.
1929년	프로이센 과학 아카데미 회원으로 선출.
1933년	10월, 옥스퍼드 막달렌 칼리지의 5년 임기 펠로로 선출.
	12월 10일, 디랙과 공동으로 노벨 물리학상 수상.
	1935년 3월, 베를린 대학교에서 은퇴.
	양자역학에 대한 코펜하겐 해석의 불합리성을 지적하며 '슈뢰딩거의 고양이' 사고 실험 제안.
	《자연과학》에 발표한 논문 「양자역학의 현재 상황」에서 양자역학의 핵심적인 문제를 다루면서 처음으로 '양자 얽힘' 개념을 정립함.

1936년	10월, 그라츠 대학교 정교수이자 빈 대학교 명예교수가 되어 오스트리아로 귀환.
1937년	막스 플랑크 메달 수상.
1938년	3월 14일, 히틀러의 빈 입성.
	4월, 빈 대학교 명예교수직에서 해임. 몇 달 후 그라츠 대학에서도 해고됨.
	9월, 나치 치하의 오스트리아를 떠나 교황청 과학 아카데미에서 첫 피난처 찾음. 피난 중에 제네바에서 에어먼 데벌레라와 접촉.
	10월, 옥스퍼드 막달렌 칼리지의 펠로로 재선임.
	12월, 벨기에 헨트 대학교 방문 교수로 부임.
1939년	9월 1일, 독일의 폴란드 침공, 제2차 세계대전 발발.
	10월, 벨기에를 떠나 더블린에 정착.
	11월, 더블린 유니버시티 칼리지에서 강의.
1940년	4월, 아일랜드 왕립학회 임시 교수로 임명됨.
	10월 5일, 더블린 고등연구소(DIAS) 공식 개소. DIAS 이론물리학과 초대 교수이자 연구소 소장으로 DIAS의 기반을 다지고, 이후 1956년 빈으로 떠날 때까지 몸담음.
1942년	DIAS에서 첫 국제 학회 개최.
1943년	2월, 트리니티 칼리지 더블린(TCD)에서 '생명이란 무엇인가'라는 제목으로 강연.
1944년	『생명이란 무엇인가』 케임브리지 대학교 출판부에서 출판.
1945년	8월, 제2차 세계대전 종식.
1946년	스위스 아스코나에서 열린 철학 학회에 참석, '과학의 정신'을 주제로 강연.
1948년	2월, 아일랜드 시민이 됨. '자연과 그리스인들' 주제로 대중 강연.
1949년	5월, 아일랜드 왕립학회 외국인 회원으로 선출.
1950년	수년간 통일장 이론을 탐구한 내용을 바탕으로 논문 「시공간 구조」 출판, 오랫동안 일반 상대성 이론을 소개하는 표준 교재로 사용됨.

1951년	1월부터 3월까지 인스브루크 대학교 객원 교수.
1952년	10월, 충수염에 걸려서 12월 런던에서 열리는 양자역학 해석에 관한 학회에 불참. 대신 학회를 위해 쓴 논문 「양자 도약은 존재하는가」 발표.
1953년	4월, 제임스 왓슨과 프랜시스 크릭의 DNA 이중나선 모형 논문 《네이처》에 발표.
1954년	티롤에서 휴가 중에 폐기종과 고혈압 진단.
1955년	오스트리아 해방.
1956년	빈 대학교 이론물리학 분야 정교수로 임명되어 3월에 오스트리아로 귀환.
1957년	독일 최고의 시민 훈장 '푸르 르 메리테' 수상.
1958년	9월, 공식 은퇴 후 빈 대학교 명예교수직에 임명. 타너 강연(1956년) 내용을 묶은 『정신과 물질』 출간.
1960년	알프바흐에서 휴양 중 마지막 원고 완성, 사후에 『나의 세계관』으로 출간.
1961년	1월 4일, 73세로 오스트리아 빈에서 사망.

참고 자료

Archives

Archives for the History of Quantum Physics (AHQP), Science Museum Library, London
Einstein Archive, Princeton
Johns Hopkins University Archive
Oxford University Archive
Schrödinger Archive, Alpbach
Schrödinger Archive, Vienna
University of Berlin Archive
University of Wisconsin Archive
Vienna University Archive

Published sources

Aczel, Amir, *Entanglement* (Chichester: Wiley, 2003)
Al-Khalili, Jim, *Quantum: A Guide for the Perplexed* (London: Weidenfeld & Nicolson, 2003)
Ayer, A. J., *Part of my Life* (London: Collins, 1977)
Baggott, Jim, *Beyond Measure* (Oxford: Oxford University Press, 2004)
Baggott, Jim, *The Quantum Story* (Oxford: Oxford University Press, 2011)
Bell, John, *Speakable and Unspeakable in Quantum Mechanics* (Cambridge: Cambridge University Press, 1987)
Bernstein, Jeremy, *Quantum Profiles* (Princeton: Princeton University Press, 1991)
Bernstein, Jeremy, *Quantum Leaps* (Cambridge, Mass.: Belknap Press, 2009)
Bettelheim, Anton, et al., eds, *Neue Österreichische Biographie 1815-1918* (Vienna: Amalthea, 1957): includes contributions from Hans Thirring on

Schrödinger and Hasenörhl

Bitbol, Michel, *Schrödinger's Philosophy of Quantum Mechanics* (Dordrecht: Kluwer, 1996)

Blair, Linda, *The Happy Child* (London: Piatkus, 2009)

Bohr, Niels, *Atomic Theory and the Description of Nature* (Cambridge: Cambridge University Press, 1934)

Born, Max, *Natural Philosophy of Cause and Chance* (Oxford: Oxford University Press, 1949)

Born, Max, *The Born-Einstein Letters* (London: Macmillan, 1971)

Born, Max, *My Life* (London: Taylor & Francis, 1978)

de Broglie, Louis, *New Perspectives in Physics* (New York: Basic Books, 1962)

de Broglie, Louis, and Léon Brillouin, *Wave Mechanics* (London: Blackie, 1928)

Brown, Julian, *Minds, Machines, and the Multiverse* (New York: Simon & Schuster, 2000)

Campbell, Lewis, and William Garnett, *The Life of James Clerk Maxwell*, 2nd end (London: Macmillan, 1884)

Cassidy, David, *Uncertainty: The Life and Science of Werner Heisenberg* (New York: Freeman, 1992)

Cercignani, Carlo, *Ludwig Boltzmann* (Oxford: Oxford University Press, 1998)

Cherfas, Jeremy, *Man Made Life* (Oxford: Blackwell, 1982)

Clare, George, *Last Waltz in Vienna* (London: Macmillan, 1980)

Cline, Barbara Lovett, *The Questioners* (New York: Crowell, 1965)

Cline, Barbara Lovett, *Men Who Made a New Physics* (Chicago: University of Chicago Press, 1987)

Crick, Francis, *Life Itself* (New York: Simon & Schuster, 1982)

Cropper, William, *Great Physicists* (Oxford: Oxford University Press, 2001)

Davies, Paul, and Julian Brown, *The Ghost in the Atom* (Cambridge:

Cambridge University Press, 1986)

DeWitt, Bryce, and Neil Graham (eds), *The Many-Worlds Interpretation of Quantum Mechanics* (Princeton: Princeton University Press, 1973)

Dirac, Paul, *Directions in Physics* (New York: Wiley, 1978)

Einstein, Albert, *Autobiographical Notes*, ed. P. A. Schilpp (La Salle: Open Court, 1979)

Farmelo, Graham, *The Strangest Man* (London: Faber & Faber, 2010)

Feynman, Richard, *The Character of Physical Law* (London: BBC, 1965)

French, A. P., and P. J. Kennedy (eds), *Niels Bohr: A Centenary Volume* (Cambridge, Mass.: Harvard University Press, 1985)

Friedman, Dennis, *An Unsolicited Gift* (London: Arcadia, 2010)

Gamow, George, *Thirty Years that Shook Physics* (New York: Dover, 1966)

George, A. (ed.), *Louis de Broglie, physicien et penseur* (Paris: Albin Michel, 1953)

Gilbert, William, *De magnete*, trans. P. Fleury Mottelay (New York: Dover, 1958; repr. of edn first publ. 1893)

Gilder, Louisa, *The Age of Entanglement* (New York: Knopf, 2008)

Gribbin, John, *In Search of Schrödinger's Cat* (London: Wildwood House, 1984; updated edn Black Swan, 2012)

Gribbin, John, *In Search of the Double Helix* (London: Penguin, 1995)

Gribbin, John, *Schrödinger's Kittens and the Search for Reality* (London: Weidenfeld & Nicolson, 1995; pb Phoenix, 1996)

Harrod, Roy, *The Prof* (London: Macmillan, 1959)

Heisenberg, Werner, *The Physical Principles of the Quantum Theory* (Chicago: University of Chicago Press, 1930)

Heisenberg, Werner, *Physics and Philosophy* (New York: Harper & Row, 1962)

Heisenberg, Werner, *Der Teil und das Ganze* (Munich: Piper, 1969)

Heisenberg, Werner, *Physics and Beyond* (London: Allen & Unwin, 1971)

Heisenberg, Werner, *Collected Works*, ed. W. Blum, H. P. Dür and H. Rechenberg (Berlin: Springer, 1984)

Hermann, Armin, *The Genesis of Quantum Theory* (Cambridge, Mass.: MIT Press, 1971)

Hermann, Armin, Karl von Meyenn and Victor Weisskopf (eds), *Wolfgang Pauli: Scientific Correspondence* (New York: Springer, 1979)

Hoffmann, Banesh, *The Strange Story of the Quantum* (London: Penguin, 1963)

Hutchins, Robert (ed.), *Gilbert, Galileo, Harvey* (Chicago: Encyclopedia Britannica, 1952): reprints in English of key works of each of these three pioneers of science

Jammer, Max, *The Conceptual Development of Quantum Mechanics* (New York: McGraw-Hill, 1966)

Jammer, Max, *The Philosophy of Quantum Mechanics* (London: Wiley, 1974)

Judson, Horace Freeland, *The Eighth Day of Creation* (London: Cape, 1979)

Kilmister, Clive (ed.), *Schrödinger* (Cambridge: Cambridge University Press, 1987)

Kragh, Helga, *Quantum Generations* (Princeton: Princeton University Press, 1999)

Lindley, David, *Boltzmann's Atom* (London and New York: Free Press, 2001)

Mahon, Basil, *The Man Who Changed Everything: The Life of James Clerk Maxwell* (Chichester: Wiley, 2003)

Mehra, Jagdish, and Helmut Rechenberg, *The Historical Development of Quantum Theory*, vol. 1 (in two parts): *The Quantum Theory of Planck, Einstein, Bohr, and Sommerfeld* (New York: Springer, 1982)

Mehra, Jagdish, and Helmut Rechenberg, *The Historical Development of Quantum Theory*, vol. 2: *The Discovery of Quantum Mechanics* (New York: Springer, 1982)

Mehra, Jagdish, and Helmut Rechenberg, *The Historical Development of*

Quantum Theory, vol. 3: *The Formulation of Matrix Mechanics and its Modifications 1925-1926* (New York: Springer, 1982)

Mehra, Jagdish, and Helmut Rechenberg, *The Historical Development of Quantum Theory*, vol. 4 (in two parts): *The Fundamental Equations of Quantum Mechanics 1925-1926* and *The Reception of the New Quantum Mechanics 1925-1926* (New York: Springer, 1982)

Mehra, Jagdish, and Helmut Rechenberg, *The Historical Development of Quantum Theory*, vol. 5 (in two parts): *Erwin Schrödinger and the Rise of Wave Mechanics* (New York: Springer, 1987)

Mehra, Jagdish, and Helmut Rechenberg, *The Historical Development of Quantum Theory*, vol. 6 (in two parts): *The Completion of Quantum Mechanics* (New York: Springer, part 1 2000, part 2 2001)

Moore, Walter, *Schrödinger: Life and Thought* (Cambridge: Cambridge University Press, 1989)

Olby, Robert, *The Path to the Double Helix* (London: Macmillan, 1974)

Pagels, Heinz, *The Cosmic Code* (London: Michael Joseph, 1983)

Pais, Abraham, *Subtle is the Lord* (Oxford: Oxford University Press, 1982)

Pais, Abraham, *Inward Bound* (Oxford: Oxford University Press, 1986)

Pais, Abraham, *Niels Bohr's Times* (Oxford: Clarendon Press, 1991)

Pauli, Wolfgang (ed.), *Niels Bohr and the Development of Physics* (London: Pergamon, 1955)

Pauling, Linus, and Peter Pauling, *Chemistry* (San Francisco: Freeman, 1975)

Planck, Max, *Scientific Autobiography and Other Papers*, trans. Frank Gaynor (London: Williams & Norgate, 1950)

Price, W. C., S. S. Chissik and T. Ravensdale (eds), *Wave Mechanics: The First Fifty Years* (London: Butterworth, 1973)

Rae, Alastair, *Quantum Physics: Illusion or Reality?* (Cambridge: Cambridge University Press, 1986)

Santesson, Carl Gustaf (ed.), *Les Prix Nobel en 1933* (Stockholm: Norstedt,

1934); see also http://nobelprize.org/nobel_ prizes/physics/laureates/1933/ schrodinger-speech.html

Schrödinger, Erwin, *Four Lectures on Wave Mechanics* (London: Blackie, 1928)

Schrödinger, Erwin, *Collected Papers on Wave Mechanics* (London: Blackie, 1928)

Schrödinger, Erwin, *Science and the Human Temperament* (London: Allen & Unwin, 1935)

Schrödinger, Erwin, *What is Life?* (Cambridge: Cambridge University Press, 1944)

Schrödinger, Erwin, *Statistical Thermodynamics* (Cambridge: Cambridge University Press, 1946)

Schrödinger, Erwin, *Space-Time Structure* (Cambridge: Cambridge University Press, 1950)

Schrödinger, Erwin, *Science and Humanism: Physics in our Time* (Cambridge: Cambridge University Press, 1951)

Schrödinger, Erwin, *Nature and the Greeks* (Cambridge: Cambridge University Press, 1954)

Schrödinger, Erwin, *Expanding Universes* (Cambridge: Cambridge University Press, 1956)

Schrödinger, Erwin, *Science, Theory and Man* (New York: Dover, 1957)

Schrödinger, Erwin, *Mind and Matter* (Cambridge: Cambridge University Press, 1959)

Schrödinger, Erwin, *Biographical Memoirs of the Royal Society* (London: Royal Society, 1961)

Schrödinger, Erwin, *My View of the World* (Cambridge: Cambridge University Press, 1964)

Schrödinger, Erwin, *Letters on Wave Mechanics* (New York: Philosophical Library, 1967)

Schrödinger, Erwin, *The Interpretation of Quantum Mechanics* (Dublin seminars 1949-1955 and other unpublished texts), ed. Michel Bitbol (Woodbridge, CT: Ox Bow Press, 1995)

Schweber, Silvan, *QED and the Men who Made It* (Princeton: Princeton University Press, 1994)

Scott, William, *Erwin Schrödinger: An Introduction to his Writings* (Amherst: University of Massachusetts Press, 1967)

Selleri, Franco (ed.), *Quantum Mechanics versus Local Realism: The Einstein-Podolsky-Rosen Paradox* (New York: Plenum, 1988)

Shearer, J. F. (trans.), *Collected Papers on Wave Mechanics* (London and Glasgow: Blackie, 1928)

van der Waerden, B. L. (ed.), *Sources of Quantum Mechanics* (New York: Dover, 1968)

Weber, Robert, *Pioneers of Science*, 2nd edn (Bristol: Adam Hilger/Institute of Physics, 1988)

Westfall, Richard, *Never at Rest: A Biography of Isaac Newton* (Cambridge: Cambridge University Press, 1980); a shorter version of this book was published by Cambridge University Press in 1993 under the title *The Life of Isaac Newton*

Wheeler, John, and Wojciech Zurek (eds), *Quantum Theory and Measurement* (Princeton: Princeton University Press, 1983)

Woolf, Harry (ed.), *Some Strangeness in the Proportion* (Reading, Mass.: Addison-Wesley, 1980)

Zeilinger, Anton, *Dance of the Photons* (New York: Farrar, Strauss & Giroux, 2010)

사진 출처

27쪽
Austrian Central Library for Physics/Ruth Braunizer

37쪽
위키미디어

40쪽
Austrian Central Library for Physics/Ruth Braunizer

44쪽
위키미디어

77쪽
Austrian Central Library for Physics

80쪽
슈뢰딩거: Austrian Central Library for Physics/ Ruth Braunizer
엑스너: 위키미디어

90쪽
Austrian Central Library for Physics/Ruth Braunizer

99쪽
에르빈과 아니: Austrian Central Library for Physics/Ruth Braunizer
가족, 친구들과 함께: Austrian Central Library for Physics/Maria Bertel

142쪽
Austrian Central Library for Physics/Ruth Braunizer

171쪽
하이젠베르크, 요르단: AIP Emilio Segrè Visual Archives, Segrè Collection
닐스 보어, 막스 보른: 위키미디어

208쪽
위키미디어

242쪽
슈뢰딩거: 위키미디어
노벨상: 위키미디어/©Mosbatho
스톡홀름역의 일행: Max-Planck Institute, courtesy AIP Emilio Segrè Visual Archives

267쪽
슈뢰딩거: Austrian Central Library for Physics/ Prof. Dr. Heinz Reuter
1938년 오스트리아 빈: 위키미디어/Annemarie Schwarzenbach 촬영, 스위스 국립도서관 소장

293쪽
DIAS 개소식: AIP Emilio Segrè Visual Archives, Ewald Collection
DIAS 국제 학회: 위키미디어/ Cecil Keaveney, former Registrar of Dublin Institute for Advanced Studies

328쪽
초록색 팸플릿, 『생명이란 무엇인가』: Austrian Central Library for Physics
크릭의 DNA 스케치: Wellcome Collection
컴퓨터 작업한 DNA: 위키미디어

349쪽
리제 마이트너와 슈뢰딩거: Niels Bohr Institute, courtesy of AIP Emilio Segrè Visual Archives
리제 마이트너: 위키미디어

356쪽
슈뢰딩거: Photo by Wolfgang Pfaundler, Innsbruck, Austria, courtesy of AIP Emilio Segrè Visual Archives
묘비: 위키미디어/©Karl Gruber

* 사진의 출처나 저작권과 관련하여 사실과 다른 점이 발견될 경우 확인하여 수정하겠습니다.

찾아보기

DNA 19, 312-315, 323, 328, 330, 332, 333
EPR 역설 248-253, 357, 362-366, 373-379

ㄱ

갈릴레이, 갈릴레오 Galilei, Galileo 50, 70
거래적 해석 227, 231
  지연파 retarded wave 229-231
  선행파 advanced wave 229-230
결깨짐 decoherence 385, 386
고양이 사고 실험 21, 177, 251-255, 307-309, 384-386
고전물리학 17, 18, 21, 100, 126, 388
  고전역학 184, 320
광전 효과 115, 193
괴팅겐 Göttingen 163, 164, 166-168, 170, 173, 176, 218
교황청 과학 아카데미 263, 274, 275, 355
구름 상자(안개 상자) 197-199, 201, 306
국소적 실재 250, 307, 364, 369
군복무 78-80, 89-92
그라츠 대학교 66, 257-259, 261, 263-268, 272
기브스, 윌라드 Gibbs, Willard 67, 68
기체 운동론 65-67
길버트, 윌리엄 Gilbert, William 48-50

ㄴ

『나의 세계관 Meine Weltansicht』 154, 155, 353
나치 20, 176, 223, 232-235, 248, 256, 257, 261, 262, 265-273, 298, 335-337
《네이처 Nature》 70, 277, 319, 333, 370, 380

노벨상 18, 84, 105, 118, 121, 132, 139, 140, 143, 175-177, 185, 193(각주), 197, 239, 241-243, 247, 273, 274, 292, 318, 319, 333
노이만, 존 폰 Neumann, John von 360-362
뉴턴, 아이작 Newton, Isaac 16, 17, 41, 47-57, 61
  뉴턴 역학 53-56, 69, 172
  중력 이론 54, 85, 127
  『광학 Opticks』 57
  『프린키피아 Principia』 53, 63

ㄷ

다세계(평행 우주) 10, 305-309, 383-385
다윈, 찰스 Darwin, Charles 41
다윈, 찰스 Darwin, Charles(다윈의 손자) 258, 259
더블린 고등연구소(DIAS) 20, 272, 276, 281, 284, 287, 289-295, 299, 300
데벌레라, 에이먼 De Valera, Éamon (데브 Dev) 20, 272, 274-276, 279, 281-284, 288, 289, 293, 295, 300, 339
데카르트, 르네 Descartes, René 50
델브뤼크, 막스 Delbrück, Max 311, 312, 315, 318-324, 328-330
도플러 효과 35, 149
도플러, 요한 크리스티안 Doppler, Johann Christian 34, 35
돌연변이 314, 315, 318-321
드브로이, 루이 de Broglie, Louis 19, 159-161, 179, 180, 182-184, 190, 216, 223, 358, 359

디랙, 폴 Dirac, Paul 19, 158, 173-176, 191, 207, 218, 219, 221, 223-225, 239, 242, 292, 293, 299
   디랙 방정식 224, 225
디바이, 피터 Debye, Peter 139, 140, 149, 179, 180, 185, 264

ㄹ

라우에, 막스 폰 Laue, Max von 81, 102, 139-141, 220, 258, 351
러더퍼드, 어니스트 Rutherford, Ernest 119-122, 128, 264
   러더퍼드 원자 모형 122
러셀, 린다 메리 테레제 Russell, Linda Mary Therese(딸) 298, 301
러셀, 에밀리 Russell, Emily(외할머니) ▶ 바우어, 에밀리
런던, 프리츠 London, Fritz 142, 221, 235, 316, 317
레나르트, 필리프 Lenard, Philipp 115, 117, 153
레이저 laser 132, 380
레일리·진스 법칙 110, 111, 113
로슈미트, 요제프 Loschmidt, Josef 36, 38, 66
로젠, 네이선 Rosen, Nathan 248, 249(각주), 364
루돌프, 테리 Rudolph, Terry(손자) 390-396
루시, 레이 Ray, Lucie 300

린데만, 프레더릭 알렉산더 Lindemann, Frederick Alexander 234-236, 238, 244, 246, 274, 279

ㅁ

마르히, 루스 March, Ruth ▶ 브라우니처, 루스
마르히, 아르투어 March, Arthur 222, 236-238, 241, 244-246, 256, 263, 278, 298, 303, 339, 346, 347
마르히, 힐데 March, Hilde 222, 236-238, 241, 244, 245, 256, 258, 259, 263, 273, 278, 285, 290, 297, 298, 339, 346-348
마이트너, 리제 Meitner, Lise 220, 319, 320, 348, 349, 351
마흐, 에른스트 Mach, Ernst 70-72
맥스웰 방정식 64, 126, 228
맥스웰, 제임스 클러크 Maxwel, James Clerk 47, 61-65, 100, 105, 107, 108, 184, 294
   맥스웰 분포 65
   『전기자기론』 64
메이, 실라 May, Sheila 290, 295-297
무어, 월터 Moore, Walter 97(각주), 98, 188, 238, 261(각주), 265, 296
《물리학 연보 Annalen der Physik》 87, 186, 190, 191
《물리학 연보 Annales de physique》 160, 179
《물리학 저널 Zeitschrift für Physik》 158, 170, 200, 201
밀리컨, 로버트 Millikan, Robert 88, 89, 117, 118, 264

ㅂ

바우어, 게오르긴 Bauer, Georgine
  ▶ 슈뢰딩거, 게오르긴
바우어, 로다 Bauer, Rhoda
  ▶ 알츠베르거, 로다
바우어, 알렉산더 Bauer, Alexander
  (외할아버지) 24-26, 30, 101
바우어, 에밀리 Bauer, Emily(미니 이모)
  ▶ 밤베르거, 에밀리
바우어, 에밀리 Bauer, Emily(외할머니) 25, 28
바우어, 한지 Bauer, Hansi ▶ 봄, 요하나
바일, 헤르만 Weyl, Hermann 140, 144, 146, 147, 150, 151, 182, 237, 246
반감기 93, 120
반입자 anti-particle 225
밤베르거, 에밀리 Bamberger, Emily
  (미니 이모) 25-28, 30, 31, 39
방사성 放射性 84, 93, 119, 120, 121, 141, 254
베넷, 찰스 Bennett, Charles 372, 373, 375-377, 379
베단타 Vedanta 19, 96, 155, 353, 388
베르텔, 아네마리 Bertel, Annemarie
  ▶ 슈뢰딩거, 아니
베를린 대학교 66, 108, 139, 198, 209, 211-215, 219-221, 247, 353
벨, 존 Bell, John 360-367, 374, 375, 380, 385
  벨의 부등식 363-368, 391
변환 이론 191, 192

보른, 막스 Born, Max 149, 163, 170-177, 190, 191, 193, 194, 197, 202, 205, 212, 214, 218, 234, 237, 243, 246, 259, 272, 276, 288, 293, 316, 354, 360, 361
보손 boson 158, 159
보스, 사티엔드라 나트 Bose, Satyendra Nath 150, 157-159
보스·아인슈타인 통계 158, 159, 165
보어, 닐스 Bohr, Niels 19, 119, 123, 125-128, 163, 164, 171, 180, 195-198, 202-209, 216-218, 231, 250, 255, 264, 304, 352, 358
  '빛과 생명' 강연 319, 320
  보어 원자 모형 125-130, 143
복사 저항 radiation resistance 228, 229
복소수 227
볼츠만, 루트비히 Boltzmann, Ludwig 36-39, 45, 47, 65-74, 83, 88, 108, 111, 145, 226, 327, 393
봄, 데이비드 Bohm, David 358, 359, 361-363, 393
  『양자 이론 Quantum Theory』 358
봄, 요하나 Bohm, Johanna(한지 Hansi) 92, 238, 256, 259, 261(각주), 265, 270, 276, 299-301
불확정성 197, 199-205, 209, 377
브라우니처, 루스 Braunizer, Ruth(딸) 245, 256, 258, 259, 263, 278, 285, 294, 295, 298, 301, 303, 339, 340, 346, 347, 391
브라우니처, 안드레아스 Braunizer, Andreas(손자) 347
브라운 운동 88, 89

브라운, 패디 Browne, Paddy 286-288, 327
브래그, 로런스 Bragg, Lawrence 81
브래그, 윌리엄 Bragg, William 81
브레히트, 베르톨트 Brecht, Bertolt 220
블로흐, 펠릭스 Bloch, Felix 179, 185
빈 대학교 34, 66, 72, 73, 79, 81, 98, 115, 259, 271, 338, 340, 350, 392
 - 물리 연구소 34, 35
빈, 빌헬름 Wien, Wilhelm 109, 113, 163, 193
빈의 법칙 109-111
빛 36, 51, 59-62, 111, 118, 119, 123, 124, 146
 광자(빛 양자) 105, 115-117, 129-133, 149, 150, 157, 158, 165, 168, 183, 207, 318, 363, 366-368, 370, 372-378, 380, 381
 입자설 57, 58, 62, 100
 파동설 57, 58, 60, 62, 100, 105, 110, 123, 149
 빛의 속도 62, 132, 152, 218, 368, 377, 379
 초광속(빛보다 빠른) 218, 248-251, 368-370

ㅅ

상대성 이론 19, 47, 73, 93, 115, 128, 138, 140, 148, 149, 152, 180, 185, 218, 224, 250, 251, 264, 294, 300, 303, 341, 367
상보성 complementarity 203-205, 352
색각 color vision 19, 58, 61, 80, 100, 148

『생명이란 무엇인가 What is Life?』 19, 156, 295(강연), 299, 311, 312, 315, 323, 328-330, 332, 334, 342
솔베이 학회 207, 221
 (1924년) 148 ; (1927년) 207, 208, 215, 216 ; (1933년) 239 ; (1948년) 302
숨은 변수 이론 hidden variables theory 359-362, 396
슈뢰딩거, 게오르긴 Schrödinger, Georgine (어머니) 23-27, 39, 101
슈뢰딩거, 루돌프 Schrödinger, Rudolf (아버지) 23, 24, 26-28, 33, 41, 81, 82, 96, 97,
슈뢰딩거, 아니 Schrödinger, Anny(아내) 83, 84, 87, 92, 97-99, 143, 150, 151, 182, 188, 189, 194, 212, 222, 236-239, 242, 243, 246, 247, 256, 263, 272, 273, 275, 277, 285, 287, 294, 299, 301, 336, 338-342, 345-348, 351, 352, 354, 355
슈테판, 요제프 Stefan, Josef 35, 36, 38, 45, 66, 70, 73
슈테판·볼츠만 법칙 36
스위스 연방 공과대학(ETH) 114, 115, 136-140, 151, 179, 215, 218
스탈린, 이오시프 Stalin, Joseph 290, 336
스핀 spin 165, 180, 181, 185, 224, 249, 250, 363

ㅇ

아로사 Arosa 142, 143, 148, 181, 182, 186
아스페, 알랭 Aspect, Alain 366-369
 아스페 실험 363, 367-369, 391

아인슈타인, 알베르트Einstein, Albert
  19-21, 30, 47, 73, 85, 88, 93, 100, 105,
  114-118, 125, 127-133, 138, 139,
  146-150, 152, 153, 157-160, 176, 177,
  183, 185-187, 190, 198, 199, 205, 208,
  211, 216-219, 221, 223, 229, 233,
  248-253, 255, 257, 264, 284, 306, 351,
  358, 364, 393, 394
아일랜드 왕립학회(RIA) 283, 286, 302
알츠베르거, 로다Alzberger, Rhoda
  (큰이모) 25, 26, 28
알파 입자 120-122
알프바흐Alpbach 303, 338, 341, 342, 350,
  353-356
양자 도약 126-129, 131, 166, 167,
  193-196, 199, 306, 385
양자 암호 369, 370, 372-375, 380
양자 이론 47, 65, 68, 92, 123, 131,
  138-141, 148, 164, 165, 196, 202, 221,
  253, 264, 286, 308, 309, 358, 392
양자 컴퓨터 380-384, 392, 394
양자 통신 373, 374
양자역학(용어) 149
양자화학 315-318
얽힘entanglement 251(각주), 253, 357, 369,
  370, 376, 380, 382, 386, 387, 393, 396
에카르트, 칼Eckart, Carl 191
엑스너, 프란츠Exner, Franz 36, 79, 80, 83,
  84, 146

엑스선X-ray 81, 132, 315, 318, 321,
  331-333
엑스선 결정학X-ray crystallography
  85, 332
엔트로피 137, 159, 325-327, 350, 393
열역학 35, 36, 47, 67-70, 93, 108-111, 220,
  226, 300, 330, 393
  − 제2법칙 68, 108, 137, 145, 326
염색체 295, 314, 321, 325, 332, 333
영, 토머스Young, Thomas 58-61, 100, 123
오스트리아 봉쇄 20, 94-96
오스트리아 제국 32-34
오스트리아 합병 266, 268, 270, 337
오스트리아-헝가리 제국 19, 23, 33, 78,
  85-87, 90, 94, 95
옥스퍼드Oxford 20, 223, 234, 235, 238,
  239, 241-246, 256, 268, 272, 276, 277,
  285, 359, 373, 374, 380, 386
왓슨, 제임스Watson, James 19, 330-333
요르단, 파스쿠알Jordan, Pascual 170-174,
  176, 190, 191, 218
우주론 264, 278, 393
우주선cosmic rays 84, 89, 225
운동량momentum 55, 56, 132, 146-149,
  172, 184, 190, 200, 204, 249, 363
(유령 같은) 원격 작용 218, 231, 249, 306,
  368, 376, 379
원자의 실재(원자 개념) 66, 70, 71, 88
유전 부호 312-314, 319, 325, 328, 333,
  334
융, 카를Jung, Carl 299, 300, 344

융거, 이타Junger, Itha 187-189, 212, 222, 223, 236, 248
이중 슬릿 실험 58, 59, 100, 205-207, 217
인스브루크Innsbruck 151, 152, 159, 222, 263, 278, 298, 301, 303, 338, 339, 346, 348, 379
임페리얼 화학회사(ICI) 234, 235, 238, 246, 256

ㅈ

자외선 파탄ultraviolet catastrophe 108-110, 112
전자 궤도 101, 126, 127, 129, 143, 144, 166, 170, 180, 316
전자기electromagnetism 36, 47, 60-64, 106, 107, 110, 111, 114, 120, 184, 228, 294
『정신과 물질Mind and Matter』 342
제1차 세계대전 19, 85-95, 140, 151, 183, 220, 335, 348(각주)
  동맹국 87, 91, 94
  삼국협상 87, 89, 91
제2차 세계대전 43, 278, 286, 319, 330, 331, 335, 340, 347, 358
조머펠트, 아르놀트Sommerfeld, Arnold 152, 163, 164, 180
중력 16, 17, 48, 52-56, 85, 93, 127, 139, 141, 294
진화(론) 41, 156, 311, 314, 342, 343

ㅊ

차일링거, 안톤Zeilinger, Anton 375, 379, 380(각주), 392

취리히 대학교 102, 103, 118, 136-141, 151, 152, 215, 317
취리히 연방 공과대학교
  ▶ 스위스 연방 공과대학(ETH)

ㅋ

카이저 빌헬름 연구소 311, 319, 320
캐번디시 연구소 64, 65, 119, 331, 332
코모 학회 205, 207
코펜하겐Copenhagen 125, 164, 177, 194, 195-198, 203, 304, 319, 332, 359
코펜하겐 해석 177, 202-209, 216-219, 226-228, 231, 248-250, 307, 340, 351, 352, 354, 357, 358, 361, 384-386, 394
콜라우슈, 프리츠Kohlrausch, Fritz 74, 84
콤프턴 효과 132
콤프턴, 아서Compton, Arthur 132, 149
퀴리, 마리Curie, Marie 36, 119, 120
크레이머, 존Cramer, John 227-231
크릭, 프랜시스Crick, Francis 19, 328, 330-334
클라우지우스, 루돌프Clausius, Rudolf 136, 137
키르히호프, 구스타프 로베르트Kirchhoff, Gustav Robert 107, 124

ㅌ

통계역학 67, 68, 73, 139, 148, 149, 159, 226
통일장 이론 21, 298, 300, 303
트리니티 칼리지 더블린(TCD) 288, 291, 292, 295, 312

티링, 한스Thirring, Hans 78, 79, 98

ㅍ
파동 방정식 107, 180, 181, 184, 185, 190, 194, 205, 224, 226, 227, 307, 309, 316
파동역학 172, 177, 182, 186, 187, 189-192, 194, 198, 203, 211-214, 219, 221, 219, 241, 246, 307, 315-317, 361
파동함수 193, 216, 226-228, 252, 307
─ 붕괴 205, 206, 218, 231, 248-255, 307, 309, 359, 381, 383-385, 388
파울리, 볼프강Pauli, Wolfgang 164, 165, 167, 170, 191, 200, 207, 218, 229, 299, 319
파인먼, 리처드Feynman, Richard 58, 228, 229
파일럿 파동 (모형) 216, 358, 359
패러데이, 마이클Faraday, Michael 60, 61, 63
페르미, 엔리코Fermi, Enrico 158, 274
페르미·디랙 통계 158, 166
페르미온fermion 158, 159
포돌스키, 보리스Podolsky, Boris 248, 249(각주), 364
프라운호퍼선 123
프레넬, 오귀스탱Fresnel, Augustin 58, 60
프로이센 과학 아카데미 223
프린스턴Princeton 20, 228, 229, 243-245, 248, 252, 284, 299, 358
플랑크 상수 112, 118, 172, 184, 200, 201

플랑크, 막스Planck, Max 93, 100, 105, 107-114, 116, 118, 125, 126, 128-130, 132, 133, 157, 159, 207, 208, 211, 215, 220, 223, 264, 271, 353
《피지컬 리뷰Physical Review》 186, 248, 365

ㅎ
하이젠베르크, 베르너Heisenberg, Werner 19, 63, 161, 163-177, 190, 192, 194-205, 207-209, 211, 215-218, 242-244
『부분과 전체Physics and Beyond』 164, 167(각주), 195
하이틀러, 발터Heitler, Walter 289, 290, 299, 316, 317
하젠외를, 프리드리히Hasenöhrl, Friedrich 36, 37, 73-75, 79, 81, 91, 92
행렬역학 161, 163-177, 190, 192, 198
확률 18, 69, 70, 130, 177, 193, 194, 201, 205, 206, 216-218, 226-230, 249, 254, 308, 316, 400
확산 방정식 226, 227
훅, 로버트Hooke, Robert 51, 56, 57
휠러, 존Wheeler, John 228, 229, 249(각주), 253
흑체 복사 36, 105-113, 128, 130, 132, 157
히틀러, 아돌프Hitler, Adolf 151, 176, 233, 247, 261-263, 265-267, 287, 290, 335, 337

어나더 ★ 사이언티스트

어나더 사이언티스트는 과학자의 삶을 일상생활에서 오려 내 업적 중심으로 매끈하게 다듬어 보여 주기보다 구체적이고 생생한 삶을 살았던 한 인간으로서 과학자의 모습을 담아냅니다. 또한 과학사에 커다란 족적을 남겼음에도 불구하고 아직 국내에 제대로 알려지지 않은 과학자들, 과학 문화 및 제도 등 다양한 측면에서 과학 발전에 기여한 인물들, 그리고 자신만의 방식으로 과학자의 길을 걷고 있는 지금 여기의 과학자들을 소개합니다. 그렇게 과학자를 일상의 존재로 데려오는 일은, 과학을 우리 삶과 더 가까이 살아 있게 하고 과학 문화를 더욱 풍성하게 만들 것입니다.

신사와 그의 악마
제임스 클러크 맥스웰의 삶과 현대 물리학의 시작

브라이언 클레그 지음 | 배지은 옮김

19세기의 프로메테우스! 물리학자들의 영웅!
전자기학을 완성하고 현대물리학의 기초를 만든 제임스 클러크 맥스웰과 그의 악마에 관한 이야기.

"나는 뉴턴의 어깨가 아니라 클러크 맥스웰의 어깨 위에 서 있다."
_아인슈타인
"19세기 가장 의미 있는 사건은 맥스웰의 전기역학 법칙 발견일 것이다. 이것과 비교하면 같은 세기에 일어난 미국 남북전쟁은 단지 지역적으로 일어난 하찮은 사건에 불과하다." _리처드 파인먼

• 월간 '책씨앗' 기획회의 추천도서

에미 뇌터 그녀의 좌표

에두아르도 사엔스 데 카베손 지음 | 김유경 옮김 | 김찬주·박부성 감수

"뭔가를 포기했다고 해서 그것이 다 좌절의 이야기는 아니다."
현대 대수학의 개척자, '뇌터 정리'를 증명한 이론물리학의 선구자! 학문적 엄격함을 견지하면서도 섬세하고 문학적인 필치로 되살린 에미 뇌터의 삶.

• 과학책방 '갈다' 주목 신간 • 예스24 과학MD 추천도서
• 한겨레신문 '정인경의 과학 읽기' 추천도서

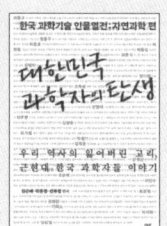

대한민국 과학자의 탄생
한국 과학기술 인물열전: 자연과학 편

김근배·이은경·선유정 편저

우리 역사의 잃어버린 고리, 근현대 한국 과학자 이야기.
"한국 현대사는 산업화, 민주화와 함께 치열한 과학화의 과정이었다."
★ 케임브리지대 장하석 석좌교수, '안될과학' 크리에이터 강성주 박사,
서울대 국제대학원 박태균 교수, 한국과학기술한림원 유욱준 원장 추천!

- 제42회 한국과학기술도서상 최우수 저술상 ・한국출판문화산업진흥원 세종도서
- 제65회 한국출판문화상 학술부문 본심 ・문화일보 2024년 올해의 책
- 국민일보, 한국일보, 조선일보, 문화일보, 부산일보, 한겨레, 동아일보, 교수신문 등 언론 추천
- 교보문고 MD의 선택 ・알라딘 MD's Choice ・예스24의 선택 ・과학책방 '갈다' 주목 신간

그렇게 물리학자가 되었다

김영기·김현철·오정근·정명화·최무영 지음

"뭔가 해야 한다면, 그게 뭘까?"
한국인 최초로 미국물리학회 회장을 지낸 김영기 시카고대 석좌교수,
인하대 김현철 교수, 국가수리과학연구소 오정근 박사, 서강대 정명화
교수, 서울대 최무영 교수, 각자의 인생 궤도 속에서 과학자의 길을
발견하고 물리학이라는 향연을 즐긴 K과학자의 5인 5색 나의 길 찾기!

- 마산도서관 '진로와 디딤' 추천도서 ・서울 도봉도서관 사서추천도서
- 의정부 과학도서관 사서컬렉션

나의 시간은 너의 시간과 같지 않다
_김찬주 교수의 고독한 물리학: 특수 상대성 이론

김찬주 지음

특수 상대성 이론, 물리학자처럼 이해하기!
특수상대론을 정말로 이해하고 나면 다시는 무지몽매했던 과거로
돌아갈 수 없다!
★ 한국출판진흥원 출판콘텐츠 창작 지원사업 선정작
★ 이화여대 물리학과 이공주복 명예교수 추천!

- 윤고은의 EBS 북카페 추천 ・SBS뉴스 이번 주 읽어볼 만한 신간
- 출판문화원 K-BOOK Trends 선정 ・과학책방 '갈다' 주목 신간

태양계가 200쪽의 책이라면

김항배 지음

손과 마음으로 느끼는 텅 빈 우주, 한 톨의 지구!
★ 경희대 물리학과 김상욱 교수 추천!

- 제61회 한국출판문화상 편집 부문 본심 ・행복한 아침독서 '이달의 책'
- 경기중앙도서관 추천도서 ・책씨앗 '좋은책 고르기' 주목 도서
- 과학책방 '갈다' 주목 신간 ・고교독서평설 편집자 추천도서

냄새: 코가 뇌에게 전하는 말

A. S. 바위치 지음 | 김홍표 옮김

코는 마음과 뇌로 통하는 창, 냄새 감각에는 뭔가 특별한 것이 있다!
냄새와 후각의 본질을 과학적, 철학적, 역사적, 심리학적으로 본격 탐구한 책.
★ 〈기생충〉 봉준호 감독 추천!!
★ 사이언스, 월스트리트 저널, 타임스 문예부록 등 해외 언론의 극찬.

"활기차다! 정통 학자의 신뢰할 만한 역작! 소외되었던 냄새와 후각의
지위를 회복하는 책." _ 월스트리트 저널

• 한겨레, 경향신문, ibric 등 언론 주목 • 고교독서평설 편집자 추천도서
• 교보문고 '작고강한출판사의 색깔있는책' 선정 • 과학책방 '갈다' 주목 신간

이제라도! 전기 문명

곽영직 지음

전기 없인 못 살지만 전기는 모르고, 스마트폰은 늘 쓰지만
전자기파는 모른다? AI를 만나기 전에, 4차 산업혁명을 논하기 전에
이제라도! 전기 문맹 탈출!
★ 한국기술교육대 전기전자통신공학부 정종대 교수 추천!

• 책씨앗 청소년 추천도서 • 과학책방 '갈다' 주목 신간

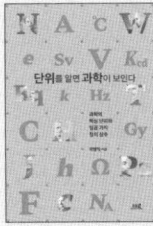

단위를 알면 과학이 보인다

_과학의 핵심 단위와 일곱 가지 정의 상수

곽영직 지음

전면 개정된 새로운 국제단위계를 반영한 최신 단위 사전.
빛의 속도, 기본전하, 플랑크 상수 등 7가지 정의 상수와 초, 미터,
킬로그램 등 7가지 기본단위, 뉴턴(N), 와트(W), 베크렐(Bq) 등
과학자의 이름을 따라 명명된 중요 유도단위 완벽 해설.
★ 서울대 물리천문학부 최무영 명예교수 추천!

• 학교도서관저널 '이달의 새 책' • 과학책방 '갈다' 주목 신간

원병묵 교수의 과학 논문 쓰는 법

원병묵 지음

"학위 과정 동안 연구 방법 못지않게 논문 쓰는 법을 배워야 한다."
논문 작성, 투고, 심사, 수정, 출판까지. 네이처 자매지 편집위원을
지낸 성균관대 원병묵 교수가 알려주는 과학 논문 쓰기의 모든 것!

"1:1 맞춤 과외를 받으며 논문을 쓰는 기분이다."
_유보람(베를린대학교 물리학과 석사 과정)

• 2025년 성균관대학교 대학원 정식 교과목 채택! • 연세대, 한림대, 서울대, 울산대, 포항공대,
  부산대, 제주대, 현대경제연구원, 한국약제학회 저자 초청 강연.